普通高等教育"十二五"规划教材

风景园林与园林系列

园林工程
招标投标教程

谭宇胜 ◉ 主编　　李玲 刘岩 ◉ 副主编

化学工业出版社

·北京·

《园林工程招标投标教程》首先对工程招标投标的基础知识及相关法律制度进行了介绍，阐述了招标投标的基本概念、法律制度，明确了招标投标工作内容、招标投标活动的原则及程序，为后文的学习奠定理论基础。接着分别对园林工程设计招标与投标、建设工程监理招标与投标、园林工程施工招标与投标及工程设备材料采购招标与投标的有关内容进行了重点阐述。本书最后给出了几种常用的招标投标文件范本，收录了我国最新的有关招标投标的法律、法规，着重于实际应用的指导作用。

本书内容较全面，各院校可根据情况选用。既可以作为高等学校园林、风景园林、城乡规划等专业的教材，也可供从事园林设计、施工、监理等技术人员和园林专业成人高等教育师生参考。

图书在版编目（CIP）数据

园林工程招标投标教程／谭宇胜主编．—北京：化学工业出版社，2015.1

普通高等教育“十二五”规划教材·风景园林与园林系列

ISBN 978-7-122-22565-8

Ⅰ．①园…　Ⅱ．①谭…　Ⅲ．①园林-工程-招标-高等学校-教材②园林-工程-投标-高等学校-教材　Ⅳ．①TU986.3

中国版本图书馆CIP数据核字（2014）第295941号

责任编辑：尤彩霞　　装帧设计：韩　飞
责任校对：边　涛

出版发行：化学工业出版社（北京市东城区青年湖南街13号　邮政编码100011）
印　　刷：北京永鑫印刷有限责任公司
装　　订：三河市宇新装订厂
787mm×1092mm　1/16　印张16　字数420千字　2015年3月北京第1版第1次印刷

购书咨询：010-64518888（传真：010-64519686）　售后服务：010-64518899
网　　址：http://www.cip.com.cn
凡购买本书，如有缺损质量问题，本社销售中心负责调换。

定　　价：39.00元

普通高等教育"十二五"规划教材·
风景园林与园林系列

《园林工程招标投标教程》
编写人员名单

主　　编：谭宇胜
副主编：李　玲　刘　岩
编写人员：陈　颖　李　玲　刘　岩
谭宇胜　张晓东

前言

招标投标是一种国际上普遍应用的市场交易行为，是项目采购的主要方式。目前，我国园林工程建设项目的发包与承揽大都采用招标投标的方式。招标投标普遍应用于园林工程项目决策、咨询、设计、施工、监理及物资采购等各个方面。

园林工程的招标投标，是园林工程项目实施中的重要内容与环节。园林工程专业从业人员应熟悉工程招标投标理论与实务，具有编制园林工程招标投标文件、管理合同等基本能力。《园林工程招标投标教程》是园林工程专业学生与技术人员必须学习的内容之一。

近年来，园林工程建设不论是从数量上还是从规模、质量上都得到了前所未有的快速发展。在城市面貌日新月异的今天，园林作为城市建设的重要组成部分，在改善城市人居环境、提高城市生态质量、促进城市可持续发展等方面发挥着不可替代的重要作用。园林工程专业从业人员学习园林工程建设项目招标投标的有关法律、法规、规章、条例、实际操作程序等知识是认识园林工程建设市场、熟悉园林工程项目管理、编制招标投标文件的前期必要的准备工作。在校生通过对《园林工程招标投标教程》的学习，熟悉工程招标投标理论与实务，不仅对参与国内工程项目的各方是必要的，而且为园林工程单位开拓国际市场奠定了基础。

本书理论与实践相结合，注重实用性；能够使读者快速、准确地理解和掌握园林工程招标的专业知识；了解最新的招投标方法。本书收录了有关招标投标文件、范本，力求满足风景园林和园林相关专业教学、园林工程招标投标编制人员及园林工程建设管理人员的实际工作需要。在本课程前学习了园林工程专业的内容，了解了有关园林工程设计与施工等专业知识后，学习本书会取得更好的效果。

本书由仲恺农业工程学院的谭宇胜（国家一级注册建造师、一级注册结构师、注册监理工程师）担任主编，李玲、刘岩（国家一级注册结构师）担任副主编，广州铁路职业技术学院的张晓东教授和广东工程职业技术学院的陈颖副教授也参加了本书的编写工作。

全书编写分工如下：第1章由李玲、谭宇胜编写：第2章由李玲、刘岩编写；第3章由刘岩、谭宇胜编写：第4章由刘岩、李玲、张晓东编写；第5章由李玲、刘岩编写；第六章由谭宇胜、李玲、陈颖编写：第7章由谭宇胜、刘岩编写。本书在编写过程中得到了仲恺农业工程学院郭春华教授的大力支持和帮助，在此谨致以谢意。

尽管笔者尽心尽力，反复推敲核实，但由于时间和笔者水平有限，疏漏或不妥之处在所难免，恳请有关专家和读者提出宝贵意见，予以批评指正，以便今后做进一步修改和完善。

编者

2014.12

目录

目录

第1章 工程招标投标基础知识

1.1 招标投标概述

1782年，英国政府文具公用局作为特别负责政府部门所需办公用品采购的机构，规定了招标投标的程序，以满足政府采购对竞争性、公开性及公平性的要求，标志着招标投标制度产生。随着商品经济的产生和发展，招标投标的重要性和优越性日益为各国和各种国际经济组织所认可，在相当多的国家和国际组织中得到立法推行。招标投标作为一种成熟有效的交易方式，在货物采购、建设工程、服务采购等领域的大宗交易中得到了广泛应用。

1.1.1 招标投标的概念

现实生活中，人们常用“招标”一词来代替“招标投标”，一些辞典和一些学者对招标投标的概念也给出了各自不同的表述，而1999年8月颁布、2000年1月1日起施行的《中华人民共和国招标投标法》作为招标投标专门法律并未对其作出权威、直接的定义。

综合考量招标投标的法律关系、交易环节及国际通行表述，将其定义如下：招标投标是在市场经济条件下进行大宗货物买卖、工程建设项目的发包与承包以及服务项目的采购与提供等经济活动的一种竞争形式和交易方式，是引入竞争机制订立合同（契约）的一种法律形式。招标是指招标人对货物、工程和服务事先公布采购的条件和要求，以一定的方式邀请不特定或者一定数量的自然人、法人或者其他组织投标，而招标人按照公开规定的程序和条件确定中标人的行为；投标则是指投标人响应招标人的要求参加投标竞争的行为。

其中，招标人是提出招标项目、进行招标的法人或者其他组织。投标人是响应招标并且符合招标文件规定资格条件和参加投标竞争的法人、其他组织或者自然人。

从招标投标的概念来看，招标投标的主体为招标人、投标人，招标投标的客体即招标投标的标的为货物、工程及服务。

1.1.2 招标投标的原则

《中华人民共和国招标投标法》第五条规定：“招标投标活动应当遵循公开、公平、公正和诚实信用的原则。”

① 公开原则是指招标投标活动应有较高的透明度，具体表现在招标投标的信息公开、条件公开、程序公开和结果公开。

② 公平原则是指民事主体的平等，即招标人与投标人之间、各投标人之间的法律地位平等，权利与义务相对应，招标人不得无理压价，投标人不得恶意串标，所有投标人机会平等。

③ 公正原则是指招标人及评标委员会必须按招标文件中规定的统一标准，实事求是地进行评标和定标，市场监管机构对各参与方都应依法监督，一视同仁。

“三公”原则中，公开是基础，只有完全公开才能做到公平和公正。

④ 诚实信用原则是指招标人、投标人都应诚实、守信、善意、实事求是，不得欺诈他

人，损人利己。“诚实信用原则”在西方常被称为债法中的“帝王原则”，也是我国《民法》和《合同法》的基本原则。“诚实信用原则”要求重合同、守信用是对当事人利益之间的平衡。在法律上，“诚实信用原则”属于强制性规范，当事人不得以其协议加以排除和规避。

1.1.3 招标投标的特点

招标投标活动具有以下特点：

① 程序规范　按照目前各国做法及国际惯例，招标投标的程序和条件由招标机构事先设定并公开颁布，对招标投标双方具有法定约束效力，一般不能随便改变，当事人必须严格按照既定程序和条件并由固定招标机构组织招投标活动。

② 公开透明　招标投标将信息发布、评标程序、评标方法等方面均置于“阳光”之下，接受行政监督部门的依法监督，公开透明，可以有效地防止不正当交易行为的发生。

③ 公正客观　招标投标全过程自始至终按照事先规定的程序和条件，本着公平竞争的原则进行。在招标公告发出后，任何有资格或能力的投标者均可参加投标，招标方不得以不合理的条件限制或者排斥潜在投标人，不得对潜在投标人实行歧视待遇。同样，评标委员会在组织评标时必须按照事先确定的评标原则和方法进行，不得随意指定中标人。

④ 一次成交　《中华人民共和国招标投标法》明确规定在确定中标人前，招标人不得与投标人就投标价格、投标方案等实质性内容进行谈判。招标投标一旦确定中标人，招标人和中标人应当自中标通知书发出之日起三十日内，按照招标文件和中标人的投标文件订立书面合同。招标人和中标人不得再行订立背离合同实质性内容的其他协议。因此，招标投标与询价采购等方式不同，是一次成交，一锤定音。

基于以上特点，招标投标对于获取最大限度的竞争，使参与投标的投标人获得公平、公正的待遇，提高采购的透明度和客观性，促进采购资金的节约和采购效益的最大化，提高交易效率，保证项目质量，杜绝腐败和滥用职权，都具有极为重要的作用。

1.1.4 招标投标的法律性质

招标投标的目的在于选择中标人，并与之签订合同。因此，要从合同订立的一般原理来认识招标投标中的法律问题。

1.1.4.1 合同订立的两个阶段

合同是当事人之间意思表示一致的结果，合同的订立一般要经由要约和承诺两个阶段，有些合同的订立在要约之前，还需经过要约邀请。

（1）要约

要约，是当事人一方向对方发出的希望与对方订立合同的意思表示。发出要约的一方称要约人，接受要约的一方称受要约人。要约一旦被对方承诺，即对提出要约的一方产生约束力。

有效的要约构成要件：要约必须表明要约人愿意按照要约中所提出的条件同对方订立合同的意思表示；要约的内容必须明确、肯定，即应该包括拟签订合同的主要条件，一旦受要约人表示承诺，就足以成立一项对双方当事人均有约束力的合同；要约必须传达到受要约人才能生效。

在要约发生法律效力之前，要约可撤回。在要约发生效力之后，要约可撤销，撤销要约的通知应当在受要约人发出承诺通知之前到达受要约人。

一般地说，要约对于受要约人是没有约束力的。受要约人接到要约，只是法律上取得了承诺的权利，但并不受要约的拘束，并不因此而承担必须承诺的义务。不仅如此，在通常情况下受要约人即使不予承诺，也没有通知要约人的义务。

（2）承诺

承诺是受要约人按照要约所指定的方式，对要约的内容表示同意后的意思表示。承诺的法律效力表现在要约人收到承诺时起合同即为成立。

承诺构成要件：承诺必须由受要约人向要约人发出；承诺应在要约规定的期限内作出；承诺的内容应当与要约的内容一致；承诺的方式必须符合要约要求。

承诺只可撤回，不可撤销。承诺的撤回应当在承诺通知到达要约人之前或与承诺通知同时到达要约人。

有些合同在要约之前，还需经过要约邀请，要约邀请是希望他人向自己发出要约的意思表示。要约与要约邀请的主要区别在于：如果是要约，它一经对方承诺，要约人即须受到约束，合同即告成立；如果是要约邀请，则即使对方完全同意或接受该要约邀请所提出的条件，发出该项要约邀请的一方仍不受约束，除非他对此表示承诺或确认，否则合同仍不能成立。

1.1.4.2 招标投标中的法律行为

招标投标中主要的法律行为有招标行为、投标行为和发出中标通知书行为。

（1）招标的法律性质是要约邀请

依据订立合同的一般原理，招标人发布招标公告或投标邀请书的直接目的在于邀请投标人投标，投标人投标之后并不当然要订立合同，因此，招标行为仅仅是要约邀请，一般没有法律约束力。招标人可以修改招标公告和招标文件。实际上，各国政府采购规则都允许对招标文件进行澄清和修改。但是，由于招标行为的特殊性，采购机构为了实现采购的效率及公平性等原则，在对招标文件进行修改时也往往要遵循一些基本原则，比如各国政府采购规则都规定，修改应在投标有效期内进行，应向所有投标人提供相同的修改信息，并不得在此过程中对投标人造成歧视。

（2）投标的法律性质是要约

投标文件中包含有将来订立合同的具体条款，只要招标人承诺（发出中标通知书）就可签订合同。作为要约的投标行为具有法律约束力，表现在投标是一次性的，同一投标人不能就同一投标进行一次以上的投标；各个投标人对自己的报价负责；在投标文件发出后的投标有效期内，投标人不得随意修改投标文件的内容和撤回投标文件。

（3）中标通知书的法律性质是承诺

招标人一旦宣布确定中标人并向其发出中标通知书，就是招标人接受中标投标人要约的意思表示，属于承诺。招标人和中标人各自都有权利要求对方签订合同，也有义务与对方签订合同。另外，在确定中标结果和签订合同前，双方不能就合同的内容进行谈判。

1.1.5 招标投标在我国的发展

1.1.5.1 我国招标投标的沿革

招标投标作为成熟商品经济中的一种交易方式，在我国的起步较晚。据史料记载，我国最早采用招商比价（招标投标）方式承包工程的是1902年张之洞创办的湖北制革厂，5家营造商参加开价比价，结果张同升以1270.1两白银的开价中标，并签订了以质量保证、施工工期、付款办法为主要内容的承包合同。招标投标方式在我国出现后，在清末和民国时期，由于商品经济一直没有得到很好的发展，招标投标方式没有得到推广，只在局部地方、部分行业得到应用，并没有形成全国性的招标投标制度。新中国成立后到改革开放前，由于商品经济基本被窒息，招标投标方式也失去了生存和发展的土壤。

党的十一届三中全会之后，经济改革和对外开放使得我国的商品经济进入一个高速发展期，招标投标方式在工程、物资、服务等领域得到了应用与推广，招标投标经历了试行——

推广——兴起的发展过程。1999年8月，《中华人民共和国招标投标法》的颁布，标志着我国的招标投标法律制度正式建立，招标投标开始进入制度化、规范化的发展阶段。

1.1.5.2 建设工程招标投标的产生和发展

我国的招标投标始于建设工程承包，建设工程招标投标在招标投标的发展历程中也一直扮演着先行先试者的角色，如：1979年，我国土木建筑企业最先参与国际市场竞争，以投标方式在中东、亚洲、非洲和我国港澳地区开展国际承包工程业务，取得了国际工程投标的经验与信誉。

建设工程招标投标发展在改革开放后，大致经历了4个阶段：

① 20世纪80年代初期，招标投标试验探索阶段，侧重宣传及试验。

② 20世纪80年代中后期，招标投标法规建设起步阶段。1984年11月20日国家计委、建设部发布了《建设工程招标投标暂行规定》，提出改变行政手段分配建设任务，实行招标投标，大力推行工程招标承包制。随后，各地也相继制定了适合本地区的招标管理办法，开始探索我国建设工程的招标投标管理和操作程序。但这一阶段，招标投标在很大程度上还流于形式，招标方式基本上以议标为主，招标的公正性得不到有效监督，工程建设招投标缺乏公开、公平及竞争性。

③ 20世纪90年代，工程招标投标管理体系基本形成阶段。1992年建设部第23号令《工程建设施工招标投标管理办法》发布，1998年《中华人民共和国建筑法》正式施行，各地普遍加强了对建设工程招标投标的管理和规范工作，1995年起全国各地陆续开始建立建设工程交易中心，把管理和服务有效地结合起来，初步形成具有“一站式”管理和“一条龙”服务特点的建筑市场监督管理新模式，工程交易活动由无形转为有形，由隐蔽转为公开，工程招标投标管理体系基本形成。

④ 21世纪，工程招标投标规范化管理阶段。2000年1月1日《中华人民共和国招标投标法》开始施行，相关配套的一系列规范招标投标活动的行政法规和部门规章陆续出台，2003年7月开始全面推行《建设工程工程量清单计价规范》，2008年和2013年分别进行了两次修订，进一步规范了工程招标投标中的发承包计量、计价行为，完善了公平竞争机制，更加规范了工程招标投标活动，信息公开化和招标程序规范化已成为遏制工程建设领域的腐败行为的有效手段。

1.2 我国建设工程招标管理分工

1.2.1 建设工程招标投标制度

建设工程（简称工程），是指包括建筑物和构筑物的新建、改建、扩建、装修、拆除、修缮等。工程招标投标是国际上广泛采用的达成工程建设交易的主要方式。

建设工程招标投标制度是使工程项目建设任务的委托纳入市场机制，通过竞争择优选定项目的工程承包单位、勘察设计单位、施工单位、监理单位、设备供应单位等，达到保证工程质量、缩短建设周期、控制工程造价、提高投资效益的目的，由发包人与承包人之间通过招标投标签订承包合同的经营制度。

《中华人民共和国政府采购法》、《中华人民共和国招标投标法》等都对我国建设工程招标投标做出了制度性的规定。

1.2.2 建设工程招标范围与规模

1.2.2.1 总体规定

《中华人民共和国招标投标法》对工程项目强制招标范围及规模做出了总体规定。

在中华人民共和国境内进行下列工程建设项目包括项目的勘察、设计、施工、监理以及与工程建设有关的重要设备、材料等的采购，必须进行招标：

① 大型基础设施、公用事业等关系社会公共利益、公众安全的项目；

② 全部或者部分使用国有资金投资或者国家融资的项目；

③ 使用国际组织或者外国政府贷款，援助资金的项目。

前款所列项目的具体范围和规模标准由国务院发展计划部门会同国务院有关部门制订，报国务院批准。法律或者国务院对必须进行招标的其他项目的范围有规定的，依照其规定。

1.2.2.2 具体规定

《工程建设项目招标范围和规模标准规定》(国家发展计划委员会第3号令) 明确了必须进行招标的工程建设项目的具体范围和规模标准。

1.2.2.2.1 具体范围如下

(1) 关系社会公共利益、公众安全的基础设施项目的范围

① 煤炭、石油、天然气、电力、新能源等能源项目；

② 铁路、公路、管道、水运、航空以及其他交通运输业等交通运输项目；

③ 邮政、电信枢纽、通信、信息网络等邮电通讯项目；

④ 防洪、灌溉、排涝、引（供）水、滩涂治理、水土保持、水利枢纽等水利项目；

⑤ 道路、桥梁、地铁和轻轨交通、污水排放及处理、垃圾处理、地下管道，公共停车场等城市设施项目；

⑥ 生态环境保护项目；

⑦ 其他基础设施项目。

(2) 关系社会公共利益、公众安全的公用事业项目的范围

① 供水、供电、供气、供热等市政工程项目；

② 科技、教育、文化等项目；

③ 体育、旅游等项目；

④ 卫生、社会福利等项目；

⑤ 商品住宅，包括经济适用住房；

⑥ 其他公用事业项目。

(3) 使用国有资金投资项目的范围

① 使用各级财政预算资金的项目；

② 使用纳入财政管理的各种政府性专项建设基金的项目；

③ 使用国有企业事业单位自有资金，并且国有资产投资者实际拥有控制权的项目。

(4) 国家融资项目的范围

① 使用国家发行债券所筹资金的项目；

② 使用国家对外借款或者担保所筹资金的项目；

③ 使用国家政策性贷款的项目；

④ 国家授权投资主体融资的项目；

⑤ 国家特许的融资项目。

(5) 使用国际组织或者外国政府资金的项目的范围

① 使用世界银行、亚洲开发银行等国际组织贷款资金的项目；

② 使用外国政府及其机构贷款资金的项目；

③ 使用国际组织或者外国政府援助资金的项目。

1.2.2.2.2 规模标准如下

① 施工单项合同估算价在200万元人民币以上的；

② 重要设备、材料的采购，单项合同估算价在100万元人民币以上的；

③ 勘察、设计、监理等服务的采购，单项合同估算价在50万元人民币以上的；

④ 单项合同估算价低于第1、2、3项规定的标准，但项目总投资在3000万元人民币以上的。

省、自治区、直辖市人民政府根据实际情况，可以规定本地区必须进行招标的具体范围和规模标准，但不得缩小上述规定确定的必须进行招标的范围。

1.2.2.2.3 其他规定

根据《中华人民共和国招标投标法》及《中华人民共和国招标投标法实施条例》相关规定，有下列情形之一的，可以不进行招标：

① 涉及国家安全、国家秘密的工程；

② 抢险救灾工程；

③ 利用扶贫资金实行以工代赈、需要使用农民工等特殊情况；

④ 需要采用不可替代的专利或者专有技术；

⑤ 采购人依法能够自行建设、生产或者提供；

⑥ 已通过招标方式选定的特许经营项目投资人依法能够自行建设、生产或者提供；

⑦ 需要向原中标人采购工程、货物或者服务，否则将影响施工或者功能配套要求；

⑧ 国家规定的其他特殊情形。

1.2.3 建设工程招标管理分工

1.2.3.1 建设工程招标投标活动行政管理职责分工相关规定

（1）《中华人民共和国招标投标法实施条例》（中华人民共和国国务院令第613号）的相关规定（2012年2月1日起实施）。

① 依法必须进行招标的工程建设项目的具体范围和规模标准，由国务院发展改革部门会同国务院有关部门制订，报国务院批准后公布施行。

② 国务院发展改革部门指导和协调全国招标投标工作，对国家重大建设项目的工程招标投标活动实施监督检查。国务院工业和信息化、住房城乡建设、交通运输、铁道、水利、商务等部门，按照规定的职责分工对有关招标投标活动实施监督。

县级以上地方人民政府发展改革部门指导和协调本行政区域的招标投标工作。县级以上地方人民政府有关部门按照规定的职责分工，对招标投标活动实施监督，依法查处招标投标活动中的违法行为。县级以上地方人民政府对其所属部门有关招标投标活动的监督职责分工另有规定的，从其规定。

财政部门依法对实行招标投标的政府采购工程建设项目的预算执行情况和政府采购政策执行情况实施监督。

监察机关依法对与招标投标活动有关的监察对象实施监察。

③ 设区的市级以上地方人民政府可以根据实际需要，建立统一规范的招标投标交易场所，为招标投标活动提供服务。招标投标交易场所不得与行政监督部门存在隶属关系，不得以营利为目的。

国家鼓励利用信息网络进行电子招标投标。

（2）《国务院办公厅印发国务院有关部门实施招标投标活动行政监督的职责分工意见的通知》（国办发〔2000〕34号）相关规定。

① 国家发展与改革委员会指导和协调全国招投标工作，会同有关行政主管部门拟定

《招标投标法》配套法规、综合性政策和必须进行招标的项目的具体范围、规模标准以及不适宜进行招标的项目，报国务院批准；指定发布招标公告的报刊、信息网或者其他媒介。有关行政主管部门根据《中华人民共和国招标投标法》和国家有关法规、政策，可联合或分别制定具体实施办法。

② 项目审批部门在审批必须进行招标的项目可行性研究报告时，核准项目的招标方式以及国家出资项目的招标范围。项目审核后，及时向有关行政主管部门通报所确定的招标方式和范围等情况。

③ 对于招投标过程中泄露保密资料、泄露标底、串通招标，串通投标、歧视排斥投标等违法活动的监督执法，按现行的职责分工，分别由有关行政主管部门负责并受理投标人和其他利害关系人的投诉。按照这一原则，工业、水利、交通、铁道、民航、信息产业等行业和产业项目的招投标活动的监督执法，分别由商务、水利、交通、铁道、民航、信息产业等行政主管部门负责；各类房屋建筑及其附属设施的建造以及与其配套的线路、管道、设备的安装项目和市政工程项目的招投标活动的监督执法，由建设行政主管部门负责。进口机电设备采购项目的招投标活动的监督执法，由外经贸行政主管部门负责。

④ 从事各类工程建设项目招标代理业务的招标代理机构的资格，由建设行政主管部门认定；从事与工程建设有关的进口机电设备采购招标代理业务的招标代理机构的资格，由商务行政主管部门认定；从事其他招标代理业务的招标代理机构的资格，按现行职责分工，分别由有关行政主管部门认定。

⑤ 国家发展与改革委员会负责组织国家重大建设项目稽查特派员，对国家重大建设项目建设过程中的工程招标投标进行监督检查。

各有关部门严格依照上述职责分工，各司其职，密切配合，共同做好招投标的监督管理工作。各省、自治区、直辖市人民政府可根据《招标投标法》的规定，从本地实际出发，制定招投标管理办法。

1.2.3.2 工程招标投标分级管理

建设工程招标投标实行分级管理，省、市、县三级建设行政主管部门依照各自的权限，对本行政区域内的建设工程招标投标分别实行管理，即分级属地管理。实行这种建设行政主管部门系统内的分级属地管理，是现行建设工程项目投资管理体制的要求，也是进一步提高招标工作效率和质量的重要措施，有利于更好地实现建设行政主管部门对本行政区域建设工程招标投标工作的统一监管。目前，全国各地对建设工程招标投标工作普遍都实行分级管理，按地方人民政府对其所属部门有关招标投标活动的监督职责分工执行。

实行分级管理，需要理清以下两个方面的关系。

（1）建设行政主管部门与有关专业主管部门的关系

建设行政主管部门与有关专业主管部门的关系，是建设工程招标投标管理体制中的外部关系。专业主管部门承担本专业建设工程的行业管理工作和具体组织实施工作，应当同时接受建设行政主管部门的综合管理和监督。建设行政主管部门与有关专业主管部门的关系，是归口统管与具体分管、综合主管与单项协管的关系。

（2）建设行政主管部门上下级之间以及建设行政主管部门与隶属于它的招标投标管理机构的关系

建设行政主管部门上下级之间以及建设行政主管部门与隶属于它的招标投标管理机构的关系，是建设工程招标投标管理体制中的内部关系。建设行政主管部门上下级之间是分级管理关系，指导与被指导、监督与被监督的关系；建设行政主管部门与隶属于它的招标投标管理机构是领导与被领导的关系，授权与被授权、委托与被委托的关系。

1.2.4 工程招标投标的管理机构

建设工程招标投标管理机构，是指经政府或政府编制主管部门批准设立的隶属于同级建设行政主管部门的省、市、县（市）建设工程招标投标办公室。建设工程招标投标管理机构的法律地位，一般是通过它的性质和职权来体现的。

（1）建设工程招标投标管理机构的性质

各级建设工程招标投标管理机构，从机构设置、人员编制来看，其性质通常都是代表政府行使行政监管职能的事业单位。建设行政主管部门与建设工程招标投标管理机构之间是领导与被领导关系。省、市、县（市）招标投标管理机构之间上级对下一级之间有业务上的指导和监督关系。从法理上分析，招标投标管理机构属规章直接授权的行政管理主体、行政执法（行政处罚除外）主体和受行政机关委托的行政处罚实施主体。招标人和投标人在建设工程招标投标活动中，负有接受招标投标管理机构的管理和监督的义务。

（2）建设工程招标投标管理机构的职权

建设工程招标投标管理机构的职权，概括起来可分为两个方面。一方面是承担具体负责建设工程招标投标管理工作的职责。也就是说，建设行政主管部门作为本行政区域内建设工程招标投标工作统一归口管理部门的职责，具体是由招标投标管理机构来全面承担的。这时，招标投标管理机构行使职权是在建设行政主管部门的名义下进行的。另一方面，是在招标投标管理活动中享有可独立以自己的名义行使的管理职权。

这些职权主要包括：

① 办理建设工程项目报建登记；

② 审查发放招标组织资质证书、招标代理人及标底编制单位的资质证书；

③ 接受招标人提交的招标申请书，对招标工程应当具备的招标条件、招标人的招标资质或招标代理人的招标代理资质、采用的招标方式进行审查认定；

④ 接受招标人提交的招标文件，对招标文件进行审查认定，对招标人要求变更发出后的招标文件进行审批；

⑤ 对投标人的投标资质进行复查；

⑥ 对招标控制价进行审定；

⑦ 对评标定标办法进行审查认定，对招标投标活动进行全过程监督，对开标、评标、定标活动进行现场监督；

⑧ 核发或者与招标人联合发出中标通知书；

⑨ 审查合同草案，监督承发包合同的签订和履行；

⑩ 调解招标人和投标人在招标投标活动中或履行合同过程中发生的纠纷；

⑪ 查处建设工程招标投标方面的违法行为，依法受委托实施相应的行政处罚。

1.2.5 建设工程招标投标交易场所

为维护社会公共利益和建筑市场参与各方利益，打造公开、公平、公正和诚实守信的阳光交易平台，地方政府依规陆续建立了建设工程交易中心或公共资源交易中心，为建设工程招标投标活动提供统一的进场交易服务平台。

1.2.5.1 交易中心性质与作用

（1）性质

交易中心是服务性机构，但又不是一般意义上的服务机构，其设立需得到政府或政府授权主管部门的批准。它不以营利为目的，旨在为建立公开、公正、平等竞争的招投标制度服务，只可经批准收取一定的服务费，工程交易行为应在场内进行。

（2）作用

按照规定，建设项目招投标活动需在场内进行，并接受政府有关管理部门的监督。交易中心的设立，对国有投资的监督制约机制的建立、规范建设工程承发包行为、将建筑市场纳入法制管理轨道有着重要作用。

1.2.5.2 交易中心的主要职责

① 贯彻执行国家和省、市有关法律法规及相关交易规则，组织招标投标活动；

② 受理、发布招标信息；

③ 办理招标申请、投标报名登记手续，对交易各方、中介机构进场交易资格进行核验；

④ 负责为交易各方提供交易场所、信息资料、技术咨询等相关服务工作，维护交易活动的正常秩序；

⑤ 按规定收取有关交易费，代收代退交易过程中的保证金。

行政监督部门须派人驻场监督。

1.3 工程招标工作内容

1.3.1 工程招标分类

建设工程招标种类较多，可从不同角度对其进行分类，如表1.1所示。

表1.1 建设工程招标分类

分类方法	种　类	备　注
按建设工程建设程序	建设项目可行性研究招标	
	勘察设计招标	
	建筑施工招标	
	设备材料采购招标	
按行业	勘察设计招标	
	设备安装招标	
	建筑施工招标	
	货物采购招标	
	工程咨询招标	造价咨询、全过程跟踪审计等
	工程监理招标	
按建设项目组成	建设项目招标	
	单项工程招标	
	单位工程招标	
	分部或分项工程招标	我国一般不允许分部或分项工程招标，特殊专业工程除外
按工程发包范围	工程总承包招标	
	工程分包招标	
按有无涉外关系	国内工程承包招标	
	境内国际工程承包招标	
	国际工程承包招标	

本书将重点介绍园林工程设计、监理、施工及设备材料采购招标。

1.3.2 工程招标方式

依据《中华人民共和国招标投标法》，工程招标可依规选择公开招标或邀请招标方式。公开招标，是指招标人以招标公告的方式邀请不特定的法人或者其他组织投标。邀请招标，是指招标人以投标邀请书的方式邀请特定的法人或者其他组织投标。

公开招标与邀请招标的区别如下。

① 发布信息的方式不同　公开招标采用公告的形式发布；邀请招标采用投标邀请书的形式发布。

② 选择的范围不同　公开招标方式针对的是一切潜在的对招标项目感兴趣的法人或其他组织，招标人事先不知道投标人的数量；邀请招标针对3个以上的特定的法人或其他组织，事先已经知道投标者的数量。

③ 竞争的范围不同　公开招标的竞争范围较广，竞争性体现得也比较充分，容易获得最佳招标效果；邀请招标中投标人的数量有限，竞争的范围有限，有可能将某些在技术上或报价上更有竞争力的承包商漏掉。

④ 时间和费用不同　公开招标的程序复杂，耗时较长，费用比较高；邀请招标不需要发公告，招标文件只送几家，缩短了整个招投标时间，其费用相对减少。

⑤ 适用条件不同　公开招标方式广泛适用，邀请招标只在特定条件下适用。根据《中华人民共和国招标投标法实施条例》的规定，有下列情形之一的，可以邀请招标：技术复杂、有特殊要求或者受自然环境限制，只有少量潜在投标人可供选择；采用公开招标方式的费用占项目合同金额的比例过大。

1.3.3 建设工程招标工作内容

1.3.3.1 前期工作

工程招标前期工作由招标人完成，主要工作包括以下几个方面。

（1）招标项目必备条件的资料准备工作

强制招标工程项目必须具备一定条件才能进行招标（如建设项目设计招标必须具备以下条件：有正式批准的项目建议书和可行性研究报告；具有设计所必需的基础资料；招标申请报告已经批准）招标人需准备好相关资料。

（2）招标内容及范围的拟定工作

根据工程项目情况及招标人实际，招标人既可以将整个建设项目整体招标（如工程建设总承包招标），也可以分段分项进行招标。招标标段的合理划分有利于后续的建设工程项目管理。

（3）工程报建工作

建设工程项目的立项批准文件或年度投资计划下达后，按照1994年8月13日发布并实施的《工程建设项目报建管理办法》规定具备条件的，须向建设行政主管部门报建备案。

建设工程项目报建范围：各类房屋建筑（包括新建、改造、扩建、翻建、大修等）、土木工程（包括道路、桥梁、房屋基础打桩）、设备安装、管道线路敷设、装饰装修等建设工程。

建设工程报建内容主要包括工程名称、建设地点、投资规模、资金来源、当年投资额、工程规模、结构类型、发包方式、计划开竣工日期、工程筹建情况等。

办理工程报建时应交验的文件资料：立项批准文件或年度投资计划；固定资产投资许可证；建设工程规划许可证；资金证明。

工程报建程序：建设单位填写统一格式的“建设工程项目报建登记表”，有上级主管部门的需经其批准同意后，连同应交验的文件资料一并报建设行政主管部门。建设工程项目报建备案后，具备了招标文件的建设工程项目可开始办理建设单位资质审查。建设项目的立项文件获得批准后，招标人需向建设行政主管部门履行建设项目报建手续。只有报建申请批准后，才可以开始项目的建设。

（4）招标备案

办理招标备案应提交以下资料：

① 建设项目的年度投资计划和工程项目报建备案登记表；

② 建设工程招标备案登记表；

③ 项目法人单位的法人资格证明书和授权委托书；

④ 招标公告或投标邀请书；

⑤ 招标机构或招标代理公司有关工程技术、造价、招标人员名称。

（5）选择招标方式

招标方式分为公开招标和邀请招标两种方式，招标方式的选择应符合有关法规的规定，并经招标管理机构同意。

（6）编制资格预审文件

资格审查分为资格预审和资格后审。采用资格预审的工程项目，招标人可参照“资格预审文件范本”编写资格预审文件。资格预审文件应包括以下主要内容：

① 资格预审申请人须知；

② 资格预审申请书格式；

③ 资格预审评审标准或方法。

（7）编制招标文件

工程项目施工招标文件的主要内容通常包括：

① 招标公告或投标邀请书；

② 投标人须知；

③ 评标办法；

④ 合同条款及格式；

⑤ 工程量清单；

⑥ 图纸；

⑦ 技术标准和要求；

⑧ 投标文件格式；

⑨ 其他材料。

招标人编写的招标文件在向投标人发放的同时应向建设行政主管部门备案。建设行政主管部门发现招标文件有违反法律、法规内容的，责令其改正。

（8）编制工程招标控制价

工程项目施工招标，招标人应根据《工程量清单计价规范》编制招标控制价，作为投标报价最高限价，以控制招标项目造价。

1.3.3.2 中期工作

（1）发布招标公告或投标邀请书

招标备案后，招标人根据招标方式，发布招标公告或投标邀请书。

实行公开招标的工程项目，招标公告须在依法指定的媒介上公开发布。实行邀请招标的工程项目，招标人须向3个以上符合资质条件的投标人发出投标邀请书。

招标公告或投标邀请函的具体格式可由招标人自定，内容一般包括：招标单位名称；建设项目资金来源；工程项目概况和本次招标工作范围的简要介绍；购买资格预审文件（或招标文件）的地点、时间和价格等有关事项。

（2）资格预审

招标人根据工程规模、结构复杂程度或技术难度等具体情况选择采取资格预审或资格后审。资格预审，是指在投标前对潜在投标人进行的资格审查。资格后审，是指在开标后对投标人进行的资格审查。进行资格预审的，一般不再进行资格后审。

实行资格预审的工程，招标人应当在招标公告明确资格预审的条件和获取资格预审文件的时间、地点等事项。采取资格后审的，招标人应当在招标文件中载明对投标人资格要求的条件、标准和方法。

资格预审程序：

① 资格预审文件的编制　采用资格预审的招标项目，投标申请人应按照“资格预审文件”要求的格式，如实填报相关内容。编制完成后，须经投标人法定代表人签字并加盖投标人公章、法定代表人印鉴，并按规定密封，在规定的时间内报送招标人。

② 资格审查　采用资格预审的招标项目，公开招标的招标人应当组建资格审查委员会审查资格预审申请文件，资格预审应当按照资格预审文件载明的标准和方法进行。

对投标申请人进行资格审查的目的，一是保证投标人在资质和能力等方面能够满足完成招标工作的要求；二是通过评审优选出综合实力较强的投标人，再请他们参加投标竞争，以减少评标的工作量。

③ 发放资格预审合格通知书　经资格预审后，招标人应当向资格预审合格的潜在投标人发出资格预审合格通知书，告知获取招标文件的时间、地点和方法，并同时向资格预审不合格的潜在投标人告知资格预审结果。资格预审不合格的潜在投标人不得参加投标。资格预审合格的投标人在收到资格预审合格通知书后，应以书面形式予以确认是否参加投标，并在规定的地点和时间领取或购买招标文件和有关技术资料。

（3）发售招标文件

① 招标文件的发售　招标人编制招标文件，并向投标申请人发售。投标申请人收到招标文件、图纸和有关资料后，应认真核对，核对无误后应以书面形式予以确认。招标人发售资格预审文件、招标文件可收取一定费用，收取的费用应当限于补偿印刷、邮寄的成本支出，不得以营利为目的。

② 招标文件的澄清或修改　招标人可以对已发出的资格预审文件或者招标文件进行必要的澄清或者修改，招标人对招标文件所做的任何澄清或修改，须报建设行政主管部门备案，并在投标截止日期15日前发给获得招标文件的投标人。投标人收到招标文件的澄清或修改内容应以书面形式予以确认。招标文件的澄清或修改内容作为招标文件的组成部分，对招标人和投标人起约束作用。

（4）踏勘现场

踏勘现场的目的在于让投标人了解工程现场场地和周围环境情况等，以便投标人编制施工组织设计或施工方案，以及获取计算各种措施费用所必要的信息。

招标人在投标须知规定的时间组织投标人自费进行现场考察。

投标人在踏勘现场中如有疑问，应在答疑会前以书面形式向招标人提出。投标人踏勘现场的疑问，招标人可以书面形式答复，也可以在答疑会上答复。

（5）组织召开答疑会

在招标文件中规定的时间和地点，招标人组织并主持召开答疑会，解答投标人提出的招标文件和踏勘现场中的疑问。解答的疑问包括会议前由投标人书面提出的和在答疑会上口头提出的质疑。

答疑会结束后，由招标人整理会议记录和解答内容（包括会上口头提出的询问和解答），并以书面形式将所有问题及解答向获得招标文件的投标人发放，问题及解答纪要同时须向建设行政主管部门备案。会议记录作为招标文件的组成部分，内容若与已发放的招标文件有不一致之处，以会议记录的解答为准。

（6）编制投标文件

① 编制投标文件的准备工作　投标人领取招标文件、图纸和有关技术资料后，应仔细阅读研究上述文件，如有疑问，可以在收到招标文件后以书面形式向招标人提出。投标人应仔细踏勘现场，了解工程现场场地和周围环境情况，根据实际科学编制施工组织设计或施工方案，合理配备施工管理人员和机械设备，合理安排施工进度计划。

② 投标文件的编制　投标人按招标文件的要求编制投标文件，根据自身实际情况，进行合理的投标报价。投标文件编制完成后应按招标文件的要求仔细整理、核对，制作投标文件正、副本，并将投标文件进行密封、标志。

（7）投标文件的递交与接收

① 投标文件的递交　投标人在投标截止时间前按规定时间、地点将投标文件递交至招标人。在开标前，任何单位和个人均不得开启投标文件。投标截止时间之前，投标人可以对所递交的投标文件进行修改或撤回。投标人应当按照招标文件要求的方式和金额，将投标保证金或投标保函随投标文件提交招标人。

② 投标文件的接收　招标人应按规定时间接收投标文件，将其妥善保存至开标，并做好接收记录。在规定的投标截止时间以后递交的文件，将不予接收或原封退回。

1.3.3.3　后期工作

（1）开标

① 开标的时间和地点　开标应当在招标文件确定的提交投标文件截止时间的同一时间公开进行；开标地点应当为招标文件中预先确定的地点。

② 开标会议　为体现招标的公平、公正和公开原则，公开招标和邀请招标均应举行开标会议，开标会议由招标人主持，邀请所有投标人参加。开标时投标人的法定代表人或授权代理人应参加。投标人少于3个的，不得开标，招标人应当重新招标。

开标时，由投标人或者其推选的代表检查投标文件的密封情况，也可以由招标人委托的公证机构检查并公证；经确认无误后，由工作人员当众拆封，宣读投标人名称、投标价格和投标文件的其他主要内容。招标人应对宣读内容做好记录，并请投标人法定代表人或授权代理人签字确认。

招标人在招标文件要求提交投标文件的截止时间前收到的所有投标文件，开标时都应当当众予以拆封、宣读。开标过程应当记录，并存档备查。

（2）评标

评标由依法组建的评标委员会负责。

① 评标委员会的建立　依法必须进行招标的项目，其评标委员会由招标人的代表和有关技术、经济等方面的专家组成，成员人数为五人以上单数，其中技术、经济等方面的专家不得少于成员总数的三分之二。

有关技术、经济专家应当从事相关领域工作满八年并具有高级职称或者具有同等专业水平，从国务院有关部门或者省、自治区、直辖市人民政府有关部门提供的专家名册或者招标代理机构的专家库内的相关专业的专家名单中确定；一般招标项目可以采取随机抽取方式，特殊招标项目可以直接确定。

与投标人有利害关系的人不得进入相关项目的评标委员会；已经进入的应当更换。评标委员会成员的名单在中标结果确定前应当保密。

② 评标　评标委员会应当按照招标文件确定的评标标准和方法，对投标文件进行评审和比较。评标委员会可以要求投标人对投标文件中含义不明确的内容作必要的澄清或者说明，但是澄清或者说明不得超出投标文件的范围或者改变投标文件的实质性内容。

招标人应当采取必要的措施，保证评标在严格保密的情况下进行。任何单位和个人不得非法干预、影响评标的过程和结果。

（3）资格后审

未进行资格预审的招标项目，在确定中标候选人前，评标委员会须对投标人的资格进行审查，投标人只有符合招标文件要求的资格条件时，方可被确定为中标候选人或中标人。

（4）编写评标报告

评标委员会完成评标后，应当向招标人提出书面评标报告，并推荐合格的中标候选人。招标人根据评标委员会提出的书面评标报告和推荐的中标候选人确定中标人。招标人也可以授权评标委员会直接确定中标人。

（5）招标投标情况备案

依法必须进行招标的项目，招标人应将工程招标、开标、评标情况，根据评标委员会编写的评标报告编制招标投标情况书面报告，并在自确定中标人之日起15日内，将招标投标情况书面报告和有关招标投标情况备案资料、中标人的投标文件等向建设行政主管部门备案。

（6）发中标通知书

中标人确定后，招标人应当向中标人发出中标通知书，并同时将中标结果通知所有未中标的投标人。

中标通知书对招标人和中标人具有法律效力。中标通知书发出后，招标人改变中标结果的，或者中标人放弃中标项目的，应当依法承担法律责任。

（7）签订合同

招标人和中标人应当自中标通知书发出之日起三十日内，按照招标文件和中标人的投标文件订立书面合同。招标人和中标人不得再行订立背离合同实质性内容的其他协议。

招标文件要求中标人提交履约保证金的，中标人应当提交。

1.4　工程招标代理

中华人民共和国招标投标法规定，招标人可以自行办理招标事宜，也可以委托招标代理机构办理。如自行办理，招标人需具有编制招标文件和组织评标能力，并应向有关行政监督部门备案。如委托办理，招标人可自行选择招标代理机构。在工程招标实践中，随着招标工作越来越专业化、规范化，招标人大多委托招标代理机构办理招标事宜，招标代理机构在建设工程招标投标中发挥着越来越重要的作用，成为一支不可或缺的力量。

1.4.1　招标代理概念

招标代理机构是依法设立、从事招标代理业务并提供相关服务的社会中介组织。招标代理机构应当在招标人委托的范围内办理招标事宜，并遵守《中华人民共和国招标投标法》关于招标人的规定。

从事招标代理业务的机构，应当依法取得招标代理机构资格，并在其资格许可的范围内从事相应的招标代理业务。

从事工程建设项目招标代理业务的招标代理机构，其资格由国务院或者省、自治区、直辖市人民政府的建设行政主管部门认定。从事其他招标代理业务的招标代理机构，其资格认定的主管部门由国务院规定。

工程招标代理接受招标人的委托，从事工程的勘察、设计、施工、监理以及与工程建设有关的重要设备（进口机电设备除外）、材料采购招标的代理业务。

1.4.2 工程招标代理资格及从业范围

为了加强对工程建设项目招标代理机构的资格管理，维护工程建设项目招标投标活动当事人的合法权益，《工程建设项目招标代理机构资格认定办法》（中华人民共和国建设部令第154号）对工程招标代理机构资格条件及从业范围做出了明确规定。

1.4.2.1 资格认定

工程招标代理机构资格分为甲级、乙级和暂定级。甲级工程招标代理机构资格由国务院建设主管部门认定，乙级、暂定级工程招标代理机构资格由工商注册所在地的省、自治区、直辖市人民政府建设主管部门认定。

（1）申请工程招标代理资格的机构基本条件：

① 是依法设立的中介组织，具有独立法人资格；

② 与行政机关和其他国家机关没有行政隶属关系或者其他利益关系；

③ 有固定的营业场所和开展工程招标代理业务所需设施及办公条件；

④ 有健全的组织机构和内部管理的规章制度；

⑤ 具备编制招标文件和组织评标的相应专业力量；

⑥ 具有可以作为评标委员会成员人选的技术、经济等方面的专家库；

⑦ 法律、行政法规规定的其它条件。

（2）申请甲级工程招标代理资格的机构，除具备基本条件外，还应当具备下列条件：

① 取得乙级工程招标代理资格满3年；

② 近3年内累计工程招标代理中标金额在16亿元人民币以上（以中标通知书为依据，下同）；

③ 具有中级以上职称的工程招标代理机构专职人员不少于20人，其中具有工程建设类注册执业资格人员不少于10人（其中注册造价工程师不少于5人），从事工程招标代理业务3年以上的人员不少于10人；

④ 技术经济负责人为本机构专职人员，具有10年以上从事工程管理的经验，具有高级技术经济职称和工程建设类注册执业资格；

⑤ 注册资本金不少于200万元。

（3）申请乙级工程招标代理资格的机构，除具备基本条件外，还应当具备下列条件：

① 取得暂定级工程招标代理资格满1年；

② 近3年内累计工程招标代理中标金额在8亿元人民币以上；

③ 具有中级以上职称的工程招标代理机构专职人员不少于12人，其中具有工程建设类注册执业资格人员不少于6人（其中注册造价工程师不少于3人），从事工程招标代理业务3年以上的人员不少于6人；

④ 技术经济负责人为本机构专职人员，具有8年以上从事工程管理的经历，具有高级技术经济职称和工程建设类注册执业资格；

⑤ 注册资本金不少于100万元。

新设立的工程招标代理机构可以申请暂定级工程招标代理资格，除具备基本条件外，还应当具备下列条件：

① 具有中级以上职称的工程招标代理机构专职人员不少于12人，其中具有工程建设类注册执业资格人员不少于6人（其中注册造价工程师不少于3人），从事工程招标代理业务3年以上的人员不少于6人；

② 技术经济负责人为本机构专职人员，具有8年以上从事工程管理的经历，具有高级技术经济职称和工程建设类注册执业资格；

③ 注册资本金不少于100万元。

1.4.2.2 从业范围

① 甲级工程招标代理机构可以承担各类工程的招标代理业务。

② 乙级工程招标代理机构只能承担工程总投资1亿元人民币以下的工程招标代理业务。

③ 暂定级工程招标代理机构，只能承担工程总投资6000万元人民币以下的工程招标代理业务。

1.4.3 招标代理权利与义务

在工程招标代理业务中，招标人为委托人，招标代理机构为受托人，双方一般的权利与义务如下：

1.4.3.1 委托人的权利

① 按约定，接收招标代理成果；

② 向受托人询问工程招标工作进展情况和相关内容或提出不违反法律、行政法规的建议；

③ 审查受托人为工程编制的各种文件，并提出修正意见；

④ 要求受托人提交招标代理业务工作报告；

⑤ 与受托人协商，建议更换其不称职的招标代理从业人员；

⑥ 依法选择中标人；

⑦ 由于受托人不履行双方约定的内容，给委托人造成损失或影响招标工作正常进行的，委托人有权终止委托，并依法向受托人追索经济赔偿，直至追究法律责任；

⑧ 依法享有的其他权利。

1.4.3.2 委托人的义务

（1）委托人将委托招标代理工作的具体范围和内容进行约定。

（2）委托人按约定的内容和时间完成下列工作：

① 向受托人提供工程招标代理业务应具备的相关工程前期资料（如立项批准手续规划许可、报建证等）及资金落实情况资料；

② 向受托人提供完成工程招标代理业务所需的全部技术资料和图纸，需要交底的须向受托人详细交底，并对提供资料的真实性、完整性、准确性负责；

③ 向受托人提供保证招标工作顺利完成的条件；

④ 指定专人与受托人联系；

⑤ 根据需要，做好与第三方的协调工作；

⑥ 按约定支付代理报酬；

⑦ 依法应尽的其他义务。

（3）受托人在履行招标代理业务过程中，提出的超出招标代理范围的合理化建议，经委托人同意并取得经济效益，委托人应向受托人支付一定的经济奖励。

（4）委托人负有对受托人提供的技术服务进行知识产权保护的责任。

（5）委托人未能履行以上各项义务，给受托人造成损失的，应当赔偿受托人的有关损失。

1.4.3.3 受托人的权利

① 按合同约定收取委托代理报酬；

② 对招标过程中应由委托人做出的决定，受托人有权提出建议；

③ 当委托人提供的资料不足或不明确时，有权要求委托人补足资料或做出明确的答复；

④ 拒绝委托人提出的违反法律、行政法规的要求，并向委托人做出解释；

⑤ 有权参加委托人组织的涉及招标工作的所有会议和活动；

⑥ 对于为本合同工程编制的所有文件拥有知识产权，委托人仅有使用或复制的权利；

⑦ 依法享有的其他权利。

1.4.3.4 受托人的义务

（1）应根据约定的委托招标代理业务的工作范围和内容，选择有足够经验的专职技术经济人员担任招标代理项目负责人。

（2）按约定的内容和时间完成下列工作：

① 依法按照公开、公平、公正和诚实信用原则，组织招标工作，维护各方的合法权益；

② 应用专业技术与技能为委托人提供完成招标工作相关的咨询服务；

③ 向委托人宣传有关工程招标的法律、行政法规和规章，解释合理的招标程序，以便得到委托人的支持和配合；

④ 依法应尽的其他义务。

（3）应对招标工作中受托人所出具有关数据的计算、技术经济资料等的科学性和准确性负责。

（4）受托人不得接受与本合同工程建设项目中委托招标范围之内的相关的投标咨询业务。

（5）受托人为本合同提供技术服务的知识产权应属受托人专有。任何第三方如果提出侵权指控，受托人须与第三方交涉并承担由此而引起的一切法律责任和费用。

（6）未经委托人同意，受托人不得分包或转让任何权利和义务。

（7）受托人不得接受所有投标人的礼品、宴请和任何其它好处，不得泄露招标、评标、定标过程中依法需要保密的内容。合同终止后，未经委托人同意，受托人不得泄漏与本合同工程相关的任何招标资料和情况。

（8）受托人未能履行以上各项义务，给委托人造成损失的，应当赔偿委托人的有关损失。

1.4.4 工程招标代理机构的禁止性行为

工程招标代理机构在工程招标代理活动中不得有下列行为：

① 与所代理招标工程的招投标人有隶属关系、合作经营关系以及其他利益关系；

② 从事同一工程的招标代理和投标咨询活动；

③ 超越资格许可范围承担工程招标代理业务；

④ 明知委托事项违法而进行代理；

⑤ 采取行贿、提供回扣或者给予其他不正当利益等手段承接工程招标代理业务；

⑥ 未经招标人书面同意，转让工程招标代理业务；

⑦ 泄露应当保密的与招标投标活动有关的情况和资料；

⑧ 与招标人或者投标人串通，损害国家利益、社会公共利益和他人合法权益；

⑨ 对有关行政监督部门依法责令改正的决定拒不执行或者以弄虚作假方式隐瞒真相；

⑩ 擅自修改经招标人同意并加盖了招标人公章的工程招标代理成果文件；

⑪ 涂改、倒卖、出租、出借或者以其他形式非法转让工程招标代理资格证书；

⑫ 法律、法规和规章禁止的其他行为。

思考题

1. 何谓招标投标？
2. 简述我国法规规定的招标投标原则。
3. 招标投标活动有哪些法律行为？
4. 简述招标投标活动的特点。
5. 何谓建设工程招标投标制度？
6. 简述我国必须进行招标的工程建设项目的具体范围和规模标准。
7. 如何理解工程招标投标分级管理？
8. 简述建设工程招标投标管理机构设置原则、性质、主要职权。
9. 简述建设工程招标分类。
10. 何谓资格预审、资格后审？二者有何区别？
11. 简述招标工作的主要内容。
12. 简述投标工作的主要内容。
13. 何谓招标代理机构？招标代理机构具有哪些权利与义务？
14. 简述招标代理机构取得工程招标代理资格应具备哪些基本条件。
15. 申请甲级工程招标代理资格的机构，应当具备哪些条件？
16. 乙级工程招标代理机构从业范围如何？

第2章

招标投标相关法律制度

2.1 工程招标相关法律基础

2.1.1 法的基础知识

（1）法的概念

法是由国家制定、认可并由国家强制力保证实施的，反映由特定物质生活条件所决定的统治阶级（或人民）的意志，以权利和义务为内容，以确认、保护和发展统治阶级（或人民）所期望的社会关系、社会秩序和社会发展目标为目的的行为规范体系。

（2）法的特征

法的特征是法的本质的外在表现，是区别于其他社会规范的显著特点。主要有以下特征。

① 法是调整人的行为的社会规范。法对人们如何行为提出了明确的指示；法的内容具有一般性和概括性；法是反复适用的。

② 法是出自国家的社会规范。法区别于其他社会规范的首要之处在于，法是由国家创立的社会规范。国家创立法的方式主要有两种：一是制定；二是认可。

③ 法是规定权利和义务的社会规范。法是通过规定人们的权利和义务，以权利和义务为机制，影响人们的行为动机，指引人们的行为，调整社会关系的。

权利意味着人们可以作或不作一定行为以及可以要求他人作或不作一定行为。法律通过规定权利，使人们获得某些利益或者自由。义务意味着人们必须作或不作一定行为。义务包括作为义务和不作为义务两种，前者要求人们必须作出一定行为，后者要求人们不得作出一定行为。正是由于法是通过规定权利和义务的方式调整人们的行为，因此人们在法律上的地位体现为一系列法定的权利和义务。

④ 法是由国家强制力保证实施的社会规范。法的强制性不同于其他规范之处在于，法具有国家强制性。

（3）法的渊源

法是阶级社会所特有的社会现象，是阶级矛盾不可调和的产物。法和国家一样，不是自古就有的，它是人类社会经济、政治发展到一定历史阶段的产物，是随着私有制和阶级的出现而产生，并随着生产力的发展，社会经济、政治制度的变化而不断充实完善的。

法的渊源，即法的表现形式。我国法的渊源主要有宪法、法律、行政法规、地方性法规、行政规章、民族自治地方条例和单行条例、特别行政区法律。其中，宪法是国家的根本大法。宪法、法律、特别行政区法律由全国人大制定，行政法规由国务院制定，地方性法规、民族自治地方条例和单行条例由地区人大制定并报全国人大备案，行政规章由国家行政机关制定。

（4）我国的法律体系

法律体系是指由一国现行的全部法律规范，按照一定的标准和原则，划分为不同的法律部门而形成的内部和谐一致、有机联系的整体。

在我国，组成法律体系的法律部门有：宪法、刑法、民法、行政法、经济法、劳动和社会保障法、环境法等。我国的法律体系由宪法、法律、行政法规、地方性法规四个层次，宪法是我国的根本大法，效力最高；刑法、民法通则等法律属于基本法，效力仅次于宪法；行政法规的效力与国家法律相比低一些；地方法规效力更低。各级法规的内容不得与宪法和法律相悖。

2.1.2 建设工程法律法规及适用规则

工程建设是一项综合性的技术经济活动，涉及面广，内容复杂，参加单位和协作单位多，法制建设尤为重要。

2.1.2.1 建设工程相关法律法规

（1）决策阶段主要法律法规

①《中华人民共和国环境保护法》；

②《中华人民共和国城乡规划法》；

③《中华人民共和国土地管理法》；

④《中华人民共和国环境影响评价法》等。

（2）招标投标阶段主要法律法规

①《中华人民共和国招标投标法》；

②《工程建设项目施工招标投标办法》；

③《工程建设项目勘察设计招标投标办法》；

④《工程建设项目货物招标投标办法》等。

（3）勘查设计阶段主要法律法规

①《建设工程勘察设计管理条例》；

②《建设工程勘察设计资质管理规定》；

③《建筑工程设计文件编制深度的规定》；

④《房屋建筑和市政基础设施工程施工图设计文件审查管理办法》等。

（4）施工阶段主要法律法规

①《中华人民共和国安全生产法》；

②《安全生产许可证条例》；

③《建设工程质量管理条例》；

④《建设工程安全生产管理条例》等。

（5）竣工验收阶段主要法律法规

①《建设项目（工程）竣工验收办法》

②《建设项目竣工环境保护验收管理办法》；

③《房屋建筑工程和市政基础设施工程竣工验收备案管理暂行办法》；

④《建设工程价款结算暂行办法》等。

除上述各阶段主要的法律、法规外，《中华人民共和国建筑法》涵盖了整个工程建设活动。这些有着各自调整范围的法律、法规构成了建设工程法律体系。

2.1.2.2 建设工程法律适用规则

在法律规范之间发生不一致或冲突时，正确适用法律规范应当遵循以下原则。

（1）上位法优于下位法

在我国法律规范系统中，宪法具有最高的法律效力，法律的效力仅次于宪法，高于行政法规和地方性法规。行政法规和地方性法规的效力高于本级和下级地方政府规章。省、自治区人民政府制定的规章的效力高于本行政区域内较大市的人民政府制定的规章。上位法中优于下位法有两个例外，一是自治条例和单行条例在自治地方优先适用，二是经济特区法规在经济特区范围内优先适用。如：《中华人民共和国招标投标法》是法律，其效力高于其他下阶位的招投标法律规范性文件。

（2）同位阶的法律规范具有同等法律效力，在各自权限范围内实施

同位阶的法律法规的冲突主要表现为部门规章间之间冲突。如果部门规章之间发生不一致或冲突，一般先根据该事项权限所属来确定适用哪一部门的规章。比如，关于财政管理方面的事务，属于财政部的权限范围，如果其他部门的规定与财政部的规定不一致，则应该按财政部的规定执行。

（3）特别法优于一般法

由于立法技术缺陷等原因，一般法与特别法之间可能存在冲突，如：《中华人民共和国招标投标法》是特别法，《中华人民共和国政府采购法》是一般法，两者之间存在一些冲突。特别法与一般法冲突的适用规则是特别法优于一般法原则。特别法优于一般法还有另外一层含义，即特别规定优于一般规定。比如，《中华人民共和国招标投标法》中关于合同成立、生效的规定，对于《中华人民共和国合同法》中关于合同成立、生效规定来说，即是特别规定。

（4）新法优于旧法

法的修改和更新有多种形式，有的是对原法律进行修改，有的是在相关的法律中重新作了规定。因此在新法与旧法之间，新的规定与旧的规定之间，可能会产生冲突。比如，《中华人民共和国政府采购法》作为新法，就对《中华人民共和国招标投标法》的一些方面进行了修改或作了新的规定。新法与旧法冲突的适用规则是新法优于旧法。

（5）不溯及既往原则

法律规范如对它生效前所发生的事件和行为适用，就是有溯及力；如不适用，就是没有溯及力，即不溯及既往。为了保护公民的合法权益，法律一般不溯及既往，但是有时为了更好保护公民的合法权益，法律有时也规定可以溯及既往。

如以上适用规则仍不能完全解决问题，如对于《中华人民共和国招标投标法》和《中华人民共和国政府采购法》来说，如何叠加适用"特别法优于一般法"和"新法优于旧法"两原则。《立法法》根据各类立法主体之间的监督权限，对法律规范之间冲突规定了两种解决机制，一是裁决机制，指法律、行政法规、地方性法规、自治条例和单行条例、规章相互之间发生冲突，无法按照适用规则进行适用时，由有权机关对如何适用做出决定；二是改变和撤销机制，是指有权实施法律规范的监督部门，依照法律规定的权限和程序对违法制定的法律规范予以改变或撤销的一种监督机制。

2.1.3 建设工程招标投标相关法律基础

从法学原理分析，一方面招标投标活动属于民事活动、经济活动，涉及民法原理及经济法；另一方面，招标投标作为一种特殊的缔约方式，虽然是一种民事行为，但这种民事行为需要接受行政管理部门的监督，这种行政监督也会产生相应的行政关系。因此，招标投标所涉及的法律法规也错综复杂，既有经济方面的，也有行政管理方面的。下面主要介绍工程招标所涉及的民法、经济法、担保法、保险法、仲裁法等相关法律法规知识。

2.1.3.1 民法

民法是调整平等主体（自然人、法人、其他组织）之间财产关系和人身关系的法律规范的总称。《中华人民共和国民法通则》（以下简称《民法通则》）对民事活动中一些共同性问

题、作出法律规定，是民法体系中的一般法，于1987年1月1日起施行。

2.1.3.1.1　民法的调整范围

根据《民法通则》规定，我国民法只调整发生在平等主体的公民之间、法人之间、公民和法人之间的横向经济关系，而纵向经济关系则由行政法和经济法调整。民法调整财产关系和人身关系。

① 财产关系　财产关系也称为经济关系，是人们在生产、分配、交换和消费过程中所形成的具有经济内容的社会关系。其特征为：财产关系的主体处于平等地位；财产关系主要是商品经济关系、市场经济关系；财产关系是等价有偿的。

② 人身关系　人身关系是与特定人身不可分离而没有直接财产内容的社会关系，包括人格关系、身份关系。

人格关系，是指因民事主体的人格利益而发生的社会关系。人格利益即人的生命、健康、姓名、名称、肖像、名誉等方面的利益。人格关系在法律上表现为人格权关系，包括生命权、健康权、姓名权、肖像权、名誉权等，是维持人的生存及能力所必需的权利。人格关系的内容可归结为人格尊重、人格权不得抛弃、不得转让和不得非法剥夺。

身份关系是指因血缘、婚姻等平等身份关系而发生的扶养、抚养、赡养、法定监护、法定继承等社会关系，这些关系在法律上表现为身份权关系，如亲权、亲属权、监护权、继承权等。

另外，因著作权、发明权、专利权而发生的社会关系，既包括人身关系，也包括财产关系，这种关系表现出人身财产关系的两位一体性，民法也调整知识产权关系，即以智慧财产为客体的民事关系。

2.1.3.1.2　民事法律关系

法律关系都是由法律关系主体、法律关系客体和法律关系内容三个要素构成，缺少其中一个要素就不能构成法律关系。由于三要素的内涵不同，则组成不同的法律关系，诸如民事法律关系、行政法律关系、劳动法律关系、经济法律关系等。

(1) 民事法律关系主体

民事法律关系主体（简称民事主体），是指民事法律关系中享受权利，承担义务的当事人和参与者，包括自然人、法人和其他组织。

① 自然人　自然人是依自然规律出生而取得民事主体资格的人。自然人包括公民、外国人和无国籍人。自然人作为民事主体的一种，能否通过自己的行为取得民事权利、承担民事义务，取决于其是否具有民事行为能力。

所谓民事行为能力，是指民事主体通过自己的行为取得民事权利、承担民事义务的资格。民事行为能力分为完全民事行为能力、限制民事行为能力、无民事行为能力三种。

完全民事行为能力：18周岁以上的公民是成年人，具有完全民事行为能力，可以独立进行民事活动，是完全民事行为能力人；16周岁以上不满18周岁的公民，以自己的劳动收入为主要生活来源的，视为完全民事行为能力人。

限制民事行为能力：10周岁以上的未成年人是限制民事行为能力人，这种人可以进行与他的年龄、智力相适应的民事活动；不能完全辨认自己行为的精神病人是限制民事行为能力人，这种人可以进行与他的精神健康状况相适应的民事活动，其他民事活动由他的法定代理人代理，或者征得他的法定代理人的同意。

无民事行为能力：不满10周岁的未成年人、不能辨认自己行为的精神病人是无民事行为能力人，这两种人由他的法定代理人代理民事活动。

② 法人　法人是具有民事权利能力和民事行为能力，依法独立享有民事权利和承担民

事义务的组织。根据《民法通则》第三十七条的规定，法人应当具备以下四个条件：依法成立；有必要的财产和经费；有自己的名称、组织机构和场所；能够独立承担民事责任。

法人的民事行为能力是法律赋予法人独立进行民事活动的能力，其行为能力总是有限的，由其成立的宗旨和业务范围所决定。法人的行为能力始于法人的成立，止于法人的撤销。

③ 其他组织　根据《中华人民共和国合同法》（以下简称《合同法》）及相关法律的规定，法人以外的其他组织也可以成为民事法律关系的主体，称为非法人组织。

（2）民事法律关系客体

民事法律关系客体是指民事法律关系之间权利和义务所指向的对象，包括：

① 财　财一般指资金及各种有价证券。在建设法律关系中表现为财的客体主要是建设资金，如基本建设贷款合同的标的，即一定数量的货币。

② 物　物是指法律关系主体支配的、在生产上和生活上所需要的客观实体。例如，施工中使用的各种建筑材料、施工机械就都属于物的范围。

③ 行为　作为法律关系客体的行为是指义务人所要完成的能满足权利人要求的结果。这种结果表现为两种：物化的结果与非物化的结果。

物化的结果指的是义务人的行为凝结于一定的物体，产生一定的物化产品。例如，房屋、道路等建设工程项目。非物化的结果即义务人的行为没有转化为物化实体，而仅表现为一定的行为过程，最终产生了权利人所期望的法律效果。例如，企业对员工的培训行为。

④ 智力成果　智力成果是指通过某种物体或大脑记载下来并加以流传的思维成果。智力成果属于非物质财富，也称为精神产品。

（3）民事法律关系内容

民事法律关系内容，是指法律关系主体之间的法律权利和法律义务。这种法律权利和法律义务的来源可以分为法定的权利、义务和约定的权利、义务。

2.1.3.1.3　民事法律行为成立要件

民事法律行为，是指公民或者法人设立、变更、终止民事权利和民事义务的合法行为。根据《民法通则》第五十五条、第五十六条的规定，民事法律行为应当具备下列条件。

（1）法律行为主体具有相应的民事权利能力和行为能力

民事权利能力是法律确认的自然人享有民事权利、承担民事义务的资格。自然人只有具备了民事权利能力，才能参加民事活动。《民法通则》第9条规定："公民从出生时起到死亡时止，具有民事权利能力，依法享有民事权利，承担民事义务。"

具有民事权利能力，是自然人获得参与民事活动的资格，但能不能运用这一资格，还受自然人的理智、认识能力等主观条件制约。有民事权利能力者，不一定具有民事行为能力。

（2）行为人意思表示真实

行为人意思表示真实指的是行为人内心的效果意思与表示意思一致，也即不存在认识错误、欺诈、胁迫等外在因素而使得表示意思与效果意思不一致。

但是，意思表示不真实的行为也不是必然的无效行为，因其导致意思不真实的原因不同，可能会发生无效或者被撤销的法律后果。

（3）行为内容合法

根据《民法通则》的规定，行为内容合法表现为不违反法律和社会公共利益、社会公德。行为内容合法首先不得与法律、行政法规的强制性或禁止性规范相抵触。其次，行为内容合法还包括行为人实施的民事行为不得违背社会公德，不得损害社会公共利益。

（4）行为形式合法

民事法律行为的形式也就是行为人进行意思表示的形式。要式行为是指依照法律规定，必须采取一定形式或履行一定程序才能成立的行为，如：票据行为就是法定要式行为。凡属要式的民事法律行为，必须采用法律规定的特定形式才为合法；而不要式民事法律行为，则当事人在法律允许范围内，选择口头形式、书面形式或其他形式作为民事法律行为的形式皆为合法。

2.1.3.1.4 民法的适用范围

① 民法对人的适用范围 《民法通则》规定，我国民法适用于我国公民、法人以及在我国领域内的外国人、无国籍人、外国法人和一切中外合资、合作的企业法人。

② 民法在空间上的适用范围 根据《民法通则》规定，我国民法在我国领土、领海、领空均具有法律约束力，在我国领域内的民事活动均应遵照执行。

2.1.3.2 经济法

经济法是我国法律体系中的一个独立的法律部门。它是调整国家在经济管理和协调发展经济活动过程中所发生的经济关系的法律规范的总称。

2.1.3.2.1 经济法调整对象

经济法的调整对象是指经济法所干预、管理和调控的具有社会公共性的经济关系，主要包括以下四方面的社会经济关系：国民收入分配关系；国有财产关系；宏观经济调控关系；市场竞争关系。

2.1.3.2.2 经济法规体系

经济法规体系由若干相互独立、相互联系的法律规范组成，按其性质可大致分为以下四类：

① 宏观经济调控法 主要研究计划、财政、金融和投资等方面的法制问题，包括投资法、土地法、会计法、审计法等。

② 经济组织法 主要研究企业法制问题，包括企业法、公司法等。

③ 市场运行法 主要研究竞争、消费者权益保护、产品质量、证券和票据等方面的法制问题，包括招标投标法、合同法、反不正当竞争法等。

④ 社会保障法 主要研究社会保障资金、机构和管理等方面的法制问题。

2.1.3.2.3 经济法律关系

（1）经济法律关系主体

经济法律关系主体是指经济法律关系的参与者，即经济权利的享有者及经济义务和责任的承担者。具体包括：

① 国家 国家是重要的经济法主体，其中，国家机关是具体的经济法主体。这里所说的国家机关主要指与经济和经济管理有关的国家机关。

② 企业 企业是市场交易和竞争的主体，也是重要的经济法主体。

③ 个体经营户、农村承包经营户 他们是特殊的生产者和经营者，在生产经营活动中发生的经济关系，在一定意义上，也要纳入经济法的调整范围，因而成为经济法主体。

④ 公民 在一般情况下，公民作为自然人只是民事法律关系的主体，但在一定范围内，如在税收关系、投资关系中，公民也可以成为经济法主体。

（2）经济法律关系客体

经济法律关系客体是指经济法主体的权利义务所指向的对象，包括物质性财产、非物质性财产、经济行为。

（3）经济法律关系内容

经济法律关系内容是指经济法主体所享有的经济权利和承担的经济义务。

经济权利是指经济法主体在经济活动和经济管理活动中享有的，从事某种行为和不行为的资格和能力。具体包括：

① 财产所有权　这里主要指国家财产所有权。

② 经济管理权　主要指国家在宏观经济方面实施综合调控、经济监督和市场执法的权利。

③ 经营权　经营权是企业以财产和非财产的手段进行营利性活动的权利，它是企业和一切生产经营者特有的权利。

④ 分配权　指经济法主体在国民收入分配中，有取得自己应得份额的权利。

经济义务是指经济法主体必须通过自己的行为和不行为以满足社会和他人的权益要求的责任。经济义务可分为法定义务和约定义务。

2.1.3.3　担保法

担保法是调整担保关系的法律规范的总称，是民法的重要组成部分。《中华人民共和国担保法》（以下简称《担保法》）于1995年10月1日起施行。担保法的实施，对规范担保行为和担保方法，减少经济活动中不安全因素、保障债权实现、维护正常的经济秩序、促进社会主义市场经济健康发展具有重要意义。

2.1.3.3.1　担保的含义

担保，是指合同当事人一方或第三方以确保合同能够切实履行为目的，应另一方要求，而采取的保证措施。合同的担保可以有效保证债权人权利的实现。

在工程建设活动中常见的担保形式有：预付款支付担保、投标担保、履约担保和工程款支付担保。

2.1.3.3.2　担保与反担保

双务合同中，当事人双方互为债权人，互为债务人。如果仅仅对一方的债权进行了担保，对于另一方而言就是不公平的，因此，《担保法》第四条规定："第三人为债务人向债权人提供担保时，可以要求债务人提供反担保。反担保适用本法担保的规定。"

在工程建设过程中也普遍存在担保与反担保。例如，招标人可以要求中标人提供履约担保，以保证中标人能够恰当履行合同。同时，中标人也可以要求招标人提供工程款支付担保，以保证能够及时获得工程款。

2.1.3.3.3　担保的形式

《担保法》规定的担保有保证、抵押、质押、留置和定金5种形式。

在担保法律关系中，担保权人就是债权人，担保人可能是债务人或者第三人。在《担保法》规定的五种担保形式中，保证的担保人只能是第三人；抵押和质押的担保人可以是债务人也可以是第三人；留置和定金的担保人只能是债务人。

（1）保证

保证，是指保证人和债权人约定，当债务人不履行债务时，保证人按照约定履行债务或者承担责任的行为。保证担保的当事人包括：债权人、债务人、保证人。

① 担保范围　保证担保的范围包括主债权及利息、违约金、损害赔偿金和实现债权的费用。保证合同另有约定的，按照约定。当事人对保证担保的范围没有约定或者约定不明确的，保证人应当对全部债务承担责任。保证人承担保证责任后，有权向债务人追偿。

② 保证人资格条件　《担保法》第七条规定："具有代为清偿债务能力的法人、其他组织或者公民，可以作保证人。"

同时，《担保法》也规定了下列单位不可以作保证人：国家机关不得为保证人，但经国务院批准为使用外国政府或者国际经济组织贷款进行转贷的除外；学校、幼儿园、医院等以公益为目的的事业单位、社会团体不得为保证人；企业法人的分支机构、职能部门不得为保证人，企业法人的分支机构有法人书面授权的，可以在授权范围内提供保证。

③ 保证方式　保证的方式分为：一般保证和连带责任保证。当事人对保证方式没有约定或者约定不明确的，按照连带责任保证承担保证责任。

一般保证是指债权人和保证人约定，首先由债务人清偿债务，当债务人不能清偿债务时，才由保证人代为清偿债务的保证方式。《担保法》第十七条规定："一般保证的保证人在主合同纠纷未经审判或者仲裁，并就债务人财产依法强制执行仍不能履行债务前，对债权人可以拒绝承担保证责任。"

连带责任保证是指当事人在保证合同中约定保证人与债务人对债务承担连带责任的保证方式。《担保法》第十八条规定："连带责任保证的债务人在主合同规定的债务履行期届满没有履行债务的，债权人可以要求债务人履行债务，也可以要求保证人在其保证范围内承担保证责任。"

④ 保证期间　保证期间是指保证人承担保证责任的期间。

《担保法》规定：一般保证的保证人与债权人未约定保证期间的，保证期间为主债务履行期届满之日起6个月。在合同约定的保证期间和前款规定的保证期间，债权人未对债务人提起诉讼或者申请仲裁的，保证人免除保证责任；债权人已提起诉讼或者申请仲裁的，保证期间适用诉讼时效中断的规定。

连带责任保证的保证人与债权人未约定保证期间的，债权人有权自主债务履行期届满之日起6个月内要求保证人承担保证责任。在合同约定的保证期间和前款规定的保证期间，债权人未要求保证人承担保证责任的，保证人免除保证责任。

保证期间，债权人依法将主债权转让给第三人的，保证人在原保证担保的范围内继续承担保证责任。保证合同另有约定的，按照约定。

保证期间，债权人许可债务人转让债务的，应当取得保证人书面同意，保证人对未经其同意转让的债务，不再承担保证责任。

债权人与债务人协议变更主合同的，应当取得保证人书面同意，未经保证人书面同意的，保证人不再承担保证责任。保证合同另有约定的，按照约定。

（2）抵押

抵押，是指债务人或者第三人不转移对财产的占有，将该财产作为债权的担保。债务人不履行债务时，债权人有权依照《担保法》规定以该财产折价或者以拍卖、变卖该财产的价款优先受偿的担保方式。

抵押担保的当事人包括：抵押权人、抵押人、债务人。其中，抵押权人就是债权人，抵押人包括债务人或者第三人。提供担保的财产为抵押物。

① 抵押合同　抵押人和抵押权人应当以书面形式订立抵押合同。抵押合同应当包括以下内容：被担保的主债权种类、数额；债务人履行债务的期限；抵押物的名称、数量、质量、状况、所在地、所有权权属或者使用权权属；抵押担保的范围；当事人认为需要约定的其他事项。

抵押合同不完全具备前款规定内容的，可以补正。

订立抵押合同时，抵押权人和抵押人在合同中不得约定在债务履行期届满抵押权人未受清偿时，抵押物的所有权转移为债权人所有。

② 抵押担保范围　抵押担保的范围包括主债权及利息、违约金、损害赔偿金和实现抵押权的费用。抵押合同另有约定的，按照约定。

为债务人抵押担保的第三人，在抵押权人实现抵押权后，有权向债务人追偿。

③ 抵押物　根据《担保法》，下列财产可以抵押：抵押人所有的房屋和其他地上定着物；抵押人所有的机器、交通运输工具和其他财产；抵押人依法有权处分的国有的土地使用

权、房屋和其他地上定着物；抵押人依法有权处分的国有的机器、交通运输工具和其他财产；抵押人依法承包并经发包方同意抵押的荒山、荒沟、荒丘、荒滩等荒地的土地使用权；依法可以抵押的其他财产，如在建工程。

抵押人可以将前款所列财产一并抵押。

以依法取得的国有土地上的房屋抵押的，该房屋占用范围内的国有土地使用权同时抵押。以出让方式取得的国有土地使用权抵押的，应当将抵押时该国有土地上的房屋同时抵押。

乡（镇）、村企业的土地使用权不得单独抵押。以乡（镇）、村企业的厂房等建筑物抵押的，其占用范围内的土地使用权同时抵押。

根据《担保法》，下列财产不得抵押：土地所有权；耕地、宅基地、自留地、自留山等集体所有的土地使用权，但上文明确规定可以抵押的除外；学校、幼儿园、医院等以公益为目的的事业单位、社会团体的教育设施、医疗卫生设施和其他社会公益设施；所有权、使用权不明或者有争议的财产；依法被查封、扣押、监管的财产；依法不得抵押的其他财产。

④ 抵押合同生效　抵押合同生效分为两种情况：抵押合同自登记之日起生效和抵押合同自签订之日起生效。

《担保法》第四十二条规定，法定必须办理登记才生效的抵押合同有五种，其登记部门也由于抵押物的不同而不同：以无地上定着物的土地使用权抵押的，为核发土地使用权证书的土地管理部门；以城市房地产或者乡（镇）、村企业的厂房等建筑物抵押的，为县级以上地方人民政府规定的部门；以林木抵押的，为县级以上林木主管部门；以航空器、船舶、车辆抵押的，为运输工具的登记部门；以企业的设备和其他动产抵押的，为财产所在地的工商行政管理部门。

当事人以其他财产抵押的，可以自愿办理抵押物登记，抵押合同自签订之日起生效。当事人办理抵押物登记的，登记部门为抵押人所在地的公证部门。

⑤ 抵押权的实现　债务履行期届满抵押权人未受清偿的，可以与抵押人协议以抵押物折价或者以拍卖、变卖该抵押物所得的价款受偿；协议不成的，抵押权人可以向人民法院提起诉讼。

抵押物折价或者拍卖、变卖后，其价款超过债权数额的部分归抵押人所有，不足部分由债务人清偿。

同一财产向两个以上债权人抵押的，拍卖、变卖抵押物所得的价款按照以下规定清偿：

a.抵押合同以登记生效的，按照抵押物登记的先后顺序清偿；顺序相同的，按照债权比例清偿；

b.抵押合同自签订之日起生效的，该抵押物已登记的，按照上述规定清偿；未登记的，按照合同生效时间的先后顺序清偿；顺序相同的，按照债权比例清偿；抵押物已登记的先于未登记的受偿。

（3）质押

质押，是指债务人或者第三人将其动产或权利移交债权人占有，将该动产作为债权的担保。债务人不履行债务时，债权人有权依照《担保法》规定以该动产折价或者以拍卖、变卖该动产的价款优先受偿的担保方式。

质押担保的当事人包括：质权人、出质人、债务人。其中，质权人就是债权人，出质人包括第三人或债务人。移交的动产或权利叫质物。

① 质押合同　出质人和质权人应当以书面形式订立质押合同。质押合同自质物移交于质权人占有时生效。质押合同应当包括以下内容：被担保的主债权种类、数额；债务人履行债务的期限；质物的名称、数量、质量、状况；质押担保的范围；质物移交的时间；当事人

认为需要约定的其他事项。

质押合同不完全具备前款规定内容的，可以补正。

出质人和质权人在合同中不得约定在债务履行期届满质权人未受清偿时，质物的所有权转移为质权人所有。

② 质押担保范围　质押担保的范围包括主债权及利息、违约金、损害赔偿金、质物保管费用和实现质权的费用。质押合同另有约定的，按照约定。为债务人质押担保的第三人，在质权人实现质权后，有权向债务人追偿。

③ 质押担保的分类　因质物的不同，质押担保可以分为动产质押和权利质押。

动产质押，是指债务人或者第三人将其动产移交债权人占有，将该动产作为债权的担保。债务人不履行债务时，债权人有权依照中国《担保法》的规定以该动产折价或者以拍卖、变卖该动产的价款优先受偿。

权利质押，是指以所有权之外的财产权为标的物而设定的质押。权利质押主要以债权、股东权和知识产权中的财产权利作为标的物。

权利质押与动产质押的根本区别在于，前者以债权、股权和知识产权中的财产权利为标的物，而后者以有形动产为标的物。如果说动产质权是一种纯粹的物权，权利质权严格来说是一种准物权，共性在于二者都是质押的表现形式，具有质押的一般特征。

（4）留置

留置，是指债权人按照合同约定占有债务人的动产，债务人不按照合同约定的期限履行债务的，债权人有权依照《担保法》规定留置该财产，以该财产折价或者以拍卖、变卖该财产的价款优先受偿的担保方式。

因保管合同、运输合同、加工承揽合同发生的债权，债务人不履行债务的，债权人有留置权。法律规定可以留置的其他合同，也适用留置的法律规定。

留置担保的当事人包括：留置权人、留置人。其中，留置权人就是债权人，留置人就是债务人。

① 留置担保的范围　留置担保的范围包括主债权及利息、违约金、损害赔偿金，留置物保管费用和实现留置权的费用。

② 留置物　依法被留置的财产为留置物。留置的财产为可分物的，留置物的价值应当相当于债务的金额。当事人可以在合同中约定不得留置的物。

留置权人负有妥善保管留置物的义务。因保管不善致使留置物灭失或者毁损的，留置权人应当承担民事责任。

③ 留置权的实现　债权人与债务人应当在合同中约定，债权人留置财产后，债务人应当在不少于两个月的期限内履行债务。债权人与债务人在合同中未约定的，债权人留置债务人财产后，应当确定两个月以上的期限，通知债务人在该期限内履行债务。

债务人逾期仍不履行的，债权人可以与债务人协议以留置物折价，也可以依法拍卖、变卖留置物。留置物折价或者拍卖、变卖后，其价款超过债权数额的部分归债务人所有，不足部分由债务人清偿。

（5）定金

定金是以一方当事人向另一方当事人提供一定数额的金钱作为担保的担保方式。

定金应当以书面形式约定。当事人在定金合同中应当约定交付定金的期限。定金合同从实际交付定金之日起生效。

定金的数额由当事人约定，但不得超过主合同标的额的20%。

债务人履行债务后，定金应当抵作价款或者收回。给付定金的一方不履行约定的债务的，无权要求返还定金；收受定金的一方不履行约定的债务的，应当双倍返还定金。

2.1.3.4 保险法

保险法是调整保险活动中，保险人与投保人、被保险人以及受益人之间法律关系的法律规范的总称。《中华人民共和国保险法》（以下简称《保险法》）经1995年6月经第八届全国人民代表大会常务委员会第十四次会议通过，2009年2月28日第十一届全国人民代表大会常务委员会第七次会议修订，修订后的《保险法》于2009年10月1日起施行。

（1）保险的定义

保险，是指投保人根据合同约定，向保险人支付保险费，保险人对于合同约定的可能发生的事故因其发生所造成的财产损失承担赔偿保险金责任，或者当被保险人死亡、伤残、疾病或者达到合同约定的年龄、期限等条件时承担给付保险金责任的商业保险行为。

（2）保险的分类

按不同的划分标准，保险可分：

① 按保险设立是否以营利为目的，保险可分为社会保险和商业保险　社会保险是指在既定的社会政策的指导下，由国家通过立法手段对公民强制征收保险费，形成保险基金，用以对其中因年老、疾病、生育、伤残、死亡和失业而导致丧失劳动能力或失去工作机会的成员提供基本生活保障的一种社会保障制度。

商业保险以营利为目的，遵循自愿原则，其资金主要来源于投保人交纳的保险费。

② 按标的，保险可分为财产保险和人身保险　财产保险是以财产及其有关利益为保险标的保险。财产保险业务，包括财产损失保险、责任保险、信用保险、保证保险等保险业务。

人身保险是以人的寿命和身体为保险标的保险。人身保险业务，包括人寿保险、健康保险、意外伤害保险等保险业务。

③ 按保险的实施方式，保险可分为自愿保险和强制保险　自愿保险是投保人和保险人在平等互利、等价有偿的原则基础上，通过协商，采取自愿方式签订保险合同建立的一种保险关系。

强制保险又称法定保险，是指根据国家颁布的有关法律和法规，凡是在规定范围内的单位或个人，不管愿意与否都必须参加的保险。

④ 按保险人是否转移保险责任，保险可分为原保险和再保险　发生在保险人和投保人间的保险行为，称为原保险。

发生在保险人与保险人之间的保险行为，称为再保险。再保险是保险人通过订立合同，将自己已经承保的风险，转移给另一个或几个保险人，以降低自己所面临的风险的保险行为。简单地说，再保险即“保险人的保险”。再保险是在保险人系统中分摊风险的一种安排。被保险人和原保险人都将因此在财务上变得更加安全。

⑤ 按保险保障的对象分，可以把人身保险分为个人保险和团体保险　个人保险是为满足个人和家庭需要，以个人作为承保单位的保险。

团体保险一般用于人身保险，它是用一份总的保险合同，向一个团体中的众多成员提供人身保险保障的保险。在团体保险中，投保人是“团体组织”，如机关、社会团体、企事业单位等独立核算的单位组织，被保险人是团体中的在职人员。

（3）保险合同

保险合同是投保人与保险人约定保险权利义务关系的协议。

保险合同应当包括下列事项：保险人的名称和住所；投保人、被保险人的姓名或者名称、住所，以及人身保险的受益人的姓名或者名称、住所；保险标的；保险责任和责任免除；保险期间和保险责任开始时间；保险金额；保险费以及支付办法；保险金赔偿或者给付办法；违约责任和争议处理；订立合同的年、月、日。

投保人和保险人可以约定与保险有关的其他事项。

受益人是指人身保险合同中由被保险人或者投保人指定的享有保险金请求权的人。投保人、被保险人可以为受益人。保险金额是指保险人承担赔偿或者给付保险金责任的最高限额。

投保人和保险人经协商同意，可以变更保险合同的有关内容。变更保险合同的，应当由保险人在原保险单或其他保险凭证上批注或者附贴批单，或者由投保人和保险人订立变更的书面协议。

《保险法》第十九条规定采用保险人提供的格式条款订立的保险合同中的下列条款无效：免除保险人依法应承担的义务或者加重投保人、被保险人责任的；排除投保人、被保险人或者受益人依法享有的权利的。

（4）财产保险

财产保险合同是以财产及其有关利益为保险标的的保险合同。财产保险的目的在于弥补事故损害所造成的损失。

① 保险事故　保险事故是指保险合同约定的保险责任范围内的事故。保险事故通常包括一切引起保险标的损失的不可预料的事故和不可抗力事件等。

在保险合同成立前造成保险标的损害的事故，投保人或被保险人故意造成保险标的损害的事故，投保人未如实告知而造成的事故，被保险人不履行防灾减损义务而造成和增加的保险标的损失等，不构成保险事故。

保险事故发生后，被保险人应履行防灾减损义务，所支付的必要的、合理的费用由保险人承担；保险人所承担的数额在保险标的损失赔偿金额以外另行计算，但最高不超过保险金额的数额。

② 保险责任　保险人承担保险责任，必须在保险合同有效期内，且保险事故已经发生。保险人承担的保险责任，以保险合同约定的金额为限。保险金额不得超过保险标的价值。

投保人、被保险人或受益人知道保险事故发生后，应当及时通知保险人。财产保险的被保险人或受益人，对保险人请求赔偿或者给付保险金的权利，自其知道保险事故发生之日起2年不行使而消灭。

③ 保险代位求偿权　我国《保险法》规定，因第三者对保险标的的损害而造成保险事故的，保险人自向被保险人赔偿保险金之日起，在赔偿范围内代位行使被保险人对第三者请求赔偿的权利。

由于被保险人的过错致使保险人不能行使代位请求赔偿权利的，保险人可以相应扣减保险赔偿金。在保险人向第三者行使代位请求赔偿权利时，被保险人应当向保险人提供必要的文件和其所知道的有关情况。保险事故发生后，保险人未赔偿保险金之前，被保险人放弃对第三者的请求赔偿的权利的，保险人不承担保险赔偿金责任。保险人向被保险人赔偿保险金后，被保险人未经保险人同意放弃对第三者的请求赔偿的权利的，该行为无效。

（5）保险公司

《保险法》规定，保险业务由依照法设立的保险公司以及法律、行政法规规定的其他保险组织经营，其他单位和个人不得经营保险业务。

设立保险公司应当具备下列条件：主要股东具有持续盈利能力，信誉良好，最近三年内无重大违法违规记录，净资产不低于人民币二亿元；有符合《保险法》和《中华人民共和国公司法》规定的章程；注册资本的最低限额为人民币二亿元；有具备任职专业知识和业务工作经验的董事、监事和高级管理人员；有健全的组织机构和管理制度；有符合要求的营业场所和与经营业务有关的其他设施；法律、行政法规和国务院保险监督管理机构规定的其他条件。

2.1.3.5 仲裁法

仲裁法是国家制定和确认的关于仲裁制度的法律规范的总和，这里主要指1994年8月31日经八届人大九次会议通过，1995年9月1日起施行的《中华人民共和国仲裁法》（以下简称《仲裁法》）。其基本内容包括仲裁协议、仲裁组织、仲裁程序、仲裁裁决及执行等。

（1）仲裁的概念

仲裁是指买卖双方在纠纷发生之前或发生之后，签订书面协议，自愿将纠纷提交双方所同意的第三者予以裁决，以解决纠纷的一种方式。

（2）仲裁的范围

《仲裁法》第2条规定：平等主体的公民、法人和其他组织之间发生的合同纠纷和其他财产权益纠纷，可以仲裁。

《仲裁法》第3条规定：下列纠纷不能仲裁：婚姻、收养、监护、扶养、继承纠纷；依法应当由行政机关处理的行政争议。

（3）仲裁的特点

① 自愿性　提交仲裁的双方当事人是处于平等地位的主体，是以双方自愿为前提。

② 专业性　根据中国仲裁法的规定，仲裁委员会的组成人员中，法律、经济贸易专家不得少于三分之二，仲裁委员会按照不同专业设仲裁员名册。当事人可协议选定仲裁委员会。

③ 灵活性　由于仲裁充分体现当事人的意思自治，仲裁中的诸多具体程序都是由当事人协商确定与选择的，因此，与诉讼相比，仲裁程序更加灵活，更具有弹性。

④ 快捷性　仲裁实行一裁终局制，裁决作出后，当事人就同一纠纷再申请仲裁或者向人民法院起诉的，仲裁委员会或者人民法院不予受理。这使得当事人之间的纠纷能够迅速得以解决。

⑤ 独立性　仲裁委员会独立于行政机关，与行政机关没有隶属关系。仲裁委员会之间也没有隶属关系。在仲裁过程中，仲裁庭独立进行仲裁，不受任何机关、社会团体和个人的干涉，亦不受仲裁机构的干涉，显示出最大的独立性。

（4）仲裁协议

仲裁协议是指当事人根据仲裁法的规定，为解决双方的纠纷而达成的提请仲裁机关进行裁决的协议。当事人可以事先在合同中订立仲裁条款，也可以在纠纷发生前或发生后以书面形式达成仲裁协议。仲裁协议无统一格式，但必须包括有请求仲裁的意思表示、商定的仲裁事项及选定的仲裁机关等内容。

仲裁协议是仲裁机关受理当事人仲裁申请的必要条件，没有仲裁协议，仲裁机关不能受理仲裁申请。

（5）仲裁程序

① 申请　当事人申请仲裁，应当符合下列条件：有仲裁协议；有具体的仲裁请求和事实、理由；属于仲裁委员会的受理范围。

申请仲裁时，应当向仲裁委员会递交仲裁协议、仲裁申请书及其他有关材料。仲裁申请书应写明当事人的具体情况、仲裁请求及所依据的事实和理由、证据和证据来源、证人姓名和住所等情况。

② 受理　仲裁委员会收到当事人的仲裁申请书后应进行审查，并在收到申请书之日起5日内通知当事人是否予以受理。如不予受理，一并说明理由。

③ 开庭和裁决　仲裁一般应开庭进行，但当事人协议不开庭的可不开庭，而由仲裁庭依据仲裁申请书、答辩书以及其他材料做出裁决。

开庭应当根据仲裁法的规定和仲裁规则进行，一般经过调查、辩论、调解、裁决等阶段。

仲裁庭做出裁决前，可以先行调解。调解成功的，调解书经双方当事人签收后即发生法律效力。当事人不愿调解或者当事人在签收调解书前反悔的，仲裁庭应当及时做出裁决。裁决书自做出之日起发生法律效力。

（6）申请撤销仲裁裁决

根据《仲裁法》规定，当事人有证据证明裁决有下列情况之一的，可以向仲裁委员会所在地的中级法院申请撤销裁决：没有仲裁协议的；裁决的事项不属于仲裁协议的范围或者仲裁委员会无权仲裁的；仲裁庭的组成或者仲裁程序违反法定程序的；裁决所依据的证据是伪造的；对方当事人隐瞒了足以影响公正裁决的证据的；仲裁员在仲裁该案时有索贿受贿、徇私舞弊、枉法裁决行为的。

申请撤销裁决的，应当在收到裁决书之日起6个月内提出。法院受理申请后，应在收到申请之日起2个月内做出撤销裁决或者驳回申请的裁定。

（7）仲裁裁决的执行

《仲裁法》规定，当事人应当自觉履行裁决，如果一方当事人不履行的，另一方当事人有权按照民事诉讼法的有关规定向法院申请执行。但是如果被申请人提出证据证明仲裁裁决有下列情况之一的，经法院组成合议庭审查核实，裁定不予执行：当事人在合同中没有订有仲裁条款或者事后没有达成书面仲裁协议的；裁决的事项不属于仲裁协议的范围或者仲裁机关无权仲裁的；仲裁庭的组成或者仲裁程序违反法定程序的；认定事实的主要证据不足的；适用法律确有错误的；仲裁员在仲裁该案时有索贿受贿、徇私舞弊、枉法裁决行为的。

仲裁裁决被法院裁定不予执行的，当事人可以根据双方达成的书面仲裁协议重新申请仲裁，也可以向法院提起诉讼。

2.2 招标投标法律制度

招标投标法律制度是在长期的交易实践中形成的旨在约束招标投标行为的一系列法律法规，其目的是保证招标投标在公开、公平、公正的原则下进行。

《中华人民共和国招标投标法》（以下简称《招标投标法》）是规范招标投标行为的基本法律。《招标投标法》颁布实施后，国务院有关部门陆续颁布了一系列招投标配套法规，如《自行招标试行办法》、《评标委员会和评标办法的暂行规定》、《招标公告发布暂行办法》等，逐步形成了以《招标投标法》为核心，以行政法规、部门规章、地方性规章为补充的招标投标法律体系。

2.2.1 招标投标法的目的与作用

《招标投标法》第一条即明确了其目的和作用为：规范招标投标活动，保护国家利益、社会公共利益和招标投标活动当事人的合法权益，提高经济效益，保证项目质量。

（1）规范招标投标活动

《招标投标法》以法律的形式确立我国招标投标必须遵守的基本规则和程序，要求参与招标投标活动的各方都必须遵循，并明确规定了违法行为应承担的法律责任，从而有效规范招标投标活动，使招标投标活动有法可依。

（2）保护国家利益、社会公共利益的合法权益

《招标投标法》第三条规定，大型基础设施、公用事业等关系社会公共利益、公众安全的项目；全部或者部分使用国有资金投资或者国家融资的项目；使用国际组织或者外国政

府贷款、援助资金的项目等，包括项目的勘察、设计、施工、监理以及与工程建设有关的重要设备、材料等的采购都必须进行招标。将以上事关国家及社会公共利益的项目纳入强制招标的范围，充分运用招标投标制度，保证交易的公开、公平、公正，杜绝幕后交易，暗箱操作，保护国家及社会公共利益。

（3）保护招标投标活动当事人的合法权益

《招标投标法》对招标投标各方当事人应当享有的基本权利作了规定，以保护招标投标活动当事人的合法权益。例如，依法进行的招标投标活动不受地区部门的限制，任何单位和个人不得以任何方式非法干涉招标投标活动；招标人可以自主决定委托具有法定资格的招标代理机构办理招标事宜，具备自行招标能力的招标人也可以自行办理招标事宜，任何单位和个人不得以任何方式强制招标人委托招标代理机构办理招标事宜，不得以任何方式为招标人指定招标代理机构；招标人有权依法自行组织开标、评标和定标，任何单位和个人不得非法干预、影响评标的过程和结果；法人或其他组织有权自主决定是否参加投标竞争，有权与其他法人或其他组织组成联合体共同投标；任何单位和个人不得以任何方式限制或者排斥本地区、本系统以外的法人或者其他组织参加投标；投标人其他利害关系认为招标投标活动不符合本法规定的，有权向招标提出异议或者向有关行政部门投诉等。

（4）提高经济效益，保证项目质量

通过规范的招标投标程序，运用市场经济的杠杆，通过充分竞争，选择技术强、信誉好、质量保障体系可靠的投标人中标，对于降低项目造价，缩短项目工期，保证项目质量均十分有利。

2.2.2 招标投标法的适用范围

《招标投标法》第二条规定："在中华人民共和国境内进行招标投标活动，适用本法。"这就明确了招标投标法的适用范围和适用对象，《招标投标法》的调整范围，仅限于在中华人民共和国境内发生的招标投标活动，需注意以下几点。

①《招标投标法》适用于中华人民共和国境内，即中华人民共和国主权所及的全部领域内，但不包括香港、澳门两个特别行政区。由于我国对香港、澳门地区实行"一国两制"，按照我国香港、澳门两个特别行政区基本法的规定，全国性法律，只有列入两个特别行政区基本法附件三的，才能在这两个特别行政区适用，《招标投标法》没列入这两个法的附件三中，因此，招标投标法不适用。

② 凡在我国境内进行的招标投标活动，不论是属于《招标投标法》第三条规定的法定强制招标项目，还是属于由当事人自愿采用招标方式进行采购的项目，其招标投标活动均适用该法。当然，根据强制招标项目和非强制招标项目的不同情况，招标投标法有关条文做了有所区别的规定。有关招标投标的规则和程序的强制性规定及法律责任中有关行政处罚的规定，主要适用于法定强制招标的项目。

③《招标投标法》作为规范招标投标活动的基本法，在招标立法体系中居于最高的地位，部门性和地方性的法规、规章不得与其相抵触。

2.2.3 招标投标法的主要内容

《招标投标法》共六章，六十八条。第一章为总则，规定了《招标投标法》的立法宗旨、适用范围、强制招标范围以及招标投标活动应遵循的基本原则；第二章至第四章为招标投标活动的具体程序和步骤，规定了招标、投标、开标、评标和中标各阶段的行为规则，第五章规定了违反上述规则应承担的法律责任，上述几章构成了《招标投标法》的实体内容；第六章为附则，规定了《招标投标法》的例外适用情形及生效日期。

《招标投标法》规定的最基本的制度、规则主要有：编制招标文件和投标文件制度，招标文件和投标文件发放、递送、澄清、修改规则，招标代理制度，资格审查制度，公开开标制度，评标委员会评标制度，中标规则，投标担保制度，招标时限制度，不得排斥潜在投标人规则，谈判禁止规则，保密制度，行政监督制度，法律救济制度等。

2.2.4 《招标投标法》关于法律责任的规定

（1）招标人的法律责任

① 违反《招标投标法》规定，必须进行招标的项目而不招标的，将必须进行招标的项目化整为零或者以其他任何方式规避招标的，责令限期改正，可以处项目合同金额5‰以上10‰以下的罚款；对全部或者部分使用国有资金的项目，可以暂停项目执行或者暂停资金拨付；对单位直接负责的主管人员和其他直接责任人员依法给予处分。

② 招标人以不合理的条件限制或者排斥潜在投标人的，对潜在投标人实行歧视待遇的，强制要求投标人组成联合体共同投标的，或者限制投标人之间竞争的，责令改正，可以处1万元以上5万元以下的罚款。

③ 依法必须进行招标的项目的招标人向他人透露已获取招标文件的潜在投标人的名称、数量或者可能影响公平竞争的有关招标投标的其他情况的，或者泄露标底的，给予警告，可以并处1万元以上10万元以下的罚款；对单位直接负责的主管人员和其他直接责任人员依法给予处分；构成犯罪的，依法追究刑事责任。若该行为影响中标结果的，中标无效。

④ 依法必须进行招标的项目，招标人违反《招标投标法》规定，与投标人就投标价格、投标方案等实质性内容进行谈判的，给予警告，对单位直接负责的主管人员和其他直接责任人员依法给予处分。若该行为影响中标结果的，中标无效。

⑤ 招标人在评标委员会依法推荐的中标候选人以外确定中标人的、依法必须进行招标的项目在所有投标被评标委员会否决后自行确定中标人的，中标无效，责令改正；可以处中标项目金额5‰以上10‰以下的罚款；对单位直接负责的主管人员和其他直接责任人员依法给予处分。

⑥ 招标人与中标人不按照招标文件和中标人的投标文件订立合同的，或者招标人、中标人订立背离合同实质性内容的协议的，责令改正；可以处中标项目金额5‰以上10‰以下的罚款。

（2）投标人的法律责任

投标人的法律责任包括：

① 投标人相互串通投标或者与招标人串通投标的，投标人以向招标人或者评标委员会成员行贿的手段谋取中标的，中标无效，处中标项目金额5‰以上10‰以下的罚款，对单位直接负责的主管人员和其他直接责任人员处单位罚款数额5%以上10%以下的罚款；有违法所得的，并处没收违法所得；情节严重的，取消其1～2年内参加依法必须进行招标的项目的投标资格并予以公告，直至由工商行政管理机关吊销营业执照；构成犯罪的，依法追究刑事责任。给他人造成损失的，依法承担赔偿责任。

② 投标人以他人名义投标或者以其他方式弄虚作假，骗取中标的，中标无效；给招标人造成损失的，依法承担赔偿责任；构成犯罪的，依法追究刑事责任。依法必须进行招标项目的投标人有前款所列行为尚未构成犯罪的，有关行政监督部门处中标项目金额5‰以上10‰以下的罚款，对单位直接负责的主管人员和其他直接责任人员处单位罚款数额5%以上10%以下的罚款；有违法所得的，并处没收违法所得；情节严重的，取消其1～3年投标资格，并予以公告，直至由工商行政管理机关吊销营业执照。

③ 将中标项目转让给他人，将中标项目肢解后分别转让给他人，将中标项目的部分主体、关键性工作分包给他人，或分包人再次分包的，转让、分包无效，处以转让、分包项目金额5‰以上10‰以下的罚款；有违法所得的，并处没收违法所得；可以责令停业整顿；情节严重的，由工商行政管理机关吊销营业执照。

④ 中标人不履行与招标人订立的合同的，履约保证金不予退还，给招标人造成的损失超过履约保证金数额的，还应当对超过部分予以赔偿；没有提交履约保证金的，应当对招标人的损失承担赔偿责任。中标人不按照与招标人订立的合同履行义务，情节严重的，取消其2～5年内参加依法必须进行招标的项目的投标资格并予以公告，直至由工商行政管理机关吊销营业执照。

（3）其他相关人的责任

① 评标委员会成员接受投标人的财物或其他好处，评委或参加评标的有关工作人员向他人透露对招标文件的评审和比较、中标候选人的推荐以及与评标有关的其他情况的，给予警告，没收收受的财物；可以并处3千元以上5万元以下的罚款；对有上述违法行为的评标委员会成员取消担任评标委员的资格，不得再参加任何依法必须进行招标项目的评标；构成犯罪的，依法追究刑事责任。

② 招标代理机构泄露应当保密的与招标投标活动有关情况和资料的，或者与招标人、投标人串通损害国家利益、社会公共利益或他人合法权益的，处以5万元以上25万元以下的罚款；对单位直接负责的主管人员及其他直接责任人员处单位罚款数额5%以上10%以下的罚款；有违法所得的，并处没收违法所得；情节严重的，暂停直至取消招标代理资格；构成犯罪的，依法追究刑事责任。如果影响中标结果，中标无效。

③ 任何单位限制或排斥本地区、本系统以外的法人或其他组织投标，为招标人指定招标代理机构，强制招标人委托招标代理机构办理招标事宜，或以其他方式干涉招标投标活动的，对单位直接负责的主管人员和其他直接责任人员依法给予警告、记过、记大过的处分。情节较重的，依法给予降级、撤职、开除的处分。个人利用职权进行上述违法行为的，依照上述规定追究责任。

④ 对招标投标活动依法负有行政监督职责的国家机关工作人员徇私舞弊、滥用职权或玩忽职守，构成犯罪的，依法追究刑事责任；不构成犯罪的，依法给予行政处分。

上述情况中属于中标无效的，应当依据中标条件从其余投标人中重新确定中标人或重新进行招标。

当事人对处罚决定不服的，可以在收到处罚通知书之日起15日内，向做出处罚决定的上一级机关申请复议。对复议决定不服的，可以在收到复议决定之日起15日内向人民法院起诉，也可以直接向人民法院起诉。逾期不申请复议或者不向人民法院起诉。又不履行处罚决定的，由做出处罚的机关申请人民法院强制执行。

2.3 招标投标配套法规

2.3.1 招标投标法规体系构成

我国有着较为完整的招标投标法规体系。全国人大制定了《招标投标法》、《政府采购法》，国务院及发改委、建设部，水利部、交通部、铁道部、信息产业部等行政机关发布了一系列配套的行政法规及行政规章，地方人大针对地方特点也相应制定了一些对应的地方性法规，这些法律法规构成了我国建设工程招标投标法规体系，有效地规范了招标投标活动。

与《招标投标法》相配套的建设工程招标投标相关的行政法规、部门规章主要有：

①《工程建设项目招标范围和规模标准规定》(国家计委3号令)，2000年5月1日起施行；

②《招标公告发布暂行办法》(国家计委4号令)，2000年7月1日起施行；

③《工程建设项目自行招标试行办法》(国家计委5号令)，2000年7月1日起施行；

④《国家重大建设项目招标投标监督暂行办法》(国家计委18号令)，2002年2月1日起施行；

⑤《评标专家和评标专家库管理暂行办法》(国家计委29号令)，2003年4月1日起施行；

⑥《建筑工程设计招标投标管理办法》(建设部82号令)，2000年10月18日起施行；

⑦《房屋建筑和市政基础设施工程施工招标投标管理办法》(建设部89号令)，2001年6月1日起施行；

⑧《房屋建筑和市政基础设施工程施工分包管理办法》(建设部124号令)，2004年4月1日起施行；

⑨《工程建设项目勘察设计招标投标办法》(八部委局2号令)，2003年8月1日起施行；

⑩《工程建设项目招标投标活动投诉处理办法》(七部委局11号令)，2004年8月1日起施行；

⑪《评标委员会和评标办法暂行规定》(七部委局12号令)，2001年7月5日起施行；

⑫《工程建设项目施工招标投标办法》(七部委局30号令)，2003年5月1日起施行；

⑬《工程建设项目货物招标投标办法》(七部委局27号令)，2005年3月1日起施行；

⑭《〈标准施工招标资格预审文件〉和〈标准施工招标文件〉试行规定》(九部委局56号令)，2008年9月1日起施行；

⑮《关于国务院有关部门实施招标投标活动行政监督的职责分工的意见》[国办发(2000)34号]。

国家发改委等九部委2013年第23号令对上述②～⑤、⑨～⑭项法规进行了修改。

2.3.2 部分配套法规简介

上述配套法规涉及招标投标各个环节的规定，大多数规定本书后述章节将有所涉及，现摘选部分法规做简单介绍。

2.3.2.1 《工程建设项目自行招标试行办法》

为了规范工程建设项目招标人自行招标行为，加强对招标投标活动的监督，国家计委制定了《工程建设项目自行招标试行办法》，2013年国家发改委等九部委第23号令对其进行了修改。

(1) 适用范围

本办法适用于经国家发展改革委审批(含经国家发展改革委初审后报国务院审批)的工程建设项目的自行招标活动。

前款工程建设项目的招标范围和规模标准，适用《工程建设项目招标范围和规模标准规定》(国家计委第3号令)。

(2) 自行招标条件

招标人自行办理招标事宜，应当具有编制招标文件和组织评标的能力，具体包括：

① 具有项目法人资格(或者法人资格)；

② 具有与招标项目规模和复杂程度相适应的工程技术、概预算、财务和工程管理等方面专业技术力量；

③ 有从事同类工程建设项目招标的经验；

④ 拥有3名以上取得招标职业资格的专职招标业务人员；

⑤ 熟悉和掌握招标投标法及有关法规规章。

（3）自行招标需报送材料

招标人自行招标的，项目法人或者组建中的项目法人应当在向国家发展改革委上报项目可行性研究报告或资金申请报告、项目申请报告时，一并报送符合自行招标条件规定的书面材料。

书面材料应当至少包括：

① 项目法人营业执照、法人证书或者项目法人组建文件；

② 与招标项目相适应的专业技术力量情况；

③ 取得招标职业资格的专职招标业务人员的基本情况；

④ 拟使用的专家库情况；

⑤ 以往编制的同类工程建设项目招标文件和评标报告，以及招标业绩的证明材料；

⑥ 其他材料。

在报送可行性研究报告前，招标人确需通过招标方式或者其他方式确定勘察、设计单位开展前期工作的，应当在前款规定的书面材料中说明。

（4）招标投标情况报告

招标人自行招标的，应当自确定中标人之日起十五日内，向国家发展改革委提交招标投标情况的书面报告。书面报告至少应包括下列内容：

① 招标方式和发布资格预审公告、招标公告的媒介；

② 招标文件中投标人须知、技术规格、评标标准和方法、合同主要条款等内容；

③ 评标委员会的组成和评标报告；

④ 中标结果。

2.3.2.2 《工程建设项目招标投标活动投诉处理办法》

为保护国家利益、社会公共利益和招投标当事人的合法权益，建立公正、高效的招标投标活动投诉处理机制，国家发展和改革委员会、建设部、铁道部、交通部、信息产业部、水利部、中国民用航空总局联合制定了《工程建设项目招标投标活动投诉处理办法》，2013年国家发改委等九部委第23号令对其进行了修改。

（1）适用范围

本办法适用于工程建设项目招标投标活动的投诉及其处理活动。前款所称招标投标活动，包括招标、投标、开标、评标、中标以及签订合同等各阶段。

（2）投诉处理部门

各级发展改革、工业和信息化、城乡住房建设、水利、交通运输、铁道、商务、民航等招标投标活动行政监督部门，依照《国务院办公厅印发国务院有关部门实施招标投标活动行政监督的职责分工的意见的通知》（国办发〔2000〕34号）和地方各级人民政府规定的职责分工，受理投诉并依法做出处理决定。

对国家重大建设项目（含工业项目）招标投标活动的投诉，由国家发改委受理并依法做出处理决定。对国家重大建设项目招标投标活动的投诉，有关行业行政监督部门已经收到的，应当通报国家发改委，国家发改委不再受理。

投标人或者其他利害关系人认为招标投标活动不符合法律、法规和规章规定的，有权依法向有关行政监督部门投诉。

（3）投诉处理原则

行政监督部门处理投诉时，应当坚持公平、公正、高效原则，维护国家利益、社会公共利益和招标投标当事人的合法权益。

（4）投诉书

投诉人投诉时。应当提交投诉书。投诉书应当包括下列内容：

① 投诉人的名称、地址及有效联系方式；

② 被投诉人的名称、地址及有效联系方式；

③ 投诉事项的基本事实；

④ 相关请求及主张；

⑤ 有效线索和相关证明材料。

对招标投标法实施条例规定应先提出异议的事项进行投诉的，应当附提出异议的证明文件。已向有关行政监督部门投诉的，应当一并说明。

投诉人是法人的，投诉书必须由其法定代表人或者授权代表签字并盖章；其他组织或者个人投诉的，投诉书必须由其主要负责人或者投诉人本人签字，并附有效身份证明复印件。

投诉书有关材料是外文的，投诉人应当同时提供其中文译本。

投诉人不得以投诉为名排挤竞争对象，不得进行虚假、恶意投诉，阻碍招标投标活动的正常进行。

投诉人认为招标投标活动不符合法律行政法规规定的，可以在知道或者应当知道之日起十日内提出书面投诉。依照有关行政法规提出异议的，异议答复期间不计算在内。

投诉人可以自己直接投诉，也可以委托代理人办理投诉事务。代理人办理投诉事务时，应将授权委托书连同投诉书一并提交给行政监督部门。授权委托书应当明确有关委托代理权限和事项。

（5）投诉书处理

行政监督部门收到投诉书后，应当在3个工作日内进行审查，视情况分别作出以下处理决定：

① 不符合投诉处理条件的，决定不予受理，并将不予受理的理由书面告知投诉人；

② 对符合投诉处理条件，但不属于本部门受理的投诉，书面告知投诉人向其他行政监督部门提出投诉；对于符合投诉处理条件并决定受理的，收到投诉书之日即为正式受理。

有下列情形之一的投诉，不予受理：

① 投诉人不是所投诉招标投标活动的参与者，或者与投诉项目无任何利害关系；

② 投诉事项不具体，且未提供有效线索，难以查证的；

③ 投诉书未署具体投诉人真实姓名、签字和有效联系方式的；以法人名义投诉的，投诉书未经法定代表人签字并加盖公章的；

④ 超过投诉时效的；

⑤ 已经做出处理决定，并且投诉人没有提出新的证据的；

⑥ 投诉事项已进入行政复议或者行政诉讼程序的。

（6）投诉处理决定

行政监督部门应当根据调查和取证情况，对投诉事项进行审查，按照下列规定做出处理决定：

① 投诉缺乏事实根据或者法律依据的，或者投诉人捏造事实、伪造材料或者以非法手段取得证明材料进行投诉的，驳回投诉缺乏事实根据或者法律依据的，驳回投诉。

② 投诉情况属实，招标投标活动确实存在违法行为的，依据《招标投标法》、《招标投标法实施条例》及其他有关法规、规章做出处罚。

负责受理投诉的行政监督部门应当自受理投诉之日起三十个工作日内，对投诉事项做出处理决定，并以书面形式通知投诉人、被投诉人和其他与投诉处理结果有关的当事人。需要检验、检测、鉴定、专家评审的，所需时间不计算在内。

投诉处理决定应当包括下列主要内容：投诉人和被投诉人的名称、住址；投诉人的投诉事项及主张；被投诉人的答辩及请求；调查认定的基本事实；行政监督部门的处理意见及依据。

行政监督部门负责投诉处理的工作人员，有下列情形之一的，应当主动回避：近亲属是被投诉人、投诉人，或者是被投诉人、投诉人的主要负责人；在近3年内本人曾经在被投诉人单位担任高级管理职务；与被投诉人、投诉人有其他利害关系，可能影响对投诉事项公正处理的。

（7）投诉人责任

投诉人不得以投诉为名排挤竞争对手，不得进行虚假、恶意投诉，阻碍招标投标活动的正常进行。投诉人故意捏造事实、伪造证明材料或者以非法手段取得证明材料进行投诉，给他人造成损失的，依法承担赔偿责任。

2.3.2.3 《评标专家和评标专家库管理暂行办法》

为加强对评标专家的监督管理，健全评标专家库制度，保证评标活动的公平、公正，提高评标质量，国家发展计划委员会制定《评标专家和评标专家库管理暂行办法》，2013年国家发改委等九部委第23号令对其进行了修改。

（1）评标专家库的组建

评标专家库由省级（含，下同）以上人民政府有关部门或者依法成立的招标代理机构依照《招标投标法》、《招标投标法实施条例》以及国家统一的评标专家专业分类标准和管理办法的规定自主组建。

评标专家库的组建活动应当公开，接受公众监督。

省级人民政府、省级以上人民政府有关部门、招标代理机构应当加强对其所建评标专家库及评标专家的管理，但不得以任何名义非法控制、干预或者影响评标专家的具体评标活动。政府投资项目的评标专家，必须从政府或者政府有关部门组建的评标专家库中抽取。

省级人民政府、省级以上人民政府有关部门组建评标专家库，应当有利于打破地区封锁，实现评标专家资源共享。省级人民政府和国务院有关部门应当组建跨部门、跨地区的综合评标专家库。

（2）评标专家入选条件

入选评标专家库的专家，必须具备如下条件：

① 从事相关专业领域工作满八年并具有高级职称或同等专业水平；

② 熟悉有关招标投标的法律法规；

③ 能够认真、公正、诚实、廉洁地履行职责；

④ 身体健康，能够承担评标工作；

⑤ 法规规章规定的其他条件。

（3）评标专家库条件

① 具有符合本办法第七条规定条件的评标专家，专家总数不得少于500人；

② 有满足评标需要的专业分类；

③ 有满足异地抽取、随机抽取评标专家需要的必要设施和条件；

④ 有负责日常维护管理的专门机构和人员。

（4）评标专家的权利和义务

评标专家享有下列权利：

① 接受招标人或其招标代理机构聘请，担任评标委员会成员；

② 依法对投标文件进行独立评审，提出评审意见，不受任何单位或者个人的干预；

③ 接受参加评标活动的劳务报酬；

④ 国家规定的其他权利。

评标专家负有下列义务：

① 有《招标投标法》第三十七条、《招标投标法实施条例》第四十六条和《评标委员会和评标方法暂行规定》第十二条规定情形之一的，应当主动提出回避；

② 遵守评标工作纪律，不得私下接触投标人，不得收受投标人或者其他利害关系人的财物或者其他好处，不得透露对投标文件的评审和比较、中标候选人的推荐情况以及与评标有关的其他情况；

③ 客观公正地进行评标；

④ 协助、配合有关行政监督部门的监督、检查；

⑤ 国家规定的其他义务。

（5）禁止性行为

评标专家有下列情形之一的，由有关行政监督部门责令改正；情节严重的，禁止其在一定期限内参加依法必须进行招标的项目的评标；情节特别严重的，取消其担任评标委员会成员的资格：

① 应当回避而不回避；

② 擅离职守；

③ 不按照招标文件规定的评标标准和方法评标；

④ 私下接触投标人；

⑤ 向招标人征询确定中标人的意向或者接受任何单位或者个人明示或者暗示提出的倾向或者排斥特定投标人的要求；

⑥ 对依法应当否决的投标不提出否决意见；

⑦ 暗示或者诱导投标人做出澄清、说明或者接受投标人主动提出的澄清、说明；

⑧ 其他不客观、不公正履行职务的行为。

评标委员会成员收受投标人的财物或者其他好处的，评标委员会成员或者与评标活动有关的工作人员向他人透露对投标文件的评审和比较、中标候选人的推荐以及与评标有关的其他情况的，给予警告，没收收受的财物，可以并处三千元以上五万元以下的罚款；对有所列违法行为的评标委员会成员取消担任评标委员会成员的资格，不得再参加任何依法必须进行招标项目的评标；构成犯罪的，依法追究刑事责任。

组建评标专家库的政府部门或者招标代理机构有下列情形之一的，由有关行政监督部门给予警告；情节严重的，暂停直至取消招标代理机构相应的招标代理资格：

① 组建的评标专家库不具备本办法规定条件的；

② 未按本办法规定建立评标专家档案或对评标专家档案作虚假记载的；

③ 以管理为名，非法干预评标专家的评标活动的。

④ 法律法规对前款规定的行为处罚另有规定的，从其规定。

依法必须进行招标的项目的招标人不按照规定组建评标委员会，或者确定、更换评标委员会成员违反《招标投标法》和《招标投标法实施条例》规定的，由有关行政监督部门责令改正，可以处十万元以下的罚款，对单位直接负责的主管人员和其他直接责任人员依法给予处分；违法确定或者更换的评标委员会成员做出的评审结论无效，依法重新进行评审。

政府投资项目的招标人或其委托的招标代理机构不遵守本办法第五条的规定，不从政府或者政府有关部门组建的评标专家库中抽取专家的，评标无效；情节严重的，由政府有关部门依法给予警告。

2.3.2.4 《评标委员会和评标办法暂行规定》

为了规范评标委员会的组成和评标活动，国家计委、国家经贸委、建设部、铁道部、交通部、信息产业部、水利部联合制定了《评标委员会和评标方法暂行规定》，2013年国家发改委等九部委第23号令对其进行了修改。

（1）适用范围

本规定适用于依法必须招标项目的评标活动。

（2）评标委员会的组成

评标委员会由招标人负责组建。评标委员会成员名单一般应于开标前确定，在中标结果确定前应当保密。

评标委员会由招标人或者其委托的招标代理机构熟悉相关业务的代表，以及有关技术、经济等方面的专家组成，成员人数为5人以上单数，其中技术、经济等方面的专家不得少于成员总数的2/3。

评标委员会设负责人的，评标委员会负责人由评标委员会成员推举产生或者由招标人确定。评标委员会负责人与评标委员会的其他成员有同等的表决权。

（3）评标专家

评标委员会的专家成员应当从依法组建的专家库内的相关专家名单中确定。

按前款规定确定评标专家，可以采取随机抽取或者直接确定的方式。一般项目，可以采取随机抽取的方式；技术复杂、专业性强或者国家有特殊要求的招标项目，采取随机抽取方式确定的专家难以保证胜任的，可以由招标人直接确定。

有下列情况之一的，不得担任评标委员会成员：

① 投标人或者投标主要负责人的近亲属；

② 项目主管部门或者行政监督部门的人员；

③ 与投标人有经济利益关系，可能影响对投标公正评审的；

④ 曾因在招标、评标以及其他与招标投标有关活动中从事违法行为而受过行政处罚或者刑事处罚的。

评标委员会成员有前款规定情形之一的，应当主动提出回避。

（4）评标的准备与初步评审

评标委员会成员应当编制评标使用的相应表格，认真研究招标文件，至少应了解和熟悉以下内容：

① 招标的目的；

② 招标项目的范围和性质；

③ 招标文件中规定的主要技术要求、标准和商务条款；

④ 招标文件规定的评标标准、评标方法和在评标过程中必须考虑的相关因素。

评标委员会应当根据招标文件规定的评标标准和方法，对投标文件进行系统的评审和比较。招标文件中没有规定的标准和方法不得作为评标的依据。

在评标过程中，评标委员会发现投标人以他人的名义投标、串通投标、以行贿手段谋取中标或者以其他弄虚作假方式投标的，应当否决该投标人的投标。

在评标过程中，评标委员会发现投标人的报价明显低于其他投标报价或者在设有标底时明显低于标底，使得其投标报价可能低于其个别成本的，应当要求该投标人作出书面说明并提供相关证明材料。投标人不能合理说明或者不能提供相关证明材料的，由评标委员会认定该投标人以低于成本报价竞标，应当否决其投标。

投标人资格条件不符合国家有关规定和招标文件要求的，或者拒不按照要求对投标文件进行澄清、说明或者补正的，评标委员会可以否决其投标。

评标委员会应当审查每一投标文件是否对招标文件提出的所有实质性要求和条件作出响应。未能在实质上响应的投标，应当予以否决。

评标委员会应当根据招标文件，审查并逐项列出投标文件的全部投标偏差。投标偏差分为重大偏差和细微偏差。

下列情况属于重大偏差：

① 没有按照招标文件要求提供投标担保或者所提供的投标担保有瑕疵；

② 投标文件没有投标人授权代表签字和加盖公章；

③ 投标文件载明的招标项目完成期限超过招标文件规定的期限；

④ 明显不符合技术规格、技术标准的要求；

⑤ 投标文件载明的货物包装方式、检验标准和方法等不符合招标文件的要求；

⑥ 投标文件附有招标人不能接受的条件；

⑦ 不符合招标文件中规定的其他实质性要求。

投标文件有重大偏差之一的，应否决投标。招标文件对重大偏差另有规定的，从其规定。

细微偏差是指投标文件在实质上响应招标文件要求，但在个别地方存在漏项或者提供了不完整的技术信息和数据等情况，并且补正这些遗漏或者不完整处不会对其他投标人造成不公平的结果。细微偏差不影响投标文件的有效性。评标委员会应当书面要求存在细微偏差的投标人在评标结束前予以补正。拒不补正的，在详细评审时可以对细微偏差作不利于该投标人的量化，量化标准应当在招标文件中规定。

（5）详细评审

经初步评审合格的投标文件，评标委员会应当根据招标文件确定的评标标准和方法，对其技术部分和商务部分作进一步评审、比较。

评标方法包括经评审的最低投标价法、综合评估法或者法律、行政法规允许的其他评标方法。经评审的最低投标价法一般适用于具有通用技术、性能标准或者招标人对其技术、性能没有特殊要求的招标项目。不宜采用经评审的最低投标价法的招标项目，一般应当采取综合评估法进行评审。

（6）推荐中标候选人与定标

评标委员会在评标过程中发现的问题，应当及时做出处理或者向招标人提出处理建议，并作书面记录。

评标委员会完成评标后，应当向招标人提出书面评标报告，并抄送有关行政监督部门。评标报告应当如实记载以下内容：

① 基本情况和数据表；

② 评标委员会成员名单；

③ 开标记录；

④ 符合要求的投标一览表；

⑤ 否决投标的情况说明；

⑥ 评标标准、评标方法或者评标因素一览表；

⑦ 经评审的价格或者评分比较一览表；

⑧ 经评审的投标人排序；

⑨ 推荐的中标候选人名单与签订合同前要处理的事宜；

⑩ 澄清、说明、补正事项纪要。

评标报告由评标委员会全体成员签字。对评标结论持有异议的评标委员会成员可以书面方式阐述其不同意见和理由。评标委员会成员拒绝在评标报告上签字且不陈述其不同意见和理由的，视为同意评标结论。评标委员会应当对此做出书面说明并记录在案。

向招标人提交书面评标报告后，评标委员会应将评标过程中使用的文件、表格以及其他资料应当即时归还招标人。

评标委员会推荐的中标候选人应当限定在一至三人，并标明排列顺序。

国有资金占控股或者主导地位的项目，招标人应当确定排名第一的中标候选人为中标人。排名第一的中标候选人放弃中标、因不可抗力提出不能履行合同，或者招标文件规定应当提交履约保证金而在规定的期限内未能提交，或者被查实存在影响中标结果的违法行为等情形，不符合中标条件的，招标人可以按照评标委员会提出的中标候选人名单排序依次确定其他中标候选人为中标人。依次确定其他中标候选人与招标人预期差距较大，或者对招标人明显不利的，招标人可以重新招标。

2.4 招标投标活动的原则及程序

2.4.1 招标投标活动基本原则

《招标投标法》第五条规定："招标投标活动应当遵循公开、公平、公正和诚实信用的原则。"

（1）公开原则

公开原则，是指招标投标的信息及程序要公开，以吸引投标人做出积极反应。首先招标信息要公开。例如：《招标投标法》规定，依法必须进行招标的项目的招标公告应当通过国家指定的报刊、信息网络或者其他媒介发布。无论是招标公告、资格预审公告还是投标邀请书，都应当载明招标人的名称和地址、招标项目的性质、数量、实施地点和时间以及获取招标文件的办法等事项。其次，招标投标过程要公开，包括开标的程序、评标的标准和程序及中标的结果都应当公开。如：《招标投标法》规定开标时招标人应当邀请所有投标人参加；中标人确定后，招标人应当在向中标人发出中标通知书的同时，将中标结果通知所有未中标的投标人。

（2）公平原则

公平原则，是指所有投标人在招标投标活动中机会都是平等的，所有投标人享有同等的权利，履行同等的义务。招标人不得对投标人实行歧视待遇，不得以任何方式限制或者排斥本地区、本系统以外的法人或者其他组织参加投标。

（3）公正原则

公正原则，是指在招标投标活动中要按照事先公布的条件和标准对待所有投标人。实行资格预审的，招标人应当严格按照资格预审文件载明的标准和方法对潜在投标人进行评审和比较。投标时，对所有在投标截止日期以后送到的投标书都应拒收。评标时，评标委员会应当按照招标文件确定的评标标准和方法，对投标文件进行评审和比较。

（4）诚实信用原则

诚实信用原则，是市场经济交易当事人应当严格遵循的道德准则，也是民法、合同法的一项基本原则。它是指民事主体在从事民事活动时，应当诚实守信，以善意的方式履行其义务，不得滥用权力及规避法律或者合同规定的义务。另外，诚实信用原则要求维持当事人之间的利益以及当事人利益与社会利益的平衡。招标投标各方都要诚实守信，不得有欺骗、背信的行为。

2.4.2 招标投标活动基本程序

《招标投标法》规定的招标投标活动的基本程序包括招标、投标、开标、评标和中标，下面介绍《招标投标法》和《招标投标法实施条例》对程序的相关规定。

2.4.2.1 招标

（1）按照国家有关规定需要履行项目审批、核准手续的依法必须进行招标的项目，其招标范围、招标方式、招标组织形式应当报项目审批、核准部门审批、核准。项目审批、核准部门应当及时将审批、核准确定的招标范围、招标方式、招标组织形式通报有关行政监督部门。

（2）招标人有权自行选择招标代理机构，委托其办理招标事宜。任何单位和个人不得以任何方式为招标人指定招标代理机构。招标人具有编制招标文件和组织评标能力的，可以自行办理招标事宜。任何单位和个人不得强制其委托招标代理机构办理招标事宜。

（3）公开招标的项目，应当依照招标投标法和本条例的规定发布招标公告、编制招标文件。招标人采用资格预审办法对潜在投标人进行资格审查的，应当发布资格预审公告、编制资格预审文件。依法必须进行招标的项目的资格预审公告和招标公告，应当在国务院发展改革部门依法指定的媒介发布。在不同媒介发布的同一招标项目的资格预审公告或者招标公告的内容应当一致。

（4）招标人采用邀请招标方式的，应当向三个以上具备承担招标项目的能力、资信良好的特定的法人或者其他组织发出投标邀请书。

（5）招标人可以对已发出的资格预审文件或者招标文件进行必要的澄清或者修改。澄清或者修改的内容可能影响资格预审申请文件或者投标文件编制的，招标人应当在提交资格预审申请文件截止时间至少3日前，或者投标截止时间至少15日前，以书面形式通知所有获取资格预审文件或者招标文件的潜在投标人；不足3日或者15日的，招标人应当顺延提交资格预审申请文件或者投标文件的截止时间。

（6）招标人对招标项目划分标段的，应当遵守招标投标法的有关规定，不得利用划分标段限制或者排斥潜在投标人。依法必须进行招标的项目的招标人不得利用划分标段规避招标。

（7）招标人应当在招标文件中载明投标有效期。投标有效期从提交投标文件的截止之日起算。

（8）招标人根据招标项目的具体情况，可以组织潜在投标人踏勘项目现场，但不得组织单个或者部分潜在投标人踏勘项目现场。

（9）招标人不得以不合理的条件限制、排斥潜在投标人或者投标人。

招标人有下列行为之一的，属于以不合理条件限制、排斥潜在投标人或者投标人：

① 就同一招标项目向潜在投标人或者投标人提供有差别的项目信息；

② 设定的资格、技术、商务条件与招标项目的具体特点和实际需要不相适应或者与合同履行无关；

③ 依法必须进行招标的项目以特定行政区域或者特定行业的业绩、奖项作为加分条件或者中标条件；

④ 对潜在投标人或者投标人采取不同的资格审查或者评标标准；

⑤ 限定或者指定特定的专利、商标、品牌、原产地或者供应商；

⑥ 依法必须进行招标的项目非法限定潜在投标人或者投标人的所有制形式或者组织形式；

⑦ 以其他不合理条件限制、排斥潜在投标人或者投标人。

2.4.2.2 投标

（1）投标人应当具备承担招标项目的能力

国家有关规定对投标人资格条件或者招标文件对投标人资格条件有规定的，投标人应当具备规定的资格条件。

投标人参加依法必须进行招标的项目的投标，不受地区或者部门的限制，任何单位和个人不得非法干涉。与招标人存在利害关系可能影响招标公正性的法人、其他组织或者个人，不得参加投标。

单位负责人为同一人或者存在控股、管理关系的不同单位，不得参加同一标段投标或者未划分标段的同一招标项目投标。

（2）投标人应当按照招标文件的要求编制投标文件

投标文件应当对招标文件提出实质性要求和条件做出响应。招标项目属于建设施工的，投标文件的内容应当包括拟派出的项目负责人与主要技术人员的简历、业绩和拟用于完成招标项目的机械设备等。

投标人应当在招标文件要求提交投标文件的截止时间前，将投标文件送达投标地点。招标人收到投标文件后，应当签收保存，不得开启。投标人少于三个的，招标人应当重新招标。

投标人在招标文件要求提交投标文件的截止时间前，可以补充、修改或者撤回已提交的投标文件，并书面通知招标人。补充、修改的内容为投标文件的组成部分。

（3）未通过资格预审的申请人提交的投标文件，以及逾期送达或者不按照招标文件要求密封的投标文件，招标人应当拒收。

（4）招标人应当在资格预审公告、招标公告或者投标邀请书中载明是否接受联合体投标。招标人接受联合体投标并进行资格预审的，联合体应当在提交资格预审申请文件前组成。资格预审后联合体增减、更换成员的，其投标无效。联合体各方在同一招标项目中以自己名义单独投标或者参加其他联合体投标的，相关投标均无效。

联合体各方均应当具备承担招标项目的相应能力；国家有关规定或者招标文件对投标人资格条件有规定的，联合体各方均应当具备规定的相应资格条件。由同一专业的单位组成的联合体，按照资质等级较低的单位确定资质等级。

联合体各方应当签订共同投标协议，明确约定各方拟承担的工作和责任，并将共同投标协议连同投标文件一并提交招标人。联合体中标的，联合体各方应当共同与招标人签订合同，就中标项目向招标人承担连带责任。

（5）投标人不得相互串通投标报价，不得排挤其他投标人的公平竞争，损害招标人或者其他投标人的合法权益。

有下列情形之一的，属于投标人相互串通投标：

① 投标人之间协商投标报价等投标文件的实质性内容；

② 投标人之间约定中标人；

③ 投标人之间约定部分投标人放弃投标或者中标；

④ 属于同一集团、协会、商会等组织成员的投标人按照该组织要求协同投标；

⑤ 投标人之间为谋取中标或者排斥特定投标人而采取的其他联合行动。

有下列情形之一的，视为投标人相互串通投标：

① 不同投标人的投标文件由同一单位或者个人编制；

② 不同投标人委托同一单位或者个人办理投标事宜；

③ 不同投标人的投标文件载明的项目管理成员为同一人；

④ 不同投标人的投标文件异常一致或者投标报价呈规律性差异；

⑤ 不同投标人的投标文件相互混装；

⑥ 不同投标人的投标保证金从同一单位或者个人的账户转出。

（6）投标人不得与招标人串通投标，损害国家利益、社会公共利益或者他人的合法权益。

有下列情形之一的，属于招标人与投标人串通投标：

① 招标人在开标前开启投标文件并将有关信息泄露给其他投标人；

② 招标人直接或者间接向投标人泄露标底、评标委员会成员等信息；

③ 招标人明示或者暗示投标人压低或者抬高投标报价；

④ 招标人授意投标人撤换、修改投标文件；

⑤ 招标人明示或者暗示投标人为特定投标人中标提供方便；

⑥ 招标人与投标人为谋求特定投标人中标而采取的其他串通行为。

（7）投标人不得以低于成本的报价竞标，也不得以他人名义投标或者以其他方式弄虚作假，骗取中标。

使用通过受让或者租借等方式获取的资格、资质证书投标的，属于以他人名义投标。

投标人有下列情形之一的，属于以其他方式弄虚作假的行为：

① 使用伪造、变造的许可证件；

② 提供虚假的财务状况或者业绩；

③ 提供虚假的项目负责人或者主要技术人员简历、劳动关系证明；

④ 提供虚假的信用状况；

⑤ 其他弄虚作假的行为。

2.4.2.3 开标、评标和中标

（1）开标

开标应当在招标文件确定的提交投标文件截止时间的同一时间公开进行；开标地点应当为招标文件中预先确定的地点。开标由招标人主持，邀请所有投标人参加。投标人少于3个的，不得开标；招标人应当重新招标。

开标时，由投标人或者其推选的代表检查投标文件的密封情况，也可以由招标人委托的公证机构检查并公证；经确认无误后，由工作人员当众拆封，宣读投标人名称、投标价格和投标文件的其他主要内容。招标人在招标文件要求提交投标文件的截止时间前收到的所有投标文件，开标时都应当当众予以拆封、宣读。投标人对开标有异议的，应当在开标现场提出，招标人应当当场做出答复，开标过程应当记录，并存档备查。

（2）评标

评标由招标人依法组建的评标委员会负责。招标人应当采取必要的措施，保证评标在严格保密的情况下进行。任何单位和个人不得非法干预、影响评标的过程和结果。

投标文件中有含义不明确的内容、明显文字或者计算错误，评标委员会认为需要投标人做出必要澄清、说明的，应当书面通知该投标人。投标人的澄清、说明应当采用书面形式，并不得超出投标文件的范围或者改变投标文件的实质性内容。评标委员会不得暗示或者诱导投标人做出澄清、说明，不得接受投标人主动提出的澄清、说明。

评标委员会应当按照招标文件确定的评标标准和方法，对投标文件进行评审和比较；设有标底的，应当参考标底。评标完成后，评标委员会应当向招标人提交书面评标报告和中标候选人名单。中标候选人应当不超过3个，并标明排序。招标人根据评标委员会提出的书面评标报告和推荐的中标候选人确定中标人。招标人也可以授权评标委员会直接确定中标人。

评标委员会成员不得私下接触投标人，不得收受投标人给予的财物或者其他好处，不得向招标人征询确定中标人的意向，不得接受任何单位或者个人明示或者暗示提出的倾向或者排斥特定投标人的要求，不得有其他不客观、不公正履行职务的行为。

有下列情形之一的，评标委员会应当否决投标人的投标：

① 投标文件未经投标单位盖章和单位负责人签字；

② 投标联合体没有提交共同投标协议；

③ 投标人不符合国家或者招标文件规定的资格条件；

④ 同一投标人提交两个以上不同的投标文件或者投标报价，但招标文件要求提交备选投标的除外；

⑤ 投标报价低于成本或者高于招标文件设定的最高投标限价；

⑥ 投标文件没有对招标文件的实质性要求和条件做出响应；

⑦ 投标人有串通投标、弄虚作假、行贿等违法行为。

依法必须进行招标的项目，招标人应当自收到评标报告之日起3日内公示中标候选人，公示期不得少于3日。

投标人或者其他利害关系人对依法必须进行招标的项目的评标结果有异议的，应当在中标候选人公示期间提出。招标人应当自收到异议之日起3日内做出答复；做出答复前，应当暂停招标投标活动。

（3）中标

国有资金占控股或者主导地位的依法必须进行招标的项目，招标人应当确定排名第一的中标候选人为中标人。排名第一的中标候选人放弃中标、因不可抗力不能履行合同、不按照招标文件要求提交履约保证金，或者被查实存在影响中标结果的违法行为等情形，不符合中标条件的，招标人可以按照评标委员会提出的中标候选人名单排序依次确定其他中标候选人为中标人，也可以重新招标。

中标人确定后，招标人应当向中标人发出中标通知书，并同时将中标结果通知所有未中标的投标人。中标通知书对招标人和中标人具有法律效力。中标通知书发出后，招标人改变中标结果的，或者中标人放弃中标项目的，应当依法承担法律责任。

招标人和中标人应当自中标通知书发出之日起三十日内，按照招标文件和中标人的投标文件订立书面合同，合同的标的、价款、质量、履行期限等主要条款应当与招标文件和中标人的投标文件的内容一致，招标人和中标人不得再行订立背离合同实质性内容的其他协议。

中标人应当按照合同约定履行义务，完成中标项目。中标人不得向他人转让中标项目，也不得将中标项目肢解后分别向他人转让。

中标人按照合同约定或者经招标人同意，可以将中标项目的部分非主体、非关键性工作分包给他人完成。接受分包的人应当具备相应的资格条件，并不得再次分包。

中标人应当就分包项目向招标人负责，接受分包的人就分包项目承担连带责任。

思考题

1.何谓法？法具有哪些特征？

2.简述建设工程法律适用规则。

3.何谓法人？法人应具备哪几个条件？

4.何谓经济法、经济法律关系主体、经济法律关系客体？

5.简述经济法律关系的内容。

6.何谓担保？担保的形式有哪些？

7.何谓定金？定金与订金有何不同？

8.何谓财产保险、保险事故、保险责任、保险代位求偿权？

9.简述设立保险公司应当哪些具备条件。

10.何谓仲裁？简述仲裁的范围、特点。

11. 简述招标投标法的作用。
12. 简述招标投标法的适用范围。
13. 简述招标人的法律责任。
14. 简述投标人的法律责任。
15. 因投标文件有重大偏差应否决投标结果，投标文件有重大偏差有哪些情形？
16. 简述招标投标活动的原则。
17. 简述招标投标活动的程序。
18. 何谓联合体投标？何谓串通投标？
19. 哪些情形属于或视为投标人相互串通投标？
20. 何谓开标、评标？
21. 若排名第一的中标候选人放弃中标，如何确定中标人？
22. 简述中标人的权利和义务。

第3章 园林工程设计招标与投标

当今的园林形式丰富多彩，园林技术日趋提高，几千年的实践证实，具有长久生命力的园林应该是与社会的生产方式、生活方式有着密切的联系，和科学技术水平、文化艺术特征、历史、地理等密切相关，它反映了时代与社会的需求、技术发展和审美价值的取向。

园林工程设计、建造、监理单位是园林工程建设的三大主体。按照我国法律规定，园林工程设计、建造、监理的发包与承包工作应遵守《中华人民共和国招标投标法》（以下简称招投标法）和《中华人民共和国招标投标法实施条例》。

3.1 园林工程设计招标与投标概述

园林工程实施阶段的第一项工作就是设计。园林工程设计是指根据工程的要求，即根据风景园林工程所需的技术、经济、环境、资源等条件从景观、功能、交通、水体、空间等方面进行综合分析、论证，编制园林工程设计文件的活动。设计质量的优劣对工程建设能否顺利完成起着至关重要的作用。

以招标方式选择设计单位是为了使设计技术和成果作为有价值的技术商品进入市场，打破地区的界限，引入竞争机制。通过招标择优确定设计单位，可以防止垄断，促进设计单位采用先进技术、提高设计质量，更好地完成日趋繁重复杂的园林工程设计任务，提高投资效益。

3.1.1 园林工程设计的内容

园林工程设计也称风景园林工程设计，其内容包括风景资源的评价、保护和风景区的设计，城市园林绿地系统、园林绿地、景园景点、城市景观环境设计，园林植物、园林建筑、园林工程、风景园林道路工程、园林种植设计，以及与上述风景园林工程配套的景观照明设计。

风景园林工程设计一般分为方案设计、初步设计和施工图设计三个阶段。必要时，可增加可行性研究阶段。园林工程设计须因地制宜、节约资源、保护环境，做到经济、美观，符合节能、节水、节材、节地的要求；并积极提倡新技术、新工艺、新材料的应用。

园林工程设计方案设计阶段内容主要由设计说明书、设计图纸和投资估算三部分组成。设计说明书应包含项目概况、现状概述、现状分析、设计依据、设计指导思想、总体构思、功能布局、各专项设计说明、技术经济指标及投资估算等内容；设计图纸应包含区位图、用地现状图、总平面图、功能分区图、景观分区图、竖向设计图、园路设计与交通分析图、绿化设计图、主要景点设计图及用于说明设计意图的其它图纸。

园林工程设计的方案设计阶段文件深度应满足编制初步设计文件的需要，应能据以编制工程估算，应满足项目审批的需要。

园林工程设计的初步设计阶段内容主要由设计说明书、设计图纸和概算书三部分组成。设计说明应包含设计依据，工程规模，设计范围，工程特征，设计原则，设计构思特点，各专业设计说明，消防、环保、卫生、节能、安全防护和无障碍设计等技术专业篇，设计概算文件及其技术经济指标；同时还应列出在初步设计文件审批时，需解决和确定的问题。设计图纸部分应包括以下设计内容：总图设计、竖向设计、种植设计、园路设计、地坪与景观小品设计、结构设计、给水排水设计、电气设计等。

园林工程设计的初步设计阶段文件深度应满足编制施工图设计文件的需要，应满足各专业设计的平衡与协调，应能据以编制工程概算，应满足初步设计阶段项目审批的要求。

园林工程设计的施工图设计阶段文件深度应满足施工、安装及植物种植需要；应满足施工材料采购、非标准设备制作和施工的需要；对于将项目分别发包给几个设计单位或实施设计分包的情况，设计文件相互关联处的深度应当满足各承包或分包单位设计的需要。园林工程设计的施工图阶段内容主要由项目总说明和按专业编写的设计说明书、按专业汇编的设计图纸和预算书三部分组成。

3.1.2 风景园林工程设计资质等级

风景园林工程设计专项资质设甲、乙两个级别。

3.1.2.1 甲级

（1）资历和信誉

① 具有独立企业法人资格；

② 社会信誉良好，注册资本不少于300万元人民币；

③ 企业完成过中型风景园林工程设计项目不少于5项，或大型风景园林工程设计项目不少于3项。

（2）技术条件

① 专业配备齐全、合理，主要专业技术人员专业和数量符合所申请专项资质标准中“主要专业技术人员配备表”的规定。

② 企业主要技术负责人或总设计师应具有大学学历，10年以上从事风景园林工程设计经历，并主持过中型以上风景园林工程设计项目不少于3项，其中大型风景园林工程设计项目不少于2项，具有高级专业技术职称。

③ 在主要专业技术人员配备表规定的人员中，非注册人员作为专业技术负责人，应当主持过中型以上风景园林工程设计项目不少于2项，其中大型风景园林工程设计项目不少于1项，具有中级以上专业技术职称。

（3）技术装备及管理水平

① 有必要的技术装备和固定的工作场所；

② 企业管理组织、标准体系、质量体系、档案管理体系健全。

3.1.2.2 乙级

（1）资历和信誉

① 具有独立企业法人资格；

② 社会信誉良好，注册资本不少于100万元人民币。

（2）技术条件

① 专业配备齐全、合理，主要专业技术人员专业和数量符合所申请专项资质标准中“主要专业技术人员配备表”的规定。

② 企业主要技术负责人或总设计师、总工程师应具有大学学历，8年以上从事风景园林工程设计经历，并主持过中型以上风景园林工程设计项目不少于2项，具有高级专业技术职称。

③ 除大型风景园林工程设计项目不做要求外，其余同甲级。

（3）技术装备及管理水平

① 有必要的技术装备和固定的工作场所；

② 有较完善的质量体系和技术、经营、人事、财务、档案等管理制度。

3.1.2.3 承担业务范围

甲级：承担风景园林工程专项设计的类型和规模不受限制。

乙级：可承担中型以下规模风景园林工程项目和投资额在2000万元以下的大型风景园林工程项目的设计。

3.1.3 园林工程设计招标范围

园林工程设计招标，招标人依法可以将某一阶段的设计任务或几个阶段的设计任务通过招标方式发包，委托选定的设计企业实施。

对于下列建设工程的园林工程设计，经有关主管部门批准，招标人可以直接发包：

① 采用特定的专利或者专有技术的；

② 艺术造型有特殊要求的；

③ 单项合同估算价在30万元人民币以下的；

④ 法律、法规、规章规定可以不招标的。

招标人应根据工程项目的具体特点决定发包的范围，实行勘察、设计招标的工程项目，可以采取设计全过程总发包的一次性招标，也可以采取分单项、分专业的分包招标，中标单位承担的方案设计、初步设计和施工图设计，经发包方书面同意，也可以将部分设计工作分包给具有相应资质条件的其他设计单位，其他设计单位就其完成的工作成果与总承包方一起向发包方承担连带责任。

3.1.4 园林工程设计招标的特点

园林工程设计招标特点表现为承包任务是投标人通过自己的智力劳动，将招标人对建设项目的设想变为可实施的蓝图。因此，设计招标文件只能是简单介绍工程项目的实施条件、预期达到的技术经济指标、投资限额、进度要求等。投标人按规定分别报出工程项目的构思方案、实施计划和报价，招标人通过开标、评标程序对各方案进行比较后确定中标人。鉴于设计任务本身的特点，设计招标常常采用设计方案竞选的方式招标。

设计招标有别于施工招标、监理招标，其主要区别有以下几个方面。

（1）招标文件的内容不同

设计招标文件中仅提出设计依据、工程项目应达到的技术指标、项目限定的工作范围，项目所在地的基本资料、要求完成的时间等内容，没有具体的工程量。

（2）对投标书编制的要求不同

投标人的投标报价不是按规定的工程量清单填报单价后算出总价，而是首先提出设计构思和初步方案，并论述该方案的优点和可实施性，在此基础上提出报价。投标人应当按照招标文件、设计文件编制深度规定的要求编制投标方案。投标人应当由具有相应资格的设计师签章，并加盖单位公章。

（3）开标形式不同

设计招标开标，不是简单的宣读投标书，而是由投标人自己说明投标方案的基本构思和意图，以及其他实质性内容，或开标时对投标设计文件做出保密处理，先编号，然后交评委评审。

（4）确定废标的条件不同

除了一般招标中规定的废标原因之外，一般还有两条针对设计师资格的规定：①无相应资格设计师签字的；②设计师受聘单位与投标人不符的。

（5）评标原则不同

评标时不过分追求投标价的高低，评标委员会更多关注所提方案的合理性、科学性、先进性、美观性以及设计方案对建设目标的影响等技术标的内容。

3.1.5 园林工程设计招标的方式

常见的方式有公开招标、邀请招标和直接发包三种方式。

根据《中华人民共和国招标投标法》、《建筑工程设计招标投标管理办法》的规定，各地级以上的城市都制定了本市城市园林绿化工程建设项目招标投标管理办法。

除了采用特定专利技术、专有技术，或者建筑艺术造型有特殊要求的，经有关部门批准可以进行直接发包的情况外，均应采取招标方式确定设计单位。通常投资额在50万元以上（含50万元）的园林绿化工程建设项目的勘察、设计、施工、监理以及与工程建设有关的重要设备、材料等的采购，必须进行招标；投资额在100万元以上（含100万元）的园林绿化工程建设项目，必须实行公开招标。除了符合可以进行邀请招标条件的项目外，都应进行公开招标。

对于某些工程项目来说，项目的技术性、专业性较强或者环境资源条件特殊，导致潜在投标人数量有限、采用公开招标所需费用占工程建设项目总投资的比例过大或者受自然因素限制，影响项目实施时机，如果存在上述情况的可以采取邀请招标。

3.1.6 园林工程设计招标应具备的条件

① 按照国家有关规定需要履行项目审批手续的，已经履行审批手续，取得批准；

② 设计所需要资金已经落实；

③ 设计基础资料已经收集完成；

④ 符合相关法律、法规规定的其他条件。

3.2 园林工程设计招标

3.2.1 设计招标程序

依据委托项目设计的工程规模以及招标方式不同，各建设项目设计招标的程序繁简程度也不尽相同。国家有关建设法规规定了如下标准化公开招标程序，采用邀请招标方式时可以根据具体情况进行适当变更或酌减。

① 招标人编制招标文件；

② 招标人发布招标公告；

③ 招标人前往园林建筑管理部门办理招标项目登记；

④ 招标人对投标人进行资格审查；

⑤ 招标人向投标人分发招标文件及有关设计图纸、技术资料；

⑥ 招标人组织投标人踏勘现场，并对招标文件进行答疑。

上面的①与②项工作顺序可以依据实际情况调整。但应执行法律法规规定的要求：招标人应当按招标公告或者投标邀请函规定的时间、地点发出招标文件或者资格预审文件；自招标文件或者资格预审文件发出之日起至停止发出之日止，不得少于5个工作日。

3.2.2 设计招标准备工作

（1）业主招标的组织准备

业主决定自行组织设计招标，首先要成立招标组织机构，招标机构组织内，除了一般必要的工作人员，还应有懂法律、技术、经济的有关专家，由他们组织、领导、参加招标工作，具体负责办理招标工作的有关事宜。

如果业主不具备独立组织招标活动的能力，可以委托具有与项目相适应资质条件的专业咨询机构或建设监理单位代理。采用这种方法可使业主节省人力与时间。专业咨询机构或建设监理单位熟悉招投标程序与技术内容，能够提供较专业、快捷的服务。这种模式符合讲求实效、节约开支和工程项目管理专业化的原则。

（2）设计招标文件的准备

设计招标文件是指导设计单位正确投标的依据，也是对投标人提出要求的文件。招标文件一经发出，招标人不得擅自修改。如果确需修改时，应以补充文件的形式将修改内容在提交投标文件截止日期15日前，书面通知每一个招标文件收受人。补充文件与招标文件具有同等的法律效力。若因修改招标文件给投标人造成经济损失时，招标人还应承担赔偿责任。

3.2.3 设计招标文件

设计招标文件应包括以下方面内容：投标须知，投标技术文件要求，投标商务文件要求，评标、定标标准及方法说明，设计合同授予及投标补偿费用说明等。

（1）设计招标文件的主要内容

为了使投标人能够正确地进行投标，招标文件应包括以下内容：

① 投标须知　包括工程名称、地址、竞选方案项目、占地范围、建筑面积、竞赛方式等。

② 设计依据　指本次设计招标的依据文件，通常包括经过批准的设计任务书、项目建议书或者可行性研究报告、有关获得批复文件的复印件等。

③ 项目说明书　包括工程内容，设计范围，设计深度，设计图纸内容、图幅，设计进度和建设周期等方面的要求，并告知项目建设的总投资限额等。

④ 拟签订合同的主要条款和要求。

⑤ 设计基础资料　包括可供参考的工程地质、水文地质、工程测量等建设场地勘察成果报告；供水、供电、供气、供热、环保、市政道路等方面的基础资料；城市规划管理部门确定的规划控制条件和用地红线图；设计文件的审查方式。

⑥ 招标文件答疑、组织现场踏勘和召开标前会议的时间和地点。

⑦ 投标文件送达的截止时间。

⑧ 投标文件的编制要求及评标原则。

⑨ 未中标方案的补偿办法。

⑩ 如果招标人只要求中标人承担方案阶段设计，而不再委托中标人承接或参加后续阶段工程设计业务的，应在招标公告或投标邀请函中明示，并说明支付中标人的设计费用。招标人应按照国家规定方案阶段设计付费标准支付中标人。

⑪ 招标可能涉及的其他内容。

（2）设计技术要求文件的编制

在招标文件中，最重要的内容是对项目设计提出明确的要求，通常由咨询机构或监理单位从技术、经济等方面考虑后具体编写，写入“项目说明书”和“投标文件的编制要求及评标原则”内；也可以单独列项，如“设计任务书”、“设计要求文件”、“设计大纲”。主要内容包括以下几方面：

① 设计文件编制依据的有关技术规范、行政主管部门对景观规划等方面的要求以及业主对本设计提出的应遵循的特殊或高等级的标准（仅限高于本地区与国家标准、规范的）等；

② 技术经济指标要求；

③ 平面布置要求；

④ 结构形式与设计要求；

⑤ 设备设计方面的要求；

⑥ 特殊工程方面的要求；

⑦ 其他有关方面的要求，如环境、防火等。

由咨询机构或监理单位撰写招标文件须经业主批准，如果不满足业主要求，应重新编写或修改设计要求的内容。设计要求的提出应注意把握“文字表达清晰、设计任务要求完整、设计标的唯一、充分发挥设计单位创造性”，以期设计要求文字表达不被误解、设计任务不遗漏、设计标的不存异议，为设计发挥聪明才智留有充分的自由度。

(3) 投标人的资格审查

园林建设项目的设计任务需要具有一定资质的单位才有资格完成，为保证工程质量，招标人根据招标项目本身的要求，在招标公告或者投标邀请书中，要求潜在投标人提供有关资质证明文件和业绩情况，并对潜在投标人依法进行资格审查。资格审查分为资格预审与资格后审两种形式。

资格预审，是指在正式投标之前，由投标人递交资格预审文件，招标人通过综合对比各投标人的资质、信誉、同类工程经验等，确定参加本次设计投标的候选设计单位的审查过程。实行资格预审的招标项目，只有资格预审通过的投标人才能参与投标。采用公开招标的项目，通常采用资格预审的方式。

资格后审，是指在开标后对投标人进行的资格审查。在招标公告发布后，符合招标公告及招标文件条件的潜在投标人，按规定的时间和地点，携带相关资审资料和投标文件，直接参加开标会议。由评标委员会按照招标文件的规定，对投标人的投标资格进行审查。资格审查不通过，作无效标处理，不再进行下一步评审。采用邀请招标的项目，可采用资格后审的方式。

无论采用资格预审，还是资格后审的方式对投标人的资格进行审查，其审查的内容基本相同，一般包括对投标人投标合法性审查、投标能力审查、设计经验与信誉审查三个方面。

① 投标人投标合法性审查　包括投标人是否是正式注册的法人或其他组织；是否具有独立签约的能力；是否处于正常经营状态；如是否处于被责令停业，有无财产被接管、冻结等情况，是否有相互串通投标等行为，是否正处于被暂停参加投标的处罚期限内等；经过审查，确认投标人有不合法的情形的，应将其排除。

② 对投标人投标能力的审查　主要包括如下几个方面：了解投标人的概况，即投标人的名称、住所、电话，设计资质等级和注册资本，近几年的财务状况，已承担的工程任务等，审查投标人的财务能力；主要审查其是否具备完成项目所需的充足流动资金、银行的资信证明或银行提供的担保文件，审查投标人的人员配备能力，主要是对投标人承担招标项目的主要人员的学历、管理经验进行审查，看其是否有足够的具有相应资质的人员具体从事本项目的实施；审查完成项目的设备配备情况及技术能力，看其是否具有实施招标项目的相应设备、机械，并是否处于良好的工作状态，是否有技术支持能力等。根据本条第一款的规定，国家对投标人的资格条件有规定的，招标人应以此为标准审查投标人的投标资格。国家规定有强制性标准的，投标人必须符合该标准。

③ 审查投标人的经验与信誉，看其是否有曾圆满完成过与招标项目在类型、规模、结构、复杂程度和所采用的技术以及设计施工方法等方面相类似项目的经验或者具有同类优质货物、服务的经验，是否受到以前项目业主的好评，在招标前一个时期内的业绩如何，以往的履约情况，等等。

3.3 园林工程设计投标

3.3.1 设计投标概述

设计投标是设计单位依据招标公告和设计技术招标文件要求编制投标文件，以承揽设计任务为目的即以中标为目的，进行投标的全过程。设计投标是设计单位承揽设计任务的主要方式之一，是设计单位针对特定标的进行的一场竞技式比赛。设计投标书是参加投标的依据，设计投标书的内容必须符合招标文件的要求，其中设计方案是投标书的主要技术内容。

设计投标书是评标的依据，评标专家依据设计投标书内容对设计单位的合法性、投标能力、经验与信誉、报价、设计方案的优劣等进行综合评定，确定中标单位。

投标书在整个投标过程中发挥着极其重要的作用，编制投标书应做好充分的准备工作。

（1）首先要认真阅读招标文件，研究分析投标中的重点问题

① 招标项目对投标单位的资质等级、资信等级等强制性要求，如不具备相应的资质、资信等级，就不能参加该工程的投标，所以投标单位要了解位自身的投标资格，合理选择投标项目。

② 招标项目对投标能力的要求。要了解企业自身的财务状况，清楚企业的年营业额、总资产、流动资产、总负债、流动负债、税前利润、税后利润等，满足业主对于财务方面的要求；熟悉企业的人力构成和设计能力，具有符合业主要求的设计人力资源；了解在以往的投标中企业是否积累了足够的经验，能否满足业主对于类似工程设计业绩的要求，这些方面都会影响投标效果。

（2）要从企业自身利益出发，合理制定投标策略

① 在购买招标文件及进行现场考察时，不仅要对工程的地质条件、材料价格进行考察，同时要对业主的管理水平、信誉、项目的资金来源、工程项目的支付能力等进行考察，以此来决策投标项目。

② 在选择投标项目时，既要测算经济投入，也要考虑经济回报。对于竞争过于激烈的招标项目，而企业自身对于成本核算、设计管理、技术方案没有把握的情况，应该酌情予以放弃，以免造成难以挽回的损失。

③ 企业的生存并不仅仅为了赢利，在发展到一定阶段应该着力考虑企业生存的社会价值，以长远的眼光规划企业的发展道路。对于未曾涉足的项目，在考虑自身承受能力的前提下，适当地予以涉及，为企业的资质积累、人才贮备积蓄力量。

（3）制定完整的编制计划

投标是一个系统工程，具有很大的时限性；应该制定明确的编制计划，具体到各时间段达到怎样的编制标准，同时要预留一定的时间予以修改。

（4）标注招标文件的特殊要求

在全面了解了招标文件后，应对关键内容进行标注。例如该工程的合同工期，招投标日期和工地考察日期，需要办理的银行保函的金额，标书中需要进行公证的内容、强制性履约标准、提供表格的格式，标书的递交时间和地点等。对于含糊不清的问题一定要及时联系招标单位予以书面澄清，以免造成不可弥补的后果。

（5）满足招标文件的要求

业主满意的设计单位是讲究诚信，能够在人力、财力、设计能力和经验等方面达到要求的单位。投标单位一定要按照业主提供的格式编制投标书，需要说明的内容，要提供充足的材料和证据以证明自身有能力履行设计合同。对于有设计业绩要求的内容，所附的业绩证明不能过于空泛，应有针对性的具体内容。

（6）设计投标的注意事项

投标人应关注并知晓招投标所在地对“设计招标投标管理”的有关规定，并遵照执行。招标人要求投标人提交备选方案的，在招标文件中有明确相应的评审和比选办法，投标人应注意按要求提交；凡招标文件中未明确规定允许提交备选方案的，投标人不得提交备选方

案；如投标人擅自提交备选方案的，投标人在递交投标文件时应咨询招标人，避免违背招标人和地方设计招标投标管理规定。

3.3.2 设计投标书的内容

参加投标的设计单位应严格按照文件的规定编制投标书，并在规定时间内送达。投标书一般由商务标与技术标两部分组成。对于园林工程设计标、施工标、监理标等其投标书中商标的内容基本相同，但标书中技术标的内容则是根据工程实际和标的要求来编写的。

3.3.2.1 设计投标书中商务部分的内容通常包括以下几个方面

① 投标人承诺函（含投标书的投标有效期），法人代表授权书，投标人关于资格的声明函。投标书的投标有效期，一般为投标截止日期后90天。

② 投标报价。通常为含税价格，由投标人法定代表人或其授权人签名并加盖公章，并请单独密封包装，封面上注明“投标报价表”和“保密”字样；国内的园林设计项目。报价币种通常为人民币；投标报价有效期应与投标有效期相一致，并在价格表中注明。

③ 企业法人营业执照（复印件）；含有或附有经过当年年检的相关证明，如为纸质证明其年检时间和年检章应清晰可见，如为官网内容证明提供其出处即可。

④ 资质证书与银行资信证明。

⑤ 质量保证体系和环境管理认证证明复印件。

⑥ 近几年企业财务报告。通常要求提供经会计事务所审计的企业近2～3年的财务报告。

⑦ 类似工程设计业绩。一般要求提供近2～3年总投资或规模相近的工程设计合同证明文件。

⑧ 设计单位简介。主要介绍企业组织机构、设计能力、工作地点、人员构成等。

⑨ 拟投入本项目专业设计人员。提供人员名单、专业及其学历、职称、注册资格、社保证明等复印件。

⑩ 投标书与招标文件差异声明。投标文件对招标文件未提出异议的条款，均被视为接受和同意；投标方对招标书条款不认同的差异部分，无论多么微小请填入差异表。

⑪ 投标书提交的份数。一般纸质投标书正本1份、副本3份，电子版1份。投标书密封包装，并在包装上注明“正本”、“副本”、“不准提前启封”字样及加盖投标人公章。

⑫ 招标文件提出的其他要求。

3.3.2.2 设计投标书中技术部分的内容一般包括以下几个方面

（1）项目概况。

（2）项目设计依据与设计原则。

（3）项目设计方案。包括：①项目设计背景；②设计思路；③设计关键点；④设计方案（即图纸部分）。

（4）项目设计工期与保证措施。

（5）项目组织管理。项目组织领导小组与职能分工。

（6）售后服务与承诺。

3.4 园林工程设计评标与定标

3.4.1 园林工程设计评标

园林工程设计评标全过程交由评标委员会完成，由符合性审查和综合评审两个步骤来完成。符合性审查通过的投标人，方可进入综合评审阶段。综合评审通常以投标人的业绩、报价、信誉、设计能力、设计方案的优劣以及价格为依据进行综合评定分数，按得分从高至低排列，分数最高者为中标第一候选单位。

通常综合评审得到的评标分数由商务标评审分数、技术标评审分数和价格分数三部分组成。分值比例由业主根据项目设计的需要确定，常见的分值比例为商务标评审总分占5%～30%，技术标评审总分占90%～50%，价格评审总分占5%～20%。业主通常更加重视景观、功能、交通、水体、空间等设计方案的优劣及其运用现代工程技术手段的可实施性，这部分的分值体现在技术标评审中。

技术标又分明标和暗标。明标是招标方公开投标人名称和标底的招标方式；标底包括设计方案、技术指标、项目预算等。暗标则是指不公开投标人名称，招标方监督人员将标书的投标单位进行编号，交由评标委员会进行评审，评审结果确定后，核对各编号的投标人，确定各投标单位技术标评审分数。

最后将商务标评审分数、技术标评审分数和价格分数叠加，确定中标候选单位。园林工程设计标的技术标评审分数一般占主导地位，在50%以上。

3.4.1.1 设计评标委员会的组建

招标人或招标代理机构根据招标工程项目特点和需要组建评标委员会，其组成应当符合有关法律、法规的规定。评标委员会成员名单一般应于开标前确定。评标委员会成员名单在中标结果确定前应当保密。

（1）评标委员会的组成应包括招标人以及与园林工程项目方案设计有关的园林、规划、土建、经济、设备等专业专家。大型公共工程项目应增加环境保护、节能、消防专家。评委应以园林专业专家为主，其中技术、经济专家人数应占评委总数的三分之二以上。

（2）评标委员会人数为5人以上（含5人）单数组成，其中大型公共工程项目评标委员会人数不应少于9人。评标委员会设负责人的，评标委员会负责人由评标委员会成员推举产生或者由招标人确定；评标委员会负责人与评标委员会的其他成员有同等的表决权。

（3）评标专家应符合下列条件：

① 从事相关专业领域工作满八年并具有高级职称或者同等专业水平；

② 熟悉有关招标投标的法律法规，并具有与招标项目相关的实践经验；

③ 能够认真、公正、诚实、廉洁地履行职责。

（4）有下列情形之一的，不得担任评标委员会成员：

① 投标人或者投标人主要负责人的近亲属；

② 项目主管部门或者行政监督部门的人员；

③ 与投标人有经济利益关系，可能影响对投标公正评审的；

④ 曾因在招标、评标以及其他与招标投标有关活动中从事违法行为而受过行政处罚或刑事处罚的；

⑤ 评标委员会必须严格按照招标文件确定的评标标准和评标办法进行评审。评委应遵循公平、公正、客观、科学、独立、实事求是的评标原则。

3.4.1.2 设计评标委员会评审活动

（1）设计招标投标评审活动应当符合以下规定

① 招标人应确保评标专家有足够时间审阅投标文件，评审时间安排应与工程的复杂程度、设计深度、提交有效标的投标人数量和投标人提交设计方案的数量相适应。

② 评审应由评标委员会负责人主持，负责人应从评标委员会中确定一名资深技术专家担任。

③ 评标应严格按照招标文件中规定的评标标准和办法进行，除了有关法律、法规以及

国家标准中规定的强制性条文外，不得引用招标文件规定以外的标准和办法进行评审。

④ 在评标过程中，当评标委员会对投标文件有疑问，需要向投标人质疑时，投标人可以到场解释或澄清投标文件有关内容。

⑤ 在评标过程中，一旦发现投标人有对招标人、评标委员会成员或其他有关人员施加不正当影响的行为，评标委员会有权拒绝该投标人的投标。

⑥ 投标人不得以任何形式干扰评标活动，否则评标委员会有权拒绝该投标人的投标。

⑦ 对于国有资金投资或国家融资的有重大社会影响的工程项目，招标人可以邀请人大代表、政协委员和社会公众代表列席，接受社会监督。但列席人员不发表评审意见，也不得以任何方式干涉评标委员会独立开展评标工作。

（2）评标方法

评标方法主要包括记名投票法、排序法和百分制综合评估法等，招标人可根据项目实际情况在招标文件中明确评标方法，评标委员会依据招标文件中规定的评标方法进行评审。

（3）推荐中标候选人

评标委员会推荐的中标候选人应当限定在一至三人，并标明排列顺序。

（4）提出书面评标报告

评标委员会完成评标后，应当向招标人提出书面评标报告，并抄送有关行政监督部门。评标报告应当如实记载以下内容：

① 基本情况和数据表；

② 评标委员会成员名单；

③ 开标记录；

④ 符合要求的投标一览表；

⑤ 否决投标的情况说明；

⑥ 评标标准、评标方法或者评标因素一览表；

⑦ 经评审的价格或者评分比较一览表；

⑧ 经评审的投标人排序；

⑨ 推荐的中标候选人名单与签订合同前要处理的事宜；

⑩ 澄清、说明、补正事项纪要。

评标报告由评标委员会全体成员签字。对评标结论持有异议的评标委员会成员可以书面方式阐述其不同意见和理由。评标委员会成员拒绝在评标报告上签字且不陈述其不同意见和理由的，视为同意评标结论。评标委员会应当对此作出书面说明并记录在案。

3.4.1.3 符合性审查

符合性审查是依据招标文件要求来确定投标文件有效性的审查。不能通过符合性审查的投标文件按废标处理或依法重新招标

（1）投标文件有下列情形之一的，经评标委员会评审后按废标处理或被否决：

① 投标文件中的投标函无投标人公章（有效签署）、投标人的法定代表人有效签章及未有相应资格的注册建筑师有效签章的；或者投标人的法定代表人授权委托人没有经有效签章的合法、有效授权委托书原件的；

② 以联合体形式投标，未向招标人提交共同签署的联合体协议书的；

③ 投标联合体通过资格预审后在组成上发生变化的；

④ 投标文件中标明的投标人与资格预审的申请人在名称和组织结构上存在实质性差别的；

⑤ 未按招标文件规定的格式填写，内容不全，未响应招标文件的实质性要求和条件的，经评标委员会评审未通过的；

⑥ 违反编制投标文件的相关规定，可能对评标工作产生实质性影响的；

⑦ 与其他投标人串通投标，或者与招标人串通投标的；

⑧ 以他人名义投标，或者以其他方式弄虚作假的；

⑨ 未按招标文件的要求提交投标保证金的；

⑩ 投标文件中承诺的投标有效期短于招标文件规定的；

⑪ 在投标过程中有商业贿赂行为的；

⑫ 其他违反招标文件规定实质性条款要求的。

评标委员会对投标文件确认为废标的，应当由三分之二以上评委签字确认。同时评标委员会应在评标纪要上详细说明所有投标均做废标处理或被否决的理由。

（2）有下列情形之一的，招标人应当依法重新招标：

① 所有投标均做废标处理或被否决的；

② 评标委员会界定为不合格标或废标后，因有效投标人不足3个使得投标明显缺乏竞争，评标委员会决定否决全部投标的；

③ 同意延长投标有效期的投标人少于3个的。

招标人依法重新招标的，应对有串标、欺诈、行贿、压价或弄虚作假等违法或严重违规行为的投标人取消其重新投标的资格。

3.4.1.4 园林工程设计商务标的评审

商务标评审分值通常是依据保证招标项目顺利实施的客观因素确定的分数，包括以下几方面：

① 投标人的履约能力　以投标人近三年资产负债率、主营收入、利润、纳税额等指标进行评价，以法定中介机构审定的近三年财务报表和税务部门出具的纳税凭证为依据。

② 企业信誉　以投标人近几年获得的国家级、省级、市级的设计奖项的等级与数量为依据进行评分。

③ 设计资质等级与管理认证　以投标人园林工程设计资质等级和ISO9001、ISO14001等管理体系认证为依据进行评分。

④ 企业业绩与同类经验　对投标人近几年承担的规模、复杂程度与投资额相近的设计业绩数量进行评分，以中标通知书、合同等为依据。

⑤ 本项目的特色服务与保证措施。

3.4.1.5 园林工程设计技术标的评审

虽然投标的设计方案各异，需要评审的内容很多，但大致可以归纳为以下几个方面。

① 设计指导思想是否正确；

② 设计方案是否反映了国内外同类工程项目较先进的水平；

③ 总体布局的合理性和科学性，场地利用系数是否合理；

④ 设计方案风格与当地气候环境的适应性、与周边环境的协调性；

⑤ 艺术与思想表现的独特设计；

⑥ 平面构图与竖向地形设计；

⑦ 环境绿化设计；

⑧ 植物栽植设计与季相色彩；

⑨ 景观与园建设计；

⑩ 灯光照明。

3.4.1.6 价格分的计算

实行政府指导价的工程勘察和工程设计收费，其基准价根据《工程勘察收费标准》或者

《工程设计收费标准》计算，除特别情况另有规定者外，浮动幅度为上下20%。发包人和勘察人、设计人应当根据建设项目的实际情况在规定的浮动幅度内协商确定收费额。一般设计招标在招标文件中约定可浮动值（幅度为上下20%）作为固定值。

3.4.2 园林工程设计定标、签订设计合同与未中标方案的补偿事宜

依法必须进行设计招标的项目，招标人应当在确定中标人之日起15日内，向有关建设主管部门提交招标投标情况的书面报告。各级建设主管部门应在评标结束后15天内在指定媒介上公开排名顺序，并对推荐中标方案、评标专家名单及各位专家评审意见进行公示，公示期为5个工作日。

推荐中标方案在公示期间没有异议、异议不成立、没有投诉或投诉处理后没有发现问题的，招标人应当根据招标文件中规定的定标方法从评标委员会推荐的中标候选方案中确定中标人。

（1）定标

定标方法主要包括：

① 招标人委托评标委员会直接确定中标人。

② 招标人确定评标委员会推荐的排名第一的中标候选人为中标人。排名第一的中标候选人放弃中标、因不可抗力提出不能履行合同、招标文件规定应当提交履约保证金而在规定的期限内未提交的，或者存在违法行为被有关部门依法查处，且其违法行为影响中标结果的，招标人可以确定排名第二的中标候选人为中标人。如排名第二的中标候选人也发生上述问题，依次可确定排名第三的中标候选人为中标人。

③ 招标人根据评标委员会的书面评标报告，组织审查评标委员会推荐的中标候选人。

（2）签订设计合同

招标人和中标人应当自中标通知书发出之日起30日内，依据《中华人民共和国合同法》及有关工程设计合同管理规定的要求，按照不违背招标文件和中标人的投标文件内容签订设计委托合同，并履行合同约定的各项内容。合同中确定的建设标准、建设内容应当控制在经审批的可行性报告规定范围内。

设计单位应对其提供的方案设计的安全性、可行性、经济性、合理性、真实性及合同履行承担相应的法律责任。

由于设计原因造成工程项目总投资超出预算的，建设单位有权依法对设计单位追究责任。但设计单位根据建设单位要求，仅承担方案设计，不承担后续阶段工程设计业务的情形除外。

国家制定的设计收费标准上下浮动20%是签订建筑工程设计合同的依据。招标人不得以压低设计费、增加工作量、缩短设计周期等作为发出中标通知书的条件，也不得与中标人再订立背离合同实质性内容的其他协议。如招标人违反上述规定，其签订的合同效力按《中华人民共和国合同法》有关规定执行，同时建设主管部门对设计合同不予备案，并依法予以处理。

工程设计中采用投标人自有专利或者专有技术的，其专利和专有技术收费由招标人和投标人协商确定

招标人应在签订设计合同起7个工作日内，将设计合同报项目所在地建设或规划主管部门备案。

（3）对未中标设计方案的补偿

对于达到设计招标文件要求但未中标的设计方案，招标人应给予不同程度的补偿。

① 采用公开招标，招标人应在招标文件中明确其补偿标准。若投标人数量过多，招标

人可在招标文件中明确对一定数量的投标人进行补偿。

② 采用邀请招标，招标人应给予每个未中标的投标人经济补偿，并在投标邀请函中明确补偿标准。

招标人可根据情况设置不同档次的补偿标准，以便对评标委员会评选出的优秀设计方案给予适当鼓励。

思考题

1. 何谓园林工程设计？园林工程设计一般分为哪三个阶段，每个阶段的设计要求如何？
2. 园林工程设计经有关主管部门批准，招标人可以直接发包的情形有哪几种？
3. 简述园林工程设计招标与施工招标、监理招标有什么区别。
4. 园林工程设计招标有哪三种方式？哪些设计项目可以采用直接发包的采购方式？哪些项目必须进行公开招标？
5. 园林工程设计招标应具备什么条件？
6. 简述园林工程设计招标的基本程序。
7. 简述园林工程设计招标的主要内容。
8. 何谓资格预审？何谓资格后审？资格预审与资格后审有何不同，通常包括哪些方面？
9. 何谓园林工程设计投标？编制投标书应做好哪些准备工作？
10. 园林工程设计投标书由哪几部分内容组成？简述园林工程设计投标书的主要内容。
11. 简述园林工程设计技术标评审的主要内容。

第4章

建设工程监理招标与投标

4.1 建设工程监理招标与投标概述

建设工程市场由建设单位（业主）、施工单位（承包商）和监理单位（咨询顾问）三大主体组成。监理单位是为建设单位提供服务的，其管理属于建设项目管理。

一个项目对于业主而言，为获得经济与效率，在项目实施过程中就要将风险降到最低，求助于第三方监理单位为其提供专业化的项目管理服务，这是建设工程监理的潜在需求。监理单位作为提供服务的咨询顾问，具有建设单位不具备的技术和管理上的专业优势，为其提供高智商的科学管理。

中华人民共和国建设部颁布的《建设工程监理规范》（GB 50319—2013）明确规定，实施建设工程监理前，建设单位必须委托具有相应资质的工程监理单位，并以书面形式与工程监理单位订立建设工程监理合同，合同中应包括监理工作的范围、内容、服务期限和酬金，以及双方的义务、违约责任等相关条款。在订立建设工程监理合同时，建设单位将勘察、设计、保修阶段等相关服务一并委托的，应在合同中明确相关服务的工作范围、内容、服务期限和酬金等相关条款。工程开工前，建设单位应将工程监理单位的名称，监理的范围、内容和权限及总监理工程师的姓名书面通知施工单位。在建设工程监理工作范围内，建设单位与施工单位之间涉及施工合同的联系活动，应通过工程监理单位进行。

建设单位（业主）聘请工程监理单位的过程称为建设工程监理招标；工程监理单位通过投标获取建设工程监理任务的过程即为建设工程监理投标。

4.1.1 建设工程监理单位的地位与起源

监理单位、施工单位和建设单位之间的关系是平等的关系，三者都是市场的主体，只是社会分工、经营性质、业务范围不同。监理单位和建设单位的关系是通过建设工程监理合同来建立的，两者是合同关系。施工单位和建设单位之间的关系是通过建设工程施工合同来建立的，两者也是合同关系。监理单位与施工单位之间的关系不是建立在合同基础上的，他们之间没有、也不应该有合同关系及其他经济关系；在建设工程项目中，他们是建设工程监理制和有关合同为基础的监理与被监理的关系。

1913年FIDIC组织在比利时成立，标志着国际咨询监理制组织的诞生。FIDIC即国际咨询工程师联合会，是法文Federation Internationale Des Ingenieur Conseils的缩写。几经周折，直到进入20世纪80年代，监理制度在国际上得到了很大发展，一些发展中国家也学习发达国家的做法，并结合本国实际开展了监理活动。FIDIC组织的成员国越来越多，成为名副其实的国际组织，建设工程监理成为进行工程建设的国际惯例。

1984年世界银行贷款项目云南鲁布革水电站引水隧道工程是我国最早实行监理制度的实例，1988年我国开始进行建设工程监理制试点，经历了试点阶段、稳步推进阶段后，1996年建设工程监理制进入全面推行阶段。

4.1.2 建设工程监理单位的概念

工程监理单位是指依法成立并取得建设主管部门颁发的工程监理企业资质证书，从事建设工程监理与相关服务活动的服务机构（2013《建设工程监理规范》）。一般是指取得监理资质证书，同时具有法人资格的监理公司和监理事务所，以及兼承监理业务的工程设计、科学研究及工程建设咨询的单位。

监理单位受项目业主的委托，对工程建设的全过程实施监督与管理；其监理范围包括新建、扩建、改建项目的工程建设立项、实施到后评估的全过程。工程监理的行为主体是监理单位，工程监理的实施需要业主的委托，工程监理活动应符合中华人民共和国建设部和中华人民共和国国家质量技术监督局联合发布的《建设工程监理规范》（GB 50319—2013），尚应符合国家现行有关标准的规定。

目前，我国建设工程监理较多用在建设工程的实施阶段，以建设工程施工阶段为主；在施工阶段，工程监理的服务对象是施工单位。

建设工程监理具有服务性、公正性、独立性和科学性。工程监理提供的是一种咨询服务，本质上是为业主提供项目管理服务；服务性是工程监理的根本属性。当管理中出现矛盾或当业主与承包商产生争端时，监理工程师应公正的处理事端；公正性是咨询监理业的国际惯例。《建设工程监理规范》1.0.9条明确规定：工程监理单位应公平、独立、诚信、科学地开展建设工程监理与相关服务活动。监理单位的独立性是公正性的基础和前提。工程监理是监理单位为项目业主提供的一种高智能的技术服务，其监理组织和监理运作都具有科学性，对监理人员素质的要求是科学性最根本的体现。

4.1.3 建设工程监理单位的资质

工程监理单位资质分为综合资质，专业资质和事务所资质，其中综合资质、事务所资质不分级别，专业资质分为甲、乙级，其中房屋建筑、水利水电、公路和市政公用专业资质可设立丙级。

工程监理单位提供的是高智能技术服务，因此对其人员的素质要求较高。不同资质等级的监理单位对专业人员的要求不同、允许其承担监理工程的范围也不同；资质等级越高对其专业人员的要求越高、可承揽工程监理的范围越大。《工程监理企业资质管理规定》中对此有明确的规定。

4.1.3.1 建设工程监理单位人员构成

综合资质建设工程监理单位技术负责人应为注册监理工程师，并具有15年以上从事工程建设工作的经历或者具有工程类高级职称。注册监理工程师不少于60人，注册造价工程师不少于5人，一级注册建造师、一级注册建筑师、一级注册结构工程师或者其它勘察设计注册工程师合计不少于15人次。

专业甲级资质建设工程监理单位技术负责人应为注册监理工程师，并具有15年以上从事工程建设工作的经历或者具有工程类高级职称。注册监理工程师、注册造价工程师、一级注册建造师、一级注册建筑师、一级注册结构工程师或者其它勘察设计注册工程师合计不少于25人次；其中，相应专业注册监理工程师不少于《专业资质注册监理工程师人数配备表》（表4-1）中要求配备的人数，注册造价工程师不少于2人。

专业乙级资质建设工程监理单位技术负责人应为注册监理工程师，并具有10年以上从事工程建设工作的经历。注册监理工程师、注册造价工程师、一级注册建造师、一级注册建筑师、一级注册结构工程师或者其它勘察设计注册工程师合计不少于15人次。其中，相应专业注册监理工程师不少于《专业资质注册监理工程师人数配备表》（表4-1）中要求配备的人数，注册造价工程师不少于1人。

专业丙级资质建设工程监理单位技术负责人应为注册监理工程师，并具有8年以上从事工程建设工作的经历。相应专业的注册监理工程师不少于《专业资质注册监理工程师人数配备表》（表4-1）中要求配备的人数。

表4-1　专业资质注册监理工程师人数配备表

序号	工程类别	甲级（人）	乙级（人）	丙级（人）
1	房屋建筑工程	15	10	5
2	冶炼工程	15	10	
3	矿山工程	20	12	
4	化工石油工程	15	10	
5	水利水电工程	20	12	5
6	电力工程	15	10	
7	农林工程	15	10	
8	铁路工程	23	14	
9	公路工程	20	12	5
10	港口与航道工程	20	12	
11	航天航空工程	20	12	
12	通信工程	20	12	
13	市政公用工程	15	10	5
14	机电安装工程	15	10	

注：表中各专业资质注册监理工程师人数配备是指企业取得本专业工程类别注册的注册监理工程师人数。

4.1.3.2　建设工程监理单位业务范围

工程监理企业资质相应许可的业务范围如下：

（1）综合资质

可以承担所有专业工程类别建设工程项目的工程监理业务。

（2）专业资质

① 专业甲级资质　可承担相应专业工程类别建设工程项目的工程监理业务（表4-2）。

② 专业乙级资质　可承担相应专业工程类别二级以下（含二级）建设工程项目的工程监理业务（表4-2）。

③ 专业丙级资质　可承担相应专业工程类别三级建设工程项目的工程监理业务（表4-2）。

（3）事务所资质

可承担三级建设工程项目的工程监理业务（表4-2），但是，国家规定必须实行强制监理的工程除外。

工程监理企业可以开展相应类别建设工程的项目管理、技术咨询等业务。

表4-2　专业工程类别和等级表

序号	工程类别		一级	二级	三级
一	房屋建筑工程	一般公共建筑	28层以上；36m跨度以上（轻钢结构除外）；单项工程建筑面积3万平方米以上	14～28层；24～36m跨度（轻钢结构除外）；单项工程建筑面积1万～3万平方米	14层以下；24m跨度以下（轻钢结构除外）；单项工程建筑面积1万平方米以下

续表

序号	工程类别		一级	二级	三级
一	房屋建筑工程	高耸构筑工程	高度120m以上	高度70～120m	高度70m以下
		住宅工程	小区建筑面积12万平方米以上；单项工程28层以上	建筑面积6万～12万平方米；单项工程14～28层	建筑面积6万平方米以下；单项工程14层以下
二	冶炼工程	钢铁冶炼、连铸工程	年产100万吨以上；单座高炉炉容1250立方米以上；单座公称容量转炉100t以上；电炉50t以上；连铸年产100万吨以上或板坯连铸单机1450mm以上	年产100万吨以下；单座高炉炉容1250m^3以下；单座公称容量转炉100t以下；电炉50t以下；连铸年产100万吨以下或板坯连铸单机1450mm以下	
		轧钢工程	热轧年产100万吨以上，装备连续、半连续轧机；冷轧带板年产100万吨以上，冷轧线材年产30万吨以上或装备连续、半连续轧机	热轧年产100万吨以下，装备连续、半连续轧机；冷轧带板年产100万吨以下，冷轧线材年产30万吨以下或装备连续、半连续轧机	
		冶炼辅助工程	炼焦工程年产50万吨以上或炭化室高度4.3m以上；单台烧结机100m^2以上；小时制氧300m^3以上	炼焦工程年产50万吨以下或炭化室高度4.3m以下；单台烧结机100m^2以下；小时制氧300m^3以下	
		有色冶炼工程	有色冶炼年产10万吨以上；有色金属加工年产5万吨以上；氧化铝工程40万吨以上	有色冶炼年产10万吨以下；有色金属加工年产5万吨以下；氧化铝工程40万吨以下	
		建材工程	水泥日产2000t以上；浮化玻璃日熔量400t以上；池窑拉丝玻璃纤维、特种纤维；特种陶瓷生产线工程	水泥日产2000t以下；浮化玻璃日熔量400t以下；普通玻璃生产线；组合炉拉丝玻璃纤维；非金属材料、玻璃钢、耐火材料、建筑及卫生陶瓷厂工程	
三	矿山工程	煤矿工程	年产120万吨以上的井工矿工程；年产120万吨以上的洗选煤工程；深度800m以上的立井井筒工程；年产400万吨以上的露天矿山工程	年产120万吨以下的井工矿工程；年产120万吨以下的洗选煤工程；深度800m以下的立井井筒工程；年产400万吨以下的露天矿山工程	
		冶金矿山工程	年产100万吨以上的黑色矿山采选工程；年产100万吨以上的有色砂矿采、选工程；年产60万吨以上的有色脉矿采、选工程	年产100万吨以下的黑色矿山采选工程；年产100万吨以下的有色砂矿采、选工程；年产60万吨以下的有色脉矿采、选工程	
		化工矿山工程	年产60万吨以上的磷矿、硫铁矿工程	年产60万吨以下的磷矿、硫铁矿工程	
		铀矿工程	年产10万吨以上的铀矿；年产200t以上的铀选冶	年产10万吨以下的铀矿；年产200t以下的铀选冶	
		建材类非金属矿工程	年产70万吨以上的石灰石矿；年产30万吨以上的石膏矿、石英砂岩矿	年产70万吨以下的石灰石矿；年产30万吨以下的石膏矿、石英砂岩矿	
四	化工石油工程	油田工程	原油处理能力150万吨/年以上、天然气处理能力150万立方米/天以上、产能50万吨以上及配套设施	原油处理能力150万吨/年以下、天然气处理能力150万立方米/天以下、产能50万吨以下及配套设施	
		油气储运工程	压力容器8MPa以上；油气储罐10万立方米/台以上；长输管道120km以上	压力容器8MPa以下；油气储罐10万立方米/台以下；长输管道120km以下	

续表

序号	工程类别		一级	二级	三级
四	化工石油工程	炼油化工工程	原油处理能力在500万吨/年以上的一次加工及相应二次加工装置和后加工装置	原油处理能力在500万吨/年以下的一次加工及相应二次加工装置和后加工装置	
		基本原材料工程	年产30万吨以上的乙烯工程；年产4万吨以上的合成橡胶、合成树脂及塑料和化纤工程	年产30万吨以下的乙烯工程；年产4万吨以下的合成橡胶、合成树脂及塑料和化纤工程	
		化肥工程	年产20万吨以上合成氨及相应后加工装置；年产24万吨以上磷氨工程	年产20万吨以下合成氨及相应后加工装置；年产24万吨以下磷氨工程	
		酸碱工程	年产硫酸16万吨以上；年产烧碱8万吨以上；年产纯碱40万吨以上	年产硫酸16万吨以下；年产烧碱8万吨以下；年产纯碱40万吨以下	
		轮胎工程	年产30万套以上	年产30万套以下	
		核化工及加工工程	年产1000吨以上的铀转换化工工程；年产100t以上的铀浓缩工程；总投资10亿元以上的乏燃料后处理工程；年产200t以上的燃料元件加工工程；总投资5000万元以上的核技术及同位素应用工程	年产1000t以下的铀转换化工工程；年产100t以下的铀浓缩工程；总投资10亿元以下的乏燃料后处理工程；年产200t以下的燃料元件加工工程；总投资5000万元以下的核技术及同位素应用工程	
		医药及其它化工工程	总投资1亿元以上	总投资1亿元以下	
五	水利水电工程	水库工程	总库容1亿立方米以上	总库容1千万～1亿立方米	总库容1千万立方米以下
		水力发电站工程	总装机容量300MW以上	总装机容量50～300MW	总装机容量50MW以下
		其它水利工程	引调水堤防等级1级；灌溉排涝流量$5m^3/s$以上；河道整治面积30万亩以上；城市防洪城市人口50万人以上；围垦面积5万亩以上；水土保持综合治理面积$1000km^2$以上	引调水堤防等级2、3级；灌溉排涝流量$0.5\sim5m^3/s$；河道整治面积3万～30万亩；城市防洪城市人口20万～50万人；围垦面积0.5万～5万亩；水土保持综合治理面积$100\sim1000km^2$	引调水堤防等级4、5级；灌溉排涝流量$0.5m^3/s$以下；河道整治面积3万亩以下；城市防洪城市人口20万人以下；围垦面积0.5万亩以下；水土保持综合治理面积$100km^2$以下
六	电力工程	火力发电站工程	单机容量30万千瓦以上	单机容量30万千瓦以下	
		输变电工程	330千伏以上	330千伏以下	
		核电工程	核电站；核反应堆工程		
七	农林工程	林业局（场）总体工程	面积35万公顷以上	面积35万公顷以下	
		林产工业工程	总投资5000万元以上	总投资5000万元以下	
		农业综合开发工程	总投资3000万元以上	总投资3000万元以下	
		种植业工程	2万亩以上或总投资1500万元以上	2万亩以下或总投资1500万元以下	
		兽医/畜牧工程	总投资1500万元以上	总投资1500万元以下	
		渔业工程	渔港工程总投资3000万元以上；水产养殖等其他工程总投资1500万元以上	渔港工程总投资3000万元以下；水产养殖等其他工程总投资1500万元以下	

续表

序号	工程类别		一级	二级	三级
七	农林工程	设施农业工程	设施园艺工程1公顷以上；农产品加工等其他工程总投资1500万元以上	设施园艺工程1公顷以下；农产品加工等其他工程总投资1500万元以下	
		核设施退役及放射性三废处理处置工程	总投资5000万元以上	总投资5000万元以下	
八	铁路工程	铁路综合工程	新建、改建一级干线；单线铁路40km以上；双线30km以上及枢纽	单线铁路40km以下；双线30km以下；二级干线及站线；专用线、专用铁路	
		铁路桥梁工程	桥长500m以上	桥长500m以下	
		铁路隧道工程	单线3000m以上；双线1500m以上	单线3000m以下；双线1500m以下	
		铁路通信、信号、电力电气化工程	新建、改建铁路（含枢纽、配、变电所、分区亭）单双线200km及以上	新建、改建铁路（不含枢纽、配、变电所、分区亭）单双线200km及以下	
九	公路工程	公路工程	高速公路	高速公路路基工程及一级公路	一级公路路基工程及二级以下各级公路
		公路桥梁工程	独立大桥工程；特大桥总长1000m以上或单跨跨径150m以上	大桥、中桥桥梁总长30～1000m或单跨跨径20～150m	小桥总长30m以下或单跨跨径20m以下；涵洞工程
		公路隧道工程	隧道长度1000m以上	隧道长度500～1000m	隧道长度500m以下
		其它工程	通讯、监控、收费等机电工程，高速公路交通安全设施、环保工程和沿线附属设施	一级公路交通安全设施、环保工程和沿线附属设施	二级及以下公路交通安全设施、环保工程和沿线附属设施
十	港口与航道工程	港口工程	集装箱、件杂、多用途等沿海港口工程20000t级以上；散货、原油沿海港口工程30000t级以上；1000t级以上内河港口工程	集装箱、件杂、多用途等沿海港口工程20000t级以下；散货、原油沿海港口工程30000t级以下；1000t级以下内河港口工程	
		通航建筑与整治工程	1000t级以上	1000t级以下	
		航道工程	通航30000t级以上船舶沿海复杂航道；通航1000t级以上船舶的内河航运工程项目	通航30000t级以下船舶沿海航道；通航1000t级以下船舶的内河航运工程项目	
		修造船水工工程	10000t位以上的船坞工程；船体重量5000t位以上的船台、滑道工程	10000t位以下的船坞工程；船体重量5000t位以下的船台、滑道工程	
		防波堤、导流堤等水工工程	最大水深6m以上	最大水深6m以下	
		其它水运工程项目	建安工程费6000万元以上的沿海水运工程项目；建安工程费4000万元以上的内河水运工程项目	建安工程费6000万元以下的沿海水运工程项目；建安工程费4000万元以下的内河水运工程项目	
十一	航天航空工程	民用机场工程	飞行区指标为4E及以上及其配套工程	飞行区指标为4D及以下及其配套工程	
		航空飞行器	航空飞行器（综合）工程总投资1亿元以上；航空飞行器（单项）工程总投资3000万元以上	航空飞行器（综合）工程总投资1亿元以下；航空飞行器（单项）工程总投资3000万元以下	

续表

序号	工程类别		一级	二级	三级
十一	航天航空工程	航天空间飞行器	工程总投资3000万元以上；面积3000平方米以上；跨度18m以上	工程总投资3000万元以下；面积3000平方米以下；跨度18m以下	
十二	通信工程	有线、无线传输通信工程，卫星、综合布线	省际通信、信息网络工程	省内通信、信息网络工程	
		邮政、电信、广播枢纽及交换工程	省会城市邮政、电信枢纽	地市级城市邮政、电信枢纽	
		发射台工程	总发射功率500kW以上短波或600kW以上中波发射台；高度200m以上广播电视发射塔	总发射功率500kW以下短波或600kW以下中波发射台；高度200m以下广播电视发射塔	
十三	市政公用工程	城市道路工程	城市快速路、主干路，城市互通式立交桥及单孔跨径100m以上桥梁；长度1000m以上的隧道工程	城市次干路工程，城市分离式立交桥及单孔跨径100m以下的桥梁；长度1000m以下的隧道工程	城市支路工程、过街天桥及地下通道工程
		给水排水工程	10万吨/日以上的给水厂；5万吨/日以上污水处理工程；$3m^3/s$以上的给水、污水泵站；$15m^3/s$以上的雨泵站；直径2.5m以上的给排水管道	2万～10万吨/日的给水厂；1万～5万吨/日污水处理工程；1～$3m^3/s$的给水、污水泵站；5～$15m^3/s$的雨泵站；直径1～2.5m的给水管道；直径1.5～2.5m的排水管道	2万吨/日以下的给水厂；1万吨/日以下污水处理工程；1立方米/秒以下的给水、污水泵站；$5m^3/s$以下的雨泵站；直径1m以下的给水管道；直径1.5m以下的排水管道
		燃气热力工程	总储存容积$1000m^3$以上液化气贮罐场（站）；供气规模15万立方米/日以上的燃气工程；中压以上的燃气管道、调压站；供热面积150万平方米以上的热力工程	总储存容积$1000m^3$以下的液化气贮罐场（站）；供气规模15万立方米/日以下的燃气工程；中压以下的燃气管道、调压站；供热面积50万～150万平方米的热力工程	供热面积50万平方米以下的热力工程
		垃圾处理工程	1200t/d以上的垃圾焚烧和填埋工程	500～1200t/d的垃圾焚烧及填埋工程	500t/d以下的垃圾焚烧及填埋工程
		地铁轻轨工程	各类地铁轻轨工程		
		风景园林工程	总投资3000万元以上	总投资1000万～3000万元	总投资1000万元以下
十四	机电安装工程	机械工程	总投资5000万元以上	总投资5000万元以下	
		电子工程	总投资1亿元以上；含有净化级别6级以上的工程	总投资1亿元以下；含有净化级别6级以下的工程	
		轻纺工程	总投资5000万元以上	总投资5000万元以下	
		兵器工程	建安工程费3000万元以上的坦克装甲车辆、炸药、弹箭工程；建安工程费2000万元以上的枪炮、光电工程；建安工程费1000万元以上的防化民爆工程	建安工程费3000万元以下的坦克装甲车辆、炸药、弹箭工程；建安工程费2000万元以下的枪炮、光电工程；建安工程费1000万元以下的防化民爆工程	
		船舶工程	船舶制造工程总投资1亿元以上；船舶科研、机械、修理工程总投资5000万元以上	船舶制造工程总投资1亿元以下；船舶科研、机械、修理工程总投资5000万元以下	
		其它工程	总投资5000万元以上	总投资5000万元以下	

4.2 建设工程监理招标

建设工程监理招标是指建设单位（业主）发出招标公告或投标邀请书，说明招标的工程、货物、服务的范围、标段（标包）划分、数量、工程监理单位投标人的资格要求等，邀请特定或不特定的工程监理单位投标人在规定的时间、地点按照一定的程序进行投标的行为。

建设工程市场中，建设单位将工程监理业务委托给哪个监理单位，由建设单位决定，即建设单位具有监理单位的选择权；工程监理单位是否愿意接受建设单位的委托是监理单位的权利。

工程监理单位承揽监理业务通常有两种方式，一是通过投标竞争获得工程监理任务，二是建设单位直接委托得到工程监理任务。

我国有关法规规定，建设单位一般通过公开招投标的方式选择监理单位。对于不宜进行公开招标的保密工程或者专业性较强的工程可以采用邀请招标；即邀请三家或三家以上符合要求的监理单位参与投标。对于工程规模较小等特殊情况，建设单位可以将工程监理任务直接委托给指定的工程监理单位。

4.2.1 工程监理招标的目的

工程监理招标的标的是工程监理服务，是为工程项目建设过程提供监督、管理、协调、咨询等服务。与工程项目建设中其他各类招标的本质区别在于监理单位不承担施工任务、不提供工程建设原材料与制品。因此工程监理招标的目的是获取建设单位满意的工程监理服务。

工程监理服务工作完成的好坏不仅与监理单位的资质、信誉、管理水平有关，而且与派驻项目执行监理任务人员的专业能力、工程经验、判断能力、风险意识等有关。因此招标选择工程监理单位时，建设单位主要考察的是工程监理单位的监理能力、信誉、业绩、监理方案、人员配置等方面，而不是价格。

工程监理招标通常是把对监理服务的选择放在第一位，工程监理报价的选择是放在次要地位的。工程监理单位提供的是高质量的管理服务，往往能使招标人获得降低工程造价、缩短工期、保证工程质量的实际效益；如果工程监理服务费用过低，工程监理单位为了维护自己的经济利益采取减少监理人员数量或多派驻专业技术与管理水平差、工资低的人员，其结果必然给工程项目带来损害。

对于参加投标的工程监理单位来说，工程监理服务质量与监理服务费用之间应有相应的平衡关系，建设工程监理与相关服务收费，应当体现优质优价的原则；对于招标人，应在工程监理服务质量相当的投标人之间进行价格比较。

4.2.2 工程监理收费标准

按照国家发展和改革委员会、建设部发布的《建设工程监理与相关服务收费标准》（发改价格[2007]670号）规定，监理人应当按照《关于商品和服务实行明码标价的规定》，告知发包人有关服务项目、服务内容、服务质量、收费依据，以及收费标准。发包人和监理人应当遵守国家有关价格法律法规的规定，接受政府价格主管部门的监督、管理。

4.2.2.1 施工监理服务收费

建设工程监理与相关服务收费包括建设工程施工阶段的工程监理（简称“施工监理”）服务收费和勘察、设计、保修等阶段的相关服务（简称“其他阶段的相关服务”）收费。

铁路、水运、公路、水电、水库工程的施工监理服务收费按建筑安装工程费分档定额计费方式计算收费。其他工程的施工监理服务收费按照建设项目工程概算投资额分档定额计费方式计算收费。

施工监理服务收费按照下列公式计算：

施工监理服务收费=施工监理服务收费基准价×（1±浮动幅度值）

施工监理服务收费基准价=施工监理服务收费基价×专业调整系数×工程复杂程度调整系数×高程调整系数

施工监理服务收费基价是完成国家法律、法规规定的施工阶段监理基本服务内容的价格。施工监理服务收费基价按《施工监理服务收费基价表》（表4-3）确定，计费额处于两个数值区间的，采用直线内插法确定施工监理服务收费基价。

表4-3 施工监理服务收费基价表

序号	计费额/万元	收费基价/万元
1	500	16.5
2	1000	30.1
3	3000	78.1
4	5000	120.8
5	8000	181.0
6	10000	218.6
7	20000	393.4
8	40000	708.2
9	60000	991.4
10	80000	1255.8
11	100000	1507.0
12	200000	2712.5
13	400000	4882.6
14	600000	6835.6
15	800000	8658.4
16	1000000	10390.1

注：计费额大于1000000万元的，以计费额乘以1.04%的收费率计算收费基价。

4.2.2.2 其他阶段的相关服务收费

其他阶段的相关服务收费一般按相关服务工作所需工日和《建设工程监理与相关服务人员人工日费用标准》（表4-4）收费。

表4-4 建设工程监理与相关服务人员人工日费用标准

建设工程监理与相关服务人员职级	工日费用标准/元
高级专家	1000～1200
高级专业技术职称的监理与相关服务人员	800～1000
中级专业技术职称的监理与相关服务人员	600～800
初级及以下专业技术职称监理与相关服务人员	300～600

注：本表适用于提供短期服务的人工费用标准。

对于《建设工程监理与相关服务收费标准》以外的其他服务收费，国家有规定的，从其规定；国家没有收费规定的，由发包人与监理人协商确定。

4.2.3 工程监理招标程序

建设单位可选择自行招标或者委托招标的形式进行工程监理招标，建设单位作为招标人应根据自身工程招标能力确定招标形式。

自行组织招标的招标人应具有下列条件：

① 有专门的招标组织机构；

② 有编制招标文件和组织评标的能力；

③ 有与工程规模、复杂程度相适应并具有同类工程招标经验、熟悉有关工程招标法律法规的工程技术、概预算及工程管理的专业人员。

招标单位也可以委托招标代理机构组织招标，招标人有权自行选择招标代理机构。

工程监理招标应在前期准备工作完成的前提下进行。工程监理招标前期准备工作，即工程监理招标需具备的招标条件如下：

① 建设工程已报建；

② 勘察、设计已发包；

③ 初步设计及概算已批准；

④ 具备监理招标所需的图纸和技术资料。

招标单位准备以上四方面的佐证材料，自行选择地点进行招标或前往所在地建设工程交易中心进行工程监理招标，工程监理招标程序如下：

① 准备资料　初步设计及概算批文，建筑总平面图，委托招标代理单位进行监理招标的委托合同，负责该项目招标的招标工程师名单（具备自行招标条件的招标人，无需后两项资料）。

② 编制招标文件。

③ 审查　核对材料是否齐全，核对是否符合发包条件，核对发包范围与项目规模相一致，核对招标代理单位经营业务范围、资质等级许可的范围是否与所代理工程项目相适应。

④ 发布招标信息（采用邀请招标时，发布邀请招标通知书）；招标公告应载明招标人的名称和地址、招标项目的基本要求、投标人的资质与要求及获取招标文件的办法等事项。

⑤ 向投标人发出资格预审通知书，对投标人进行资格预审。

⑥ 招标人向投标人发送或出售招标文件；投标人按此招标文件要求编制投标文件。

⑦ 招标人组织必要的答疑、现场勘查，编写答疑文件或招标补充文件。

⑧ 接受投标递送的投标文件；投标人应具有与招标项目相适应的监理资质，并在业绩、技术能力、人员、设备条件等方面满足招标公告的要求。

⑨ 招标人组织开标、评标、决标　开标是由招标人组织，全体投标人见证其拆封标书、选读关键内容的过程；评标即组织评标会议，依据招标文件中规定的评标细则，进行评审；评审结果应给出第一中标候选人、第二、三中标备选人的排序。向全体投标人发布评审结果，也称决标或定标。

⑩ 建设单位与第一中标候选人签订建设工程监理合同，如第一中标候选人放弃中标机会，则按顺序，明确第二中标备选人为中标人，并与其签订建设工程监理合同。即宣告本次招标结束。

⑪ 招标人确定中标单位后，向招投标管理机构提交招投标情况的书面报告。

⑫ 招标人向全体投标人发出中标或者未中标通知书。

⑬ 招标人与中标单位按照招投标文件要求签订委托监理书面合同，招标工作结束并在5个工作日内向当地建设管理部门备案。

⑭ 投标人向业主方报送监理规划，实施工程监理工作。

4.2.4 建设工程监理招标文件的主要内容

招标文件是招标人或招标代理机构编制的，向投标人提供的为投标工作所必需的文件，其内容主要阐明所要委托监理服务的工程项目性质、范围和要求，明确告知投标人本次投标程序、评标定标标准以及订立合同的条件等，其作用在于指导投标人进行投标。

建设工程监理招标文件一般包含下列内容：招标公告或投标邀请函、投标人须知、合同条件、合同格式、工程技术文件、投标文件的格式。

（1）发布招标公告或投标邀请函

招标备案后根据招标方式，发布招标公告或投标邀请函；公开招标项目必须发布招标公告，招标公告是用以指导监理单位投标的公告，需在国家和省（直辖市、自治区）规定的报刊或信息网络等媒介上公开发布。投标邀请函是邀请招标项目的招标人发给拟参加投标的监理单位的信函。招标人可以向3个以上符合资质条件的投标人发出投标邀请函。

招标人根据工程规模、复杂程度或技术难度等情况可以采取资格预审或资格后审。

招标公告或投标邀请函的具体格式可由招标人自定。内容通常包括：招标单位名称；建设项目资金来源；项目概况；本次招标工作的简要介绍；实行资格预审的项目，招标人应当在招标公告或投标邀请函中明确资格预审的条件和获取资格预审文件的时间、地点等事项。

（2）投标人须知

投标人须知是投标人参加投标竞争和编制投标文件的主要依据，内容尽可能详尽。一般情况包括以下内容

① 总则　或称综合说明，应明确说明拟建工程项目的主要建设内容、规模、工程等级、地点、总投资、现场条件、预计的开竣工日期等；同时还应列出招标时间计划表，以及招标单位的地址、电话等信息，以便联系。

② 合格条件和资格要求　说明本次招标对投标人的最低资格要求，评审内容，投标人应提供资格的有关材料等。对于允许联合体投标的，即由两个或两个以上监理单位组成联合体参加投标的，联合体组成成员之间应签订联合体协议书，并应共同委托一个主办单位为联合体代表，代表联合体在投标、签约和履行合同中承担义务和法律责任。

③ 委托监理任务大纲　明确招标人准备委托的工作范围，投标人据此编制监理大纲。大纲内说明的工作内容，允许投标人根据其监理目标作出进一步的完善与补充。

④ 招标投标程序　说明有关活动的时间和地点，如现场考察指引，答疑的时间、程序、方式；招标文件的组成；投标文件的组成；投标保证金数额、递交时间与递交方式；未按规定递交投标保证金与没收投标保证金的规定；投标文件递送方式、地点、截止日期。同时还应说明，如招标公告发布补充文件，发出补充文件应在提交投标文件截止时间至少15日前，以书面形式通知所有招标文件收受人。这也是招标人应当遵守的规定。

⑤ 投标费用　明确规定投标人编制投标文件、获取招标文件以及参加投标活动所发生的一切费用由谁承担；招标人向投标人支付投标文件补偿费的金额、支付时间，以及不支付投标补偿费的条件。在工程监理服务招标活动中，一般项目的投标人应自行承担编制投标文件及参加投标的各种费用，除非招标项目技术复杂导致投标文件的编制工作量很大时，招标人应酌情向投标人支付补偿金。

⑥ 评标原则　说明评标时各项因素的权重、评分方法、中标人的选定规则。

（3）合同条件

合同条件一般也称合同条款，它是合同商务条款的重要组成部分。其主要目的是告知投标人在中标后，招标人签订监理合同的权利义务。这些合同条款主要是合同当事人双方的职责范围、合同的履行方式、违约责任、争议解决的方法和其他应考虑的条款，也是签订监理

合同的基础。

招标人与中标人签订的监理委托合同应采用建设部和国家工商行政管理总局联合颁布的《建设工程委托监理合同》（GF-2000-0202）标准化文本，合同的标准条件部分一般不得改动，双方可结合监理任务的工程项目特点、地域特点对标准条件予以补充、细化或修改。专用条款可根据工程项目的特殊性、双方的具体要求编写、修改。

（4）工程技术文件

工程技术文件是投标人完成委托监理任务的依据，包括以下内容：

① 工程项目建议书；

② 工程项目批复文件；

③ 可行性研究报告及审批文件；

④ 应遵循的有关技术规定；

⑤ 必要的设计文件、施工图纸和有关资料。

（5）投标文件

① 投标文件格式；

② 监理大纲的主要内容要求；

③ 投标单位对投标负责人的授权格式；

④ 履约保函格式；

⑤ 投标保证金格式；

⑥ 各类附表。

4.3 建设工程监理招标评标

评标时建设工程监理确定中标候选人的关键环节，开标是进行评标和确认有效投标的前提条件。

4.3.1 建设工程监理开标

（1）开标程序

① 按招标文件规定的地点、日期、具体时间由招标单位或招标代理机构主持举行开标仪式，宣布招标会议开始。然后介绍参加会议的单位及各个单位到会的主要人员，宣布招标单位法人代表姓名、证件，或法人代理人姓名及授权委托书。《授权委托书》应有招标单位公章和其法人代表签名或盖章。

② 为了保证开标的公开性，可以邀请相关单位的代表，如招标项目主管部门人员、评标委员会成员、监察部门代表及公证人员参加。

③ 主持本次会议的招标单位或招标代理机构检验各投标单位法人代表证件或法人代理人的授权委托书和身份证，检验投标人的项目总监理工程师证书和身份证复印件。

④ 请投标代理人或者其推选的代表、或者招标人委托的公正机构当场对投标文件的密封、签署等情况进行检查，以确认其有效性。

（2）唱标

① 根据招标文件规定的顺序进行唱标，通常是按递交投标文件的先后顺序进行唱标。

② 由投标人宣读投标简况一览表，由招标工作人员宣读投标人名称、投标价格和投标文件的其他主要内容，并由会议记录人逐一记录。

③ 唱标过程记录内容，应请投标单位法人代表或法人代理人签字确认。

（3）废标处理

开标时如遇到下列情况之一者，均应宣布废标：

① 未密封或书写标记不符合招标文件要求的标书；

② 未加盖单位公章和法人代表或法人代表委托代理人印章的标书；

③ 未按规定格式填写，内容不全或字迹不清无法辨认的标书；

④ 逾期送达的标书；

⑤ 投标人未按招标文件的要求提供投标保证金或者投标保函。

4.3.2 建设工程监理招标评标

对有效投标标书进行评审，根据招标文件规定的评标办法进行评标，是确定中标候选人的关键环节。

4.3.2.1 评标原则

① 评标由招标人依法组建的评标委员会负责。

② 评标委员会应按照严肃认真、公平、公正、客观全面、科学合理、严格保密、竞争优选的原则进行评标，保证所有投标人的合法权益。

③ 任何单位和个人不得非法干预、影响评标的过程和结果。

④ 评标委员会可以要求投标人对投标文件中含义不明确的内容作必要的澄清或说明，但澄清或说明不能超出投标文件的范围或改变投标文件的实质性内容。

⑤ 评标委员会经评审，认为所有投标都不符合招标文件要求的，可以否决所有投标。

4.3.2.2 投标标准和方法

评标委员会应当按照招标文件确定的评标标准和方法，对投标文件进行评审和比较，这实质上也是保证了评标的公正性和公平性。目前工程监理招标的评标应充分体现监理招标的特点，突出对投标人监理能力的评比。

（1）建设工程监理评标的原则及主要内容

① 技术能力是否达到工程监理要求；

② 管理能力是否符合工程监理要求；

③ 监理方法是否科学；

④ 监理措施是否先进；

⑤ 监理取费是否合理。

（2）建设工程监理评标标准和方法

建设工程监理评标通常采用综合评分法，评标委员会依据招标文件中的评分细则进行评分，按分数排序，推选出中标候选人。

具体操作分为两部分：一部分是依据评分细则，对客观内容进行客观公正的评分，评标委员会各成员评分分数一致；另一部分是对主观内容进行评议，评标委员会成员依据评议结果与评分细则，自行判断评分；评标委员会各成员评分分数可以不一致。

评分细则由技术评审和商务评审两部分组成，一般要考虑以下因素：

① 总监理工程师的职称、注册情况、监理经历与业绩等；

② 拟派驻的监理机构成员的基本情况；

③ 监理单位的信誉、近几年类似工程监理业绩；

④ 工程监理大纲与管理措施；

⑤ 监理报价。

4.3.2.3 评标委员会的组建

根据《招标投标法》规定，依法必须进行招标的项目，其评标委员会由招标人的代表和有关技术、经济等方面的专家组成，成员人数为五人以上单数，其中技术、经济等方面的专家不得少于成员总数的三分之二。

评标专家应当从事相关领域工作满八年并具有高级职称或者具有同等专业水平，由招标人从国务院有关部门或者省、自治区、直辖市人民政府有关部门提供的专家名册或者招标代理机构的专家库内的相关专业的专家名单中确定；一般招标项目可以采取随机抽取方式，特殊招标项目可以由招标人直接确定。

为了保证评标委员会成员依照《招标投标法》和《招投标法实施条例》的规定，按照招标文件规定的评标标准和方法，客观、公正地对投标文件提出评审意见，同时还规定，与投标人有利害关系的人不得进入相关项目的评标委员会；已经进入的应当更换；评标委员会成员的名单在中标结果确定前应当保密；招标人应当采取必要的措施，保证评标在严格保密的情况下进行，任何单位和个人不得非法干预、影响评标的过程和结果。

4.3.2.4 评标程序

（1）评标准备

评标活动开始以前，评标委员会成员应当认真研究招标文件，了解招标的目的、监理任务的内容、范围、主要技术要求与标准、评审要素等。招标人应向评标委员会提供有关招标的重要信息，如项目的周边情况、项目的预期目标等。

（2）初步评审

初步评审也称符合性审查，是对投标文件的有效性、完整性进行审查，审查投标文件对招标文件中实质性内容的响应情况，如不符合要求则视为不合格投标，不进入下一步的评审。

未实质响应招标文件的情形常见的有以下几种情况，投标文件内容不全；资格审查不合格；联合体参加投标，但其成员组成发生实质性改变未征得招标人同意；未按招标文件规定提供投标保证书及其他保证函件的，或者提供的保证或函件不符合要求的；监理报价浮动率超过招标文件规定的；总监理工程师所持有的证书不符合招标文件要求的；对投标文件中出现的细微偏差，评标委员会可以要求投标人予以补正而投标人不响应的。

经过初步审查，合格的投标文件进入下一轮详细评审阶段。经过初步评审，评审专家对各投标人的报价、投标文件的响应情况有了初步的认识，在详细评审阶段将会对潜在的前几名投标人进行重点评审，所以初评阶段的评审对投标人和评标来说也是十分重要的。

（3）投标澄清

评标委员会可以要求投标人对投标文件中含义不明确的内容作必要的澄清或者说明，但是澄清或者说明不得超出投标文件的范围或者改变投标文件的实质性内容。

（4）总监答辩

依据投标文件中的文字表达进行评审是一种平面的评审方式，对投标单位的业绩、派出人员的情况，对工程的认识、措施、能力等情况主要凭投标文件中所写内容。而总监答辩方式是直观、真实的，能看到拟派出的总监理工程师的工作能力、专业水平、协调能力，是立体化的评审。

中标人在招标文件中如没有要求总监答辩，则无此评审阶段。

（5）详细评审

经初步评审合格的投标文件，评标委员会应当根据招标文件确定的评标标准和方法对其技术部分和商务部分作进一步评审、比较。在评审过程中应考虑的评审要素及评判标准，在评标细则中应载明。

（6）推荐中标候选人

评标委员会完成评标后，应当向招标人提出书面评标报告，并推荐合格的中标候选人。

按分数从高到低进行排序，不得超过3个中标候选人。

（7）提交书面评标报告

评标报告应当由评标委员会全体成员签字。对评标结果有不同意见的评标委员会成员应当以书面形式说明其不同意见和理由，评标报告应当注明该不同意见。评标委员会成员拒绝在评标报告上签字又不书面说明其不同意见和理由的，视为同意评标结果。如有监督员参加并监督评标过程的，监督员也应在评标报告上签名，并注明其身份。

4.3.3　定标与签订监理合同

（1）定标

招标人根据评标委员会提出的书面评标报告和推荐的中标候选人确定中标人。招标人也可以授权评标委员会直接确定中标人。

依法必须进行招标的项目，招标人应当自收到评标报告之日起3日内公示中标候选人，公示期不得少于3日。

投标人或者其他利害关系人对依法必须进行招标的项目的评标结果有异议的，应当在中标候选人公示期间提出。招标人应当自收到异议之日起3日内作出答复；作出答复前，应当暂停招标投标活动。

（2）签订监理合同

招标人不得向中标人提出压低监理服务费、增加工作量、延长监理工作时间等违背招标人意愿或超出招标文件、投标文件内容的要求，以此作为签订合同的要求。

招标人和投标人应当按照招标文件和投标人的投标文件自招标通知书发出之日起30日内签订书面监理合同。签订的监理合同应按规定在规定的时间内向有关管理部门备案。

4.4　建设工程监理投标

建设工程施工监理投标文件，是反映监理单位的综合实力和完成本监理任务能力的重要文献，也是招标人选择监理单位的主要依据。投标文件编制质量的高低直接关系到中标可能性的大小。编制监理投标文件必须遵循实事求是、诚实守信的原则，投标文件内容应以围绕为业主提供良好服务为中心思想，客观的反映投标人的过往业绩、监理能力及派驻本项目的监理组织等。

4.4.1　建设工程监理投标文件编制准备工作

投标人在编制投标文件前，应在熟悉国家及地方监理招投标的法律、法规基础上，认真研究招标文件内容，掌握有关规定和要求，特别注意以下几个方面。

① 明确监理工程范围、监理业务阶段以及每个阶段内的各项具体监理工作。

② 招标文件中有关时间的安排，如标前会议、现场考察的日期和时间，投标截止日期和时间，开标日期和时间，投标有效期，监理任务的起止时间等。

③ 招标文件中与费用有关的条款，如投标保证金、保险、奖励及违约条款等。

④ 建设单位为监理单位提供的条件以及是否免费，如有收费项目，收费标准如何。还应注意，需要监理单位自带的仪器、设备有哪些等，这些内容在计算监理费用时应予以考虑。如办公及生活设施、检测试验设备、测量仪器、交通车辆等。

⑤ 招标文件是否要求监理单位承担一些咨询业务和事务性工作；如有，则投标文件中应注意突出该部分的内容。

⑥ 投标文件中需要投标单位法定代表人与正式授权人签署，加盖单位公章的文件要求；

编制好的投标文件的包装、数量、密封方式和标记。

4.4.2 建设工程监理投标文件的编制

投标人编制投标文件时，一方面应按照招标文件的要求，填写招标文件中的格式文件，如投标承诺书、投标保证金、各类附表等；另一方面要认真编制好监理大纲；第三方面要确定监理投标报价。

建设工程监理投标文件的主要内容有：招标文件编制依据，监理大纲，建设工程监理投标报价，项目拟投入的人员，投标文件要求的其他内容，如监理业绩等。

4.4.2.1 编制依据

（1）国家及地方监理招投标的法律、法规

编制监理投标文件必须遵守《中华人民共和国招标投标法》、《中华人民共和国招标投标法实施条例》、《建设工程监理规范》等国家及地方的法律、法规，不得与国家、地方现行的有关法律法规相抵触。

（2）招标文件

招标文件是指导投标单位编制投标文件的重要依据。投标文件的次序、形式与内容符合招标文件的要求，是判定投标文件有效性的依据，投标文件编制人必须高度重视，按招标文件的要求进行编制。投标文件内容必须围绕招标文件的要求认真编写，客观有效地反映投标监理单位的监理能力，在满足招标文件各项要求的前提下，尽可能提供优质的服务、提出有创造性的合理化建议，争取中标。

（3）与专业工程相关的规范、标准（略）

4.4.2.2 监理大纲

监理大纲也称技术标书，是监理单位为获得监理任务在投标阶段编制的项目监理方案性文件，它是监理投标文件的组成部分。其目的是要使建设单位相信采用本单位的监理方案，能实现建设单位的投资目标和建设意图。监理大纲的作用是为监理单位的经营目标服务的，起着承接监理任务的作用。

监理大纲的内容包括：

① 工程概况；

② 监理工作依据；

③ 监理工作的目标和范围；

④ 主要监理措施或本工程监理的重点与难点；

⑤ 项目监理组织；

⑥ 监理人员的岗位职责；

⑦ 监理工作程序；

⑧ 施工阶段监理制度；

⑨ 监理设施。

4.4.2.3 建设工程监理投标报价

建设工程监理是一种有偿技术服务。监理投标报价是监理单位获取合理利润的前提下提出的监理服务费用总和。

监理费用由监理工作中监理直接成本、监理间接成本、监理利润和税金四部分组成。

（1）监理直接成本包括：

① 监理人员计时工资，有时包括同工资总额有关的费用；

② 可确定专项开支，如旅费和住宿费、电话电报费、复印和翻拍费、邮费、补助费、设备租赁费，以及计算机等仪器费用；

③ 所需外部服务支出。

（2）监理间接成本包括：

① 行政管理人员工资，如行政、管理、经销、后勤和指导人员薪金；

② 事假、病假和假日薪金支出，各类人员保险费支出，计入间接成本的税款，以及退休费等津贴支出；

③ 租赁费、公用费、办公用品费、维修费、邮费和差旅费，以及不宜列入直接成本的其他费用；

④ 办公室和设备维修费；

⑤ 支付给代理人和其它人员的费用；

⑥ 占用资产和贷款的固定支出，包括折旧费、保险费和利息等。

（3）税金

根据国家有关规定，由建设监理单位交缴的有关税金总额，如营业税和所得税等。

（4）监理利润

指建设监理单位费用收入扣除监理直接成本、监理间接成本和税金三部分之后的余额。

按照国家发展和改革委员会、建设部发布的《建设工程监理与相关服务收费管理规定》（发改价格[2007]670号）规定，建设工程监理与相关服务收费根据建设项目性质不同情况，分别实行政府指导价或市场调节价。依法必须实行监理的建设工程施工阶段的监理收费实行政府指导价；其它建设工程施工阶段的监理收费和其它阶段的监理与相关服务收费实行市场调节价。

实行政府指导价的建设工程施工阶段监理收费，其基准价根据《建设工程监理与相关服务收费标准》计算，浮动幅度为上下20%。发包人和监理人应当根据建设工程的实际情况在规定的浮动幅度内协商确定收费额。实行市场调节价的建设工程监理与相关服务收费，由发包人和监理人协商确定收费额。

建设工程监理与相关服务收费，应当体现优质优价的原则。在保证工程质量的前提下，由于监理人提供的监理与相关服务节省投资，缩短工期，取得显著经济效益的，发包人可根据合同约定奖励监理人。

4.4.3 递交投标文件

投标人应按要求提供足够份数的纸质版投标文件与规定格式的电子版文件，并提交投标保证金。投标人应在投标截止日期之前将投标文件送达指定地点。

在递交投标文件之后，至投标截止日期之前，投标人可以对所递交的投标文件进行修改或撤回，但所递交的修改或撤回通知必须按规定进行编制、密封和标记。

招标人或招标代理机构收到投标文件之后应检查投标文件是否按要求进行密封、标记，是否破损，并做好送达时间记录。对于检查和记录的结果双方应签字确认。投标截止时间过后，任何迟到的投标文件将被拒绝。

思考题

1. 何谓建设工程监理招标？何谓建设工程监理投标？

2. 工程监理单位资质分为哪几个等级？不同资质等级的工程监理单位，可承担的工程监理业务有何不同？

3. 简述工程监理招标程序。

4. 简述建设工程监理招标文件的主要内容。
5. 简述建设工程监理开标程序。
6. 建设工程监理投标文件编制前应做好哪些准备工作？
7. 简述建设工程监理投标文件的主要内容。
8. 何谓监理大纲？监理大纲包括哪些内容？
9. 监理费有哪四部分组成？每部分有哪些内容组成？

第5章 园林工程施工招标与投标

5.1 园林企业

5.1.1 园林工程与园林企业

5.1.1.1 园林工程

（1）园林工程概念

园林绿化工程（以下简称园林工程）是建设风景园林绿地的工程，泛指涵盖园林建筑工程在内的环境建设工程，包括园林建筑工程、园林筑山工程、园林理水工程、园林驳岸工程、园林铺地工程、绿化工程等，它是应用工程技术来表现园林艺术，使地面上的工程构筑物和园林景观融为一体的建设工程。

（2）园林工程特点

园林工程与一般的建筑工程项目有相似的地方，如园林工程的景观小品、园林建筑等所使用的钢筋、水泥、木料、砂、石子方面的建筑材料与一般建筑工程所使用的主要材料及施工规范相同，但也存在很大的不同，有些方面甚至是质的区别。这些区别，构成了以下园林工程的特点。

① 园林工程的部分实施对象，是有生命的活体。通过各种色彩植物、花卉、树木草皮的栽植与搭配，利用各种苗木的特殊功能，来达到清洁空气、吸尘降温隔音，营造与美化生活环境，它是源于林业与其他种植业而又有别于林业与其他种植业的特殊行业。

② 园林工程建成后必须提供养护计划和相关的资金投入。“三分种七分养”，种是短暂的，养护是长期的，只有进行不间断的精心养护管理，才能确保各种苗木的成活率和良好长势，以达到生态环境景观的特殊要求和效果。因此，园林绿化工程建成后仍须长期养护。

③ 园林工程对施工现场技术人员专业要求高。如果说，任何建筑都讲究美观的话，那么，园林绿化工程在景观小品、植物配置、古典建筑等方面则更讲究艺术性。要实现设计的最佳理念与境界，在一些设计部位需要施工现场技术人员的创造性劳动。如在假山堆叠、黄石驳岸、微地形处理等设计部位，同一张设计图纸，不同的施工技术人员，由于施工人员技能、熟练程度不同，出来的艺术效果就会不同，这就给工程施工技术人员提出了专业上的深层次要求和对于园林艺术美的特殊处理要求。

④ 园林工程工程量分散，监督管理不便。除大型的园建项目外，一般来说，园林绿化工程均作为建筑配套附属工程出现，其规模较小，施工场地分散，工程零散，不便于监督管理，较难全面控制工程质量。

⑤ 园林工程中的植物材料市场价格浮动较大。一些地方搜集整理出台了一些园林工程中的植物材料的厂商价格信息，但即使同一直径的植物，因形态各异，其市场价格也千差万别，因此植物材料的市场价格难以准确把握。因为植物材料的市场价格波动较大，园林工程施工效果往往有赖于施工单位的信誉，园林工程质量控制难度增大。

5.1.1.2 园林企业

（1）园林企业的概念

园林企业，也称城市园林绿化企业，是指从事各类城市园林绿地规划设计，组织承担城市园林绿化工程施工及养护管理，城市园林绿化苗木、花卉、盆景、草坪生产、养护和经营，提供有关城市园林绿化技术咨询、培训、服务等业务的所有企业，包括全民所有制企业、集体所有制企业、中外合资企业、中外合作经营企业、联营及股份制企业、私营企业和其他企业，均应纳入城市园林绿化行业管理范围，进行资质审查管理。

（2）园林企业的职责

园林企业职责为园林经营、设计、施工和管护，主要包括景观规划设计与咨询、园林工程施工与养护、园林苗木生产与销售、园林技术与材料的研发等。

（3）园林企业的资质

园林企业资质分设计类和工程类两大类。风景园林设计资质分为甲级、乙级、丙级；工程类的企业资质包括：城市园林绿化企业资质分为一级、二级、三级及三级以下；园林古建企业资质分为一级、二级、三级。

5.1.2 园林企业工程类资质标准及经营范围

5.1.2.1 城市园林绿化企业资质标准

根据《城市园林绿化企业资质等级标准》（建城[2009]157号），城市园林绿化企业资质一级企业由省、自治区建设行政主管部门，直辖市园林绿化行政主管部门预审，提出意见，报国务院建设行政主管部门审批发证。二级企业由所在省、自治区建设行政主管部门、直辖市园林绿化行政主管部门或其授权机关审批、发证，并报国务院建设行政主管部门备案。三级和三级以下企业由所在城市园林绿化行政主管部门审批、发证，报省、自治区建设行政主管部门备案。

5.1.2.1.1 *一级资质*

（1）资质标准

① 注册资金且实收资本不少于2000万元；企业固定资产净值在1000万元以上；企业园林绿化年工程产值近三年每年都在5000万元以上。

② 6年以上的经营经历，获得二级资质3年以上，具有企业法人资格的独立的专业园林绿化施工企业。

③ 近3年独立承担过不少于5个工程造价在800万元以上的已验收合格的园林绿化综合性工程。

④ 苗圃生产培育基地不少于200亩，并具有一定规模的园林绿化苗木、花木、盆景、草坪的培育、生产、养护能力。

⑤ 企业经理具有8年以上的从事园林绿化经营管理工作的资历或具有园林绿化专业高级技术职称，企业总工程师具有园林绿化专业高级技术职称，总会计师具有高级会计师职称，总经济师具有中级以上经济类专业技术职称。

⑥ 园林绿化专业人员以及工程、管理、经济等相关专业类的专职管理和技术人员不少于30人。具有中级以上职称的人员不少于20人，其中园林专业高级职称人员不少于2人，园林专业中级职称人员不少于10人，建筑、给排水、电气专业工程师各不少于1人。

⑦ 企业中级以上专业技术工人不少于30人，包括绿化工、花卉工、瓦工（或泥工）、木工、电工等相关工种。企业高级专业技术工人不少于10人，其中高级绿化工和/或高级花卉工总数不少于5人。

（2）经营范围

① 可承揽各种规模以及类型的园林绿化工程，包括：综合公园、社区公园、专类公园、带状公园等各类公园，生产绿地、防护绿地、附属绿地等各类绿地。

② 可承揽园林绿化工程中的整地、栽植及园林绿化项目配套的500m²以下的单层建筑（工具间、茶室、卫生设施等）、小品、花坛、园路、水系、喷泉、假山、雕塑、广场铺装、驳岸、单跨15m以下的园林景观人行桥梁、码头以及园林设施、设备安装项目等。

③ 可承揽各种规模以及类型的园林绿化养护管理工程。

④ 可从事园林绿化苗木、花卉、盆景、草坪的培育、生产和经营。

⑤ 可从事园林绿化技术咨询、培训和信息服务。

5.1.2.1.2　二级资质

（1）资质标准

① 注册资金且实收资本不少于1000万元；企业固定资产净值在500万元以上；企业园林绿化年工程产值近三年每年都在2000万元以上。

② 5年以上的经营经历，获得三级资质3年以上，具有企业法人资格的独立的专业园林绿化施工企业。

③ 近3年独立承担过不少于5个工程造价在400万元以上的已验收合格的园林绿化综合性工程。

④ 企业经理具有5年以上的从事园林绿化经营管理工作的资历或具有园林绿化专业中级技术职称，企业总工程师具有园林绿化专业高级技术职称，总会计师具有中级以上会计师职称，总经济师具有中级以上经济类专业技术职称。

⑤ 园林绿化专业人员以及工程、管理、经济等相关专业类的专职管理和技术人员不少于20人。具有中级以上职称的人员不少于12人，其中园林专业高级职称人员不少于1人，园林专业中级职称人员不少于5人，建筑、给排水、电气工程师各不少于1人。

⑥ 企业中级以上专业技术工人不少于20人，包括绿化工、花卉工、瓦工（或泥工）、木工、电工等相关工种。企业高级专业技术工人不少于6人，其中高级绿化工和/或高级花卉工总数不少于3人。

（2）经营范围

① 可承揽工程造价在1200万元以下的园林绿化工程，包括：综合公园、社区公园、专类公园、带状公园等各类公园，生产绿地、防护绿地、附属绿地等各类绿地。

② 可承揽园林绿化工程中的整地、栽植及园林绿化项目配套的200m²以下的单层建筑（工具间、茶室、卫生设施等）、小品、花坛、园路、水系、喷泉、假山、雕塑、广场铺装、驳岸、单跨10m以下的园林景观人行桥梁、码头以及园林设施、设备安装项目等。

③ 可承揽各种规模以及类型的园林绿化养护管理工程。

④ 可从事园林绿化苗木、花卉、盆景、草坪的培育、生产和经营，园林绿化技术咨询和信息服务。

5.1.2.1.3　三级资质

（1）资质标准

① 注册资金且实收资本不少于200万元，企业固定资产在100万元以上。

② 具有企业法人资格的独立的专业园林绿化施工企业。

③ 企业经理具有2年以上的从事园林绿化经营管理工作的资历或具有园林绿化专业初级以上技术职称，企业总工程师具有园林绿化专业中级以上技术职称。

④ 园林绿化专业人员以及工程、管理、经济等相关专业类的专职管理和技术人员不少

于10人，其中园林专业中级职称人员不少于2人。

⑤ 企业中级以上专业技术工人不少于10人，包括绿化工、瓦工（或泥工）、木工、电工等相关工种；其中高级绿化工和/或高级花卉工总数不少于3人。

（2）经营范围

① 可承揽工程造价在500万元以下园林绿化工程，包括：综合公园、社区公园、专类公园、带状公园等各类公园，生产绿地、防护绿地、附属绿地等各类绿地。

② 可承揽园林绿化工程中的整地、栽植及小品、花坛、园路、水系、喷泉、假山、雕塑、广场铺装、驳岸、单跨10m以下的园林景观人行桥梁、码头以及园林设施、设备安装项目等。

③ 可承揽各种规模以及类型的园林绿化养护管理工程。

④ 可从事园林绿化苗木、花卉、草坪的培育、生产和经营。

5.1.2.1.4　三级资质以下

三级资质以下企业只能承担50万元以下的纯绿化工程项目、园林绿化养护工程以及劳务分包，并限定在企业注册地所在行政区域内实施。具体标准由各省级主管部门参照上述规定自行确定。

5.1.2.2　园林古建筑工程专业承包企业资质等级标准

5.1.2.2.1　一级资质

（1）资质标准

① 企业近5年承担过2项以上单位仿古建筑面积600m^{2}以上或国家重点文物保护单位的主要古建筑或园林建筑修缮工程施工，工程质量合格。

② 企业经理具有10年以上从事工程管理工作经历或具有高级职称；总工程师具有10年以上从事施工技术管理工作或5年以上从事古建筑工程施工技术管理工作经历并具有相关专业高级职称；总会计师具有高级会计职称。

企业有职称的工程技术和经济管理人员不少于60，其中工程技术人员不少于40人；工程技术人员中，包括建筑、化学与文物保护在内的具有中级以上职称的人员不少于15人。

企业具有的一级资质项目经理不少于5人。

企业具有砧细工、木雕工、石雕工、砧刻工、泥塑工、彩绘工、推光漆工、匾额工、砌花街工等专业技术工人。

③ 企业注册资本金1000万元以上，企业净资产1200万元以上。

④ 企业近3年最高年工程结算收入1500万元以上。

⑤ 企业具有与承包工程范围相适应的施工机械和质量检测设备。

（2）承包工程范围

可承接各种规模及类型的仿古建筑工程、园林建筑工程及古建筑修缮工程的施工。

5.1.2.2.2　二级资质

（1）资质标准

① 企业近5年承担过2项以上单位仿古建筑面积300m^{2}以上或省级以上重点文物保护单位的主要古建筑或园林建筑修缮工程施工，工程质量合格。

② 企业经理具有5年以上从事工程管理工作经历或具有中级以上职称；技术负责人具有8年以上从事施工技术管理工作经历或3年以上从事古建筑工程施工技术管理工作经历并具有相关专业高级职称；财务负责人具有中级以上会计职称。

企业有职称的工程技术和经济管理人员不少于40人，其中工程技术人员不少于25人；工程技术人员中，包括建筑、化学与文物保护在内的具有中级以上职称的人员不少于8人。

企业具有的二级资质以上项目经理不少于5人。

企业具有砧细工、木雕工、石雕工、砧刻工、泥塑工、彩绘工、推光漆工、匾额工、砌花街工等专业技术工人。

③ 企业注册资本金500万元以上，企业净资产600万元以上。

④ 企业近3年最高年工程结算收入600万元以上。

⑤ 企业具有与承包工程范围相适应的施工机械和质量检测设备。

（2）承包工程范围

可承担单项合同额不超过企业注册资本金5倍且建筑面积800m^{2}及以下的单体仿古建筑工程、园林建筑，国家级200m^{2}及以下重点文物保护单位的古建筑修缮工程的施工。

5.1.2.2.3　三级资质

（1）资质标准

① 企业近5年承担过2项以上单位仿古建筑面积100m^{2}以上或县级以上重点文物保护单位的主要古建筑或园林建筑修缮工程的施工，工程质量合格。

② 企业经理具有3年以上从事工程管理工作经历；技术负责人具有5年以上从事施工技术管理工作经历或2年以上从事古建筑工程施工技术管理工作经历并具有相关专业中级以上职称；财务负责人具有初级以上会计职称。

企业有职称的工程技术和经济管理人员不少于20人，其中工程技术人员不少于10人。

企业具有的三级资质以上项目经理不少于3人。

企业具有砧细工、木雕工、石雕工、砧刻工、泥塑工、彩绘工、推光漆工、匾额工、砌花街工等专业技术工人。

③ 企业注册资本金250万元以上，企业净资产300万元以上。

④ 企业近3年最高年工程结算收入200万元以上。

⑤ 企业具有与承包工程范围相适应的施工机械和质量检测设备。

（2）承包工程范围

可承担单项合同额不超过企业注册资本金5倍且建筑面积400m^{2}及以下的单体仿古建筑工程、园林建筑，省级100m^{2}及以下重点文物保护单位的古建筑修缮工程的施工。

5.2　园林工程施工招标程序

5.2.1　工程建设项目施工招标条件

《工程建设项目施工招标投标办法》规定，依法必须招标的工程建设项目，应当具备下列条件才能进行施工招标：

① 招标人已经依法成立；

② 初步设计及概算应当履行审批手续的，已经批准；

③ 有相应资金或资金来源已经落实；

④ 有招标所需的设计图纸及技术资料。

依法必须进行施工招标的工程建设项目，按工程建设项目审批管理规定，凡报送项目审批部门审批的，招标人必须在报送的可行性研究报告中将招标范围、招标方式、招标组织形式等有关招标内容报项目审批部门核准。

5.2.2　园林工程施工招标基本程序

依法必须进行园林施工招标的工程，要根据《招标投标法》和《工程建设项目施工招标投标办法》的规定制定招标、投标、开标、评标与中标等基本招标程序，包括以下主要步骤。

① 招标单位根据有关规定及自身情况，决定自行招标或委托招标。

② 招标单位在发布招标公告或发出投标邀请书的5天前，向工程所在地县级以上地方人民政府建设行政主管部门备案。

③ 根据有关规定及工程项目具体情况，决定施工招标方式，公开招标或邀请招标。

④ 准备招标文件，编制工程量清单及招标控制价，报建设行政主管部门审核或备案。

⑤ 发布招标公告或发出投标邀请书。

⑥ 投标单位申请投标。

⑦ 实行资格预审的工程项目，招标单位组织审查申请投标单位的资格，并将审查结果通知申请投标单位。

⑧ 向所有投标人或经审核合格的投标人发售招标文件。

⑨ 组织投标单位踏勘现场，召开答疑会，解答投标单位就招标文件提出的问题。

⑩ 成立评标委员会。

⑪ 接受投标文件。

⑫ 召开开标会，当场开标。

⑬ 组织评标，决定中标单位。

⑭ 发出中标和未中标通知书，收回发给未中标单位的图纸和技术资料并退还其投标保证金或保函。

⑮ 招标单位与中标单位签订施工合同。

5.2.3 园林工程施工招标程序的相关内容

5.2.3.1 招标公告发布或投标邀请书发送

园林工程施工公开招标，必须在主管部门指定的媒介上发布招标公告。招标公告的发布应当充分公开，任何单位和个人不得非法限制招标公告的发布地点和发布范围。指定媒介发布依法必须发布的招标公告，不得收取费用。

世界银行贷款项目采用国际竞争性招标，要求招标公告送交世界银行，免费安排在联合国出版的《发展商务报》上刊登，送交世界银行的时间最迟应不晚于招标文件将向投标人公开发售前60天。

邀请招标的园林工程施工项目，招标人应向拟邀请投标人发送投标邀请书。

园林工程招标公告的内容主要包括：

① 招标人名称、地址、联系人姓名、电话，委托代理机构进行招标的，还应注明该机构的名称和地址。

② 园林工程项目招标条件，包括项目批文名称及编号、项目资金来源等。

③ 园林工程项目概况及招标范围，包括建设地点、规模、招标控制价、计划工期、招标范围、标段划分（如果有）等。

④ 承包方式，材料、设备供应方式。

⑤ 对投标人资质的要求及应提供的有关文件。实行资格预审的工程，招标人应当在招标公告明确资格预审的条件和获取资格预审文件的时间、地点等事项。

⑥ 招标日程安排。

⑦ 招标文件的获取办法，包括发售招标文件的地点、文件的售价及开始和截止出售的时间。

⑧ 其他要说明的问题。依法实行邀请招标的工程项目，应由招标人或其委托的招标代

理机构向拟邀请的投标人发送投标邀请书。投邀请书的内容与招标公告大致相同。

5.2.3.2 园林工程招标资格预审

园林工程招标资格预审程序包括编制资格预审文件、资格审查和确定合格者名单。

资格预审文件的内容包括以下内容：

资格预审公告、投标申请人资格预审须知、投标申请人资格预审申请书格式、资格预审评审办法、招标项目介绍等五个方面，下面对主要内容做简单介绍。

（1）投标申请人资格预审须知

投标申请人资格预审须知应包括以下主要内容。

① 总则　在总则中分别列出工程招标人的名称、资金来源、工程名称和位置、工程概述等。

② 要求投标人提供的资料和证明　一般包括：申请人的身份及组织机构，包括合伙人或联合体各方的营业执照、资质等级等原始文件的复印件；申请人（包括联合体的各方）在近3年（或按资审文件规定的年限）内完成的与本工程相似的工程的情况和正在履行合同的工程情况；管理和执行本项目所配备的主要人员资历和经验；执行本项目拟采用的主要施工机械设备情况；提供本工程拟分包的项目及拟承担分包项目的分包人情况；提供近两年（或按资审文件规定的年限）经审计的财务报表、今后两年的财务预测；申请人近两年（或按资审文件规定的年限）介入的诉讼情况。

③ 资格预审通过的强制性条件　强制性条件以附件形式列入，包括强制性经验标准（指主要工程一览表中主要项目的业绩要求）、强制性财务、人员、设备、分包、诉讼及履约标准等，达不到标准的，资格预审不能通过。

④ 对联合体提交资格预审申请的要求　对于达不到联合体要求的，或投标申请人既以单独身份又以所参加的联合体的身份参加同一项目投标时，资格预审申请都应被拒绝。

⑤ 其他规定　包括递交资格预审文件的份数，送交单位的地址、邮编、电话、传真、截止日期；招标人有对资料进行核对和澄清的权利，对弄虚作假、不真实的介绍拒绝其申请的权利；资格预审结果以书面形式通知每一位申请人，申请人在收到通知后的规定时间内回复招标人等。

⑥ 有关附件　附件包括以下内容：工程概述、主要工程一览表、强制性标准一览表、资格预审时间表等。

（2）投标申请人资格预审申请书格式

在资格预审文件中按资格预审条件编制统一的表格，让投标申请人按统一的格式填报，以便进行公平竞争和公正评审。申请书的表格通常包括以下内容。

① 申请人表　主要包括申请人的名称、地址、电话、传真、成立日期等。如系联合体，应首先列明牵头的申请人，然后是所有合伙人的名称、地址等。

② 申请合同表　如果一个工程项目分为几个标段招标，应在表中分别列出各标段的编号和名称，以便让申请人选择申请资格预审的标段。

③ 组织机构表　包括公司简况、领导层名单、股东名单、直属公司名单、驻当地办事处或联络机构名单等。

④ 组织机构框图　主要叙述并用框图表示申请者的组织机构、与母公司或子公司的关系、总负责人和主要人员等。如果是联合体，应说明合作伙伴关系及在合同中的责任划分。

⑤ 财务状况表　包括的基本数据为：注册资金、实有资本、最大施工能力、近3年年度营业额和今后两年的财务预算等，并随附经审计的财务报表，包括损益表、资产负债表及其他财务资料。

⑥ 公司人员表　公司人员表包括管理人员、技术人员、工人及其他人员的数量，以及拟为本项目提供的各类专业技术人员数及其从事本专业工作的年限。公司主要人员表应包括一般情况和主要工作经历。

⑦ 施工机械设备表　包括拟用于本项目自有设备、拟新购置设备和租用设备的名称、数量、型号、商标、出厂日期、现值等。

⑧ 分包商表　包括拟分包工程项目的名称，占总工程价的百分比，分包人的名称、经验、财务状况、主要人员、主要设备等。

⑨ 已完成的同类工程项目表　包括项目名称、地点、工程类型、合同价格、竣工日期、工期、招标人或监理的地址、电话、传真等。

⑩ 在建项目表　包括正在施工和准备施工的项目名称、地点、工程概况、完成日期、合同总价等。

介入诉讼事件表：详细说明申请人或联合体内合伙人介入诉讼或仲裁的案件。

应注意每一张表格都应有法人或授权人的签字和日期，对于要求提供证明的附件应附在表后。

（3）资格预审评审办法

资格预审的评审标准必须考虑到评标的标准，一般凡属评标时考虑的因素，资格预审评审时可不必考虑。反之，也不应该把资格预审中已包括的标准再列入评标的标准（对合同实施至关重要的技术性服务，工作人员的技术能力除外）。

园林工程招标资格预审的评审方法一般采用加权评分法。

① 依据工程项目特点和发包工作的性质，划分出评审的几大方面，如资质条件、人员能力、设备和技术能力、财务状况、工程经验、企业信誉等，并分别给予不同的权重。

② 对各方面再细划分评定内容和分项打分标准。

③ 按照规定的原则和方法逐个对资格预审文件进行评定和打分，确定各投标人的综合得分，必要时可采用已实施园林工程项目现场调查等方法核实资料。

④ 确定资格预审合格名单。依据投标申请人的得分排序，以及预定的邀请投标人数目，从高分向低分确定资格审查合格名单。经资格预审后，招标人应当向资格预审合格的潜在投标人发出资格预审合格通知书，告知获取招标文件的时间、地点和方法，并同时向资格预审不合格的潜在投标人告知资格预审结果。资格预审不合格的潜在投标人不得参加投标。资格预审合格的投标人在收到资格预审合格通知书后，应以书面形式予以确认是否参加投标，并在规定的地点和时间领取或购买招标文件和有关技术资料。如果某一通过资格预审单位决定不再参加投标，招标单位应以得分排序的下一名投标单位递补。

5.2.3.3　园林工程招标文件编制

招标文件编制是招标准备工作中最为重要的一环，《招标投标法》对招标文件的编制做了一些相关规定，如“招标人应当根据招标项目的特点和需要编制招标文件。招标文件应当包括招标项目的技术要求、对投标人资格审查的标准、投标报价要求和评标标准等所有实质性要求和条件以及拟签订合同的主要条款”、“国家对招标项目的技术、标准有规定的，招标人应当按照其规定在招标文件中提出相应要求”、“招标项目需要划分标段、确定工期的，招标人应当合理划分标段、确定工期，并在招标文件中载明”。

在需要资格预审的招标中，招标文件只发售给资格审查合格的投标申请人。在不进行资格预审的招标中，招标文件向所有投标申请人发售，招标文件的发售价格一般按成本收费。

在发售招标文件时，要做好记录，内容包括购买招标文件投标人的详细名称、地址、电话、授权人签名等。对于未购买招标文件的投标人，将取消其投标。

招标文件的编制将在本章5.3节详细讨论。

5.2.3.4 工程量清单及招标控制价的编制

2013年4月1日起施行的《建设工程工程量清单计价规范》(GB 50500—2013)规定"全部使用国有资金投资或国有资金投资为主(以下二者简称国有资金投资)的建设工程施工发承包,必须采用工程量清单计价""非国有资金投资的建设工程,宜采用工程量清单计价",这意味着,强制招标的施工项目必须采用工程量清单计价,其他建设工程施工招标项目也大多采用此计价模式。

《建设工程工程量清单计价规范》对工程量清单及招标控制价做了一些规定,如"招标工程量清单必须作为招标文件的组成部分,其准确性和完整性由招标人负责""招标工程量清单是工程量清单计价的基础,应作为编制招标控制价、投标报价、计算工程量、工程索赔等的依据之一""国有资金投资的工程建设项目应实行工程量清单招标,招标人应编制招标控制价""招标控制价应在招标时公布,不应上调或下浮,招标人应将招标控制价及有关资料报送工程所在地工程造价管理机构备查"。

本章第4节将对工程量清单及招标控制价编制进行详述。

5.2.3.5 园林工程招标标前会议

标前会议,是指在投标截止日期以前,按招标文件中规定的时间和地点,召开的解答投标人质疑、招标文件补充说明等的会议,又称答疑会、交底会。在标前会议上,招标单位负责人除了向投标人介绍园林工程概况外,还可对招标文件中的某些内容加以修改(但须报请招标投标管理机构核准)或予以补充说明,并口头解答投标人书面提出的各种问题,以及会议上即席提出的有关问题。会议结束后,由招标人整理会议记录和解答内容(包括会上口头提出的询问和解答),并以书面形式将所有问题及解答向获得招标文件的投标人发放,问题及解答纪要同时须向建设行政主管部门备案。会议记录作为招标文件的组成部分,具有同等的法律效力,内容若与已发放的招标文件有不一致之处,以会议记录的解答为准。补充文件应在投标截止日期前一段时间发出,以便让投标者有时间作出反应。

园林工程标前会议主要议程如下:

① 介绍参加会议的单位和主要人员。

② 介绍问题解答人。

③ 解答投标单位提出的问题。

④ 通知有关事项。

5.2.3.6 园林工程投标

参与园林工程施工投标是园林企业取得园林工程施工合同的主要途径。投标人应当按照招标文件的要求编制投标文件,对招标文件提出的实质性要求和条件作出响应,并根据自身实际情况进行合理的投标报价。本章5.5节将对投标文件的编制进行详述。

投标人根据招标文件载明的项目实际情况,拟在中标后将中标项目的部分非主体、非关键性工作进行分包的,应当在投标文件中载明。

招标人可以在招标文件中要求投标人提交投标保证金。投标保证金除现金外,可以是银行出具的银行保函、保兑支票、银行汇票或现金支票。投标保证金不得超过项目估算价的百分之二,但最高不得超过八十万元人民币。投标保证金有效期应当与投标有效期一致。

投标人应当在招标文件要求提交投标文件的截止时间前,将投标文件送达投标地点。招标人收到投标文件后,应当向投标人出具标明签收人和签收时间的凭证,在开标前任何单位和个人不得开启投标文件。在招标文件要求提交投标文件的截止时间后送达的投标文件,招标人应当拒收。

依法必须进行施工招标的项目提交投标文件的投标人少于三个的，招标人在分析招标失败的原因并采取相应措施后，应当依法重新招标。重新招标后投标人仍少于三个的，属于必须审批、核准的工程建设项目，报经原审批、核准部门审批、核准后可以不再进行招标；其他工程建设项目，招标人可自行决定不再进行招标。

投标人在招标文件要求提交投标文件的截止时间前，可以补充、修改或者撤回已提交的投标文件，并书面通知招标人。补充、修改的内容为投标文件的组成部分。在提交投标文件截止时间后到招标文件规定的投标有效期终止之前，投标人不得撤销其投标文件，否则招标人可以不退还其投标保证金。

5.2.3.7 开标、评标与定标

投标截止日期以后，招标人应在投标的有效期内开标、评标和授予合同。

（1）开标

开标，是指招标人将所有投标人的投标文件启封揭晓。我国《招标投标法》规定，开标应当在招标通告中约定的地点，招标文件确定的提交投标文件截止时间的同一时间公开进行。开标由招标人或招标代理主持，邀请所有投标人参加。开标时，要当众宣读投标人名称、投标价格、有无撤标情况以及招标单位认为其他合适的内容。

开标一般应按照下列程序进行：

① 主持人宣布开标会议开始，介绍参加开标会议的单位、人员名单及园林工程项目的有关情况。

② 请投标单位代表确认投标文件的密封性。

③ 宣布公证、唱标、记录人员名单和招标文件规定的评标原则、定标办法。

④ 宣读投标单位的名称、投标报价、工期、质量目标、主要材料用量、投标担保或保函以及投标文件的修改、撤回等情况，并做当场记录。

⑤ 与会的投标单位法定代表人或者其授权委托人在记录上签字，确认开标结果。

⑥ 宣布开标会议结束，进入评标阶段。

投标文件有下列情形之一的将视为无效：

① 投标文件未按照招标文件的要求予以密封的。

② 投标文件中的投标函未加盖投标人的企业及企业法定代表人印章的，或者企业法定代表人委托代理人没有合法、有效的委托书（原件）及委托代理人印章的。

③ 投标文件的关键内容字迹模糊、无法辨认的。

④ 投标人未按照招标文件的要求提供投标保函或者投标保证金的。

⑤ 组成联合体投标的，投标文件未附联合体各方共同投标协议的。

⑥ 逾期送达。对未按规定送达的投标书，应视为废标，原封退回。但对于因非投标者的过失（因邮政、战争、罢工等原因）而在开标之前未送达的，投标单位可考虑接受该迟到的投标书。

（2）评标

开标后进入评标阶段。评标委员会应当按照招标文件确定的评标标准和方法，对符合要求的投标文件进行评审和比较，来确定每项投标对招标人的价值，最后达到选定最佳中标人的目的。园林工程施工评标详见本章5.6节。

（3）中标

招标人应当接受评标委员会推荐的中标候选人，不得在评标委员会推荐的中标候选人之外确定中标人。国有资金占控股或者主导地位的依法必须进行招标的项目，招标人应当确定排名第一的中标候选人为中标人。排名第一的中标候选人放弃中标、因不可抗力提出不能履

行合同、不按照招标文件的要求提交履约保证金，或者被查实存在影响中标结果的违法行为等情形，不符合中标条件的，招标人可以按照评标委员会提出的中标候选人名单排序依次确定其他中标候选人为中标人。依次确定其他中标候选人与招标人预期差距较大，或者对招标人明显不利的，招标人可以重新招标。招标人也可以授权评标委员会直接确定中标人。

中标通知书由招标人发出，中标通知书对招标人和中标人均具有法律效力。

依法必须进行施工招标的项目，招标人应当自发出中标通知书之日起十五日内，向有关行政监督部门提交招标投标情况的书面报告，至少应包括下列内容：招标范围；招标方式和发布招标公告的媒介；招标文件中投标人须知、技术条款、评标标准和方法、合同主要条款等内容；评标委员会的组成和评标报告；中标结果。

招标人和中标人应当在投标有效期内并在自中标通知书发出之日起三十日内，按照招标文件和中标人的投标文件订立书面合同。所订立的合同不得对上述文件作实质性改变。

5.3 园林工程施工招标文件编制

园林工程招标文件是整个招标过程所遵循的基础性文件，是投标和评标的基础，也是合同的重要组成部分，是具有法律效力的文件。因此，招标文件的合法性、公正性、科学性、严谨性，将直接影响到招标的质量，是招标成败的关键。

5.3.1 园林工程招标文件的编制原则

招标文件的编制应当遵守合法、公正、科学、严谨的原则。

（1）合法性

合法是招标文件编制过程中必须遵守的原则。招标文件是招标工作的基础也是今后签订合同的依据，因此招标文件中的每一项条款都必须是合法的。招标文件的编制必须遵守国家有关招标投标工作的各项法律法规，如《中华人民共和国招投标法》、《中华人民共和国政府采购法》、《合同法》等。如施工招标对投标人资格，国家有明确要求，招标文件对投标人资格的要求必须符合规定。

（2）公正性

招标是招标人公平、择优地选择中标人的过程，因此招标文件的编制也必须充分体现公平、公正的原则。

首先，招标文件的内容对各投标人是公平的，不能具有倾向性，刻意排斥某类特定的投标人。如对投标品牌进行限定、对投标人地域进行限定、对企业同类业绩不适当定义、技术规格中的内容暗含有利于或排斥特定的潜在投标人、评标办法不公平等，这些内容都会造成不公平竞争，影响招标的公正性。

其次，编制招标文件时还应注意恰当地处理招标人和各投标人的关系。在市场经济体制下招标人既要尽可能地压低投标人的报价，也要考虑适当满足投标人在利润上的需求，不能将过多的风险转移到投标人一方。否则物极必反，投标人在高风险的压力下，或者对项目望而却步退出竞争，或者提高投标报价加大风险费，这样最终伤害的还是招标人的利益。

（3）科学性

招标文件要科学的体现出招标人对投标人的要求，编制时要遵守科学的原则。

首先，要科学合理的划分招标范围。招标人要根据工程项目特点，科学划分标段、科学确定招标范围，对各标段、各分项工程的交叉部分在划分招标范围时要特别注意，要将这部分内容根据工程管理需要、工程特点等科学的划分到最适合的标段上去，不能漏项也不能重复招标。

其次，要科学合理的设置投标人资格预审办法及评标办法。

《中华人民共和国招标投标法》第十八条规定“招标人可以根据招标项目本身的要求，在招标公告或者投标邀请书中，要求潜在投标人提供有关资质证明文件和业绩情况，并对潜在投标人进行资格审查；国家对投标人的资格条件有规定的，依照其规定”，“招标人不得以不合理的条件限制或者排斥潜在投标人，不得对潜在投标人实行歧视待遇”。在设置资格预审办法时，如果对投标人的资格条件设置过高的投标门槛，会导致潜在投标人数量过少，不利于充分竞争；如果资格条件设置过低，一旦技术、经济实力差的企业中标后，很难保证项目保质、保量、按时的完成，达不到招标人的预期目标。

评标办法是招标文件的重要组成部分，对招标结果起着决定性的作用。同一项目采用不同的评标方法，就会产生完全不同的中标结果。根据招标项目的不同特点，制定科学合理的评标办法，对评选出最优中标人、节约招标成本、保证招标质量至关重要。对技术要求不高、投资不大的项目，可以简化评标办法，只要求进行商务评审；相反，则应制定更为详细的评标办法。

（4）严谨性

招标文件编制的完善与否，对评标工作的工作量、评标的质量和速度有着直接影响。招标文件的编制一定要注意严谨性，文件各部分的内容要详尽、一致，用词要清晰、准确，以避免产生歧义及矛盾。招标文件的缺陷可能成为落标者提出质疑和投诉的证据，也可能成为中标单位偷工减料、以次充好、不平衡报价或工程索赔的依据。尤其是招标文件中的合同条款是投标人与中标人签订合同的重要依据，更应保证严谨，应详细写明项目涉及的所有重要事项，避免中标人中标后与招标人再就合同重要条款讨价还价，增加无谓的工作量。

5.3.2 园林工程招标文件编制前的准备工作

（1）园林工程施工承包方式的确定

园林工程施工招标需根据工程项目情况确定工程承包方式，即确定招标人（发包人）与投标人（承包人）双方之间的经济关系形式。从承包人所处的地位，可以对园林工程承包方式分为园林工程总承包、分承包、独立承包、联合承包和直接承包。

① 总承包　简称总包，是指发包人将一个园林工程项目建设全过程或其中某个或某几个阶段的全部工作，发包给一个承包人承包，该承包人可以将在自己承包范围内的若干专业性工作，再分包给不同的专业承包人去完成，并统一协调和监督他们的工作，各专业承包人只同这个承包人发生直接关系，不与发包人（建设单位）发生直接关系。

② 分承包　简称分包，是相对于总承包而言的，指从总承包人承包范围内分包某一分项园林工程或某种专业工程，如土方、绿化、水电等工程，分承包人不与发包人（建设单位）发生直接关系，而只对总承包人负责，在现场上由总承包人统筹安排其活动。

③ 独立承包　是指承包人依靠自身力量自行完成承包任务的发包承包方式。通常主要适用于技术要求比较简单、规模不大的园林工程等。

④ 联合承包　是相对于独立承包而言的，指发包人将一项园林工程任务发包给两个以上承包人，由这些承包人共同联合承包。

⑤ 直接承包　是指不同的承包人在同一园林工程项目上，分别与发包人（建设单位）签订承包合同，各自直接对发包人负责。各承包商之间不存在总承包、分承包的关系，现场上的协调工作由发包人自己去做，或由发包人委托一个承包商牵头去做，也可聘请专门的项目经理去做。

（2）园林工程标段划分方案的选择

《工程建设项目施工招标投标办法》第二十七条规定“施工招标项目需要划分标段、确定工期的，招标人应当合理划分标段、确定工期，并在招标文件中载明”。因此，依此规定，必要时，工程项目施工招标可以根据项目特点合理划分标段。

某些园林工程项目涉及城市环境整治等，投资额高，技术复杂，施工场地大，工程量巨大，一个施工单位往往难以完成。为了加快工程进度，发挥各承包人优势，降低园林工程造价，合理划分标段进行施工招标是十分必要的。因此，在编制招标文件前应确定标段划分方案后，再根据分标的特点编制招标文件。

分标应保证工程的整体性和专业性，通常在分标时应综合考虑以下几个主要因素：

① 工程的特点　对于工程场地集中，工程量不大，技术不复杂的工程由一家单位承包便于管理，不宜分标。但如果工程建设场地面积大、工程量大、有特殊技术要求及管理不便的，应考虑分标。

② 工程造价的影响　大型、复杂的园林工程项目，一般工期长、投资大、技术难题多，因而对承包商在施工能力、施工经验及技术能力等方面的要求很高。如果不分标，会使有资格参加投标的单位数目减少，导致竞争不充分，可能得不到比较合理的报价。而分标就会避免这种情况，能发挥投标人的特长，使更多投标人参加投标。

③ 工程资金的安排情况　根据建设资金的安排和工程建设秩序进行分标，可以按资金情况在不同时间分段招标。

④ 对工程管理上的要求　分标应考虑对施工现场的管理，尽量避免各承包人之间的相互干扰。工程进度的衔接也很重要，特别是在关键线路上的项目一定要选择施工水平高、能力强、信誉好的承包人，以防因工期、质量的问题影响其他承包人的工作。

⑤ 法律法规的相关规定。

（3）园林工程招标方式的确定

根据园林工程招标项目特点及相关规定，确定采用公开招标或邀请招标方式。

5.3.3 园林工程招标文件主要内容

园林工程招标文件一般包括下列内容：招标公告或投标邀请书；投标人须知；评标办法；合同条款及格式；工程量清单；图纸；技术标准和要求；投标文件格式；其他材料。

5.3.3.1 招标公告或投标邀请书

招标公告或投标邀请书内容基本相同，主要包括招标条件、项目概况与招标范围、投标人资格要求、投标报名、招标文件的获取、投标文件的递交、发布公告的媒介、招标人与招标代理人的联系方式。

5.3.3.2 投标人须知

园林工程投标人须知大致包括以下内容。

（1）投标人须知前附表

投标人须知前附表一般包括资金来源、投标人资格条件、现场踏勘、招标范围、计划工期、质量要求、投标有效期、截标和开标时间、评标办法等有关内容。投标人须知前附表主要有以下作用：一是将投标人须知中的关键内容和数据摘要列表，起到强调和提醒作用，为投标人迅速掌握投标人须知内容提供方便；二是对投标人须知正文中的核心内容在前附表中给予具体约定，也可以弥补投标人须知正文的未尽事宜；三是对投标人须知的修改、补充和摘要，当正文中的内容与前附表规定的内容不一致时，一般以前附表的规定为准。

因此，招标人和投标人都应充分重视投标人须知前附表，尽量避免因为忽视投标人须知前附表而给招标投标埋下隐患。

（2）总则

主要包括项目概况、资金来源和落实情况、招标范围、计划工期和质量要求、投标人资格要求、费用承担、保密、语言文字、计量单位、踏勘现场、投标预备会、分包、偏离等内容。

① 资金来源指资金是属于自有资金、财政拨款还是来源于直接融资或者间接融资等。如招标项目的资金来源于贷款，应当在招标文件中描述本项目资金的筹措情况以及贷款方对招标项目的特别要求。

② 投标人资格要求一般包括投标人资质条件、财务要求、业绩要求、信誉要求、项目经理资格、其他要求；接受联合体投标的，对联合体各方的有关规定；投标人禁止情形。

③ 招标人组织踏勘现场的，要规定时间、地点，在同一时间、同一地点组织所有投标人同时踏勘项目现场。

④ 招标人召开投标预备会的，应明确投标预备会召开的时间、地点，投标人以书面形式提出问题的截止时间，招标人书面澄清的时间。招标人对投标人所提问题的澄清，以书面方式通知所有购买招标文件的投标人，该澄清内容为招标文件的组成部分。

⑤ 招标人允许分包的，应规定分包内容、分包金额和接受分包的第三人资质要求等限制性条件。

⑥ 允许投标文件偏离招标文件某些要求的，应规定允许偏离的项目和范围、允许偏离的最高项数和偏差调整办法。

（3）招标文件

该部分主要包括招标文件的组成、招标文件的澄清、招标文件的修改。

① 招标文件包括：招标公告（或投标邀请书）；投标人须知；评标办法；合同条款及格式；工程量清单；图纸；技术标准和要求；投标文件格式；投标人须知前附表规定的其他材料。对招标文件所作的澄清、修改，也构成招标文件的组成部分。

② 投标人应以书面形式（包括信函、电报、传真等可以有形地表现所载内容的形式，下同），要求招标人对招标文件予以澄清。

招标文件的澄清应在投标截止时间15天前以书面形式发给所有购买招标文件的投标人，但不指明澄清问题的来源。如果澄清发出的时间距投标截止时间不足15天，相应延长投标截止时间。投标人在收到澄清后，应以书面形式通知招标人，确认已收到该澄清。

③ 在投标截止时间15天前，招标人可以书面形式修改招标文件，并通知所有已购买招标文件的投标人。如果修改招标文件的时间距投标截止时间不足15天，相应延长投标截止时间。投标人收到修改内容后，应以书面形式通知招标人，确认已收到该修改。

（4）投标文件

该部分包括投标文件的组成、投标报价、投标有效期、投标保证金、资格审查资料、备选投标方案、投标文件的编制。

① 投标文件的组成　包括以下内容：投标函及投标函附录；法定代表人身份证明或附有法定代表人身份证明的授权委托书；联合体协议书；投标保证金；已标价工程量清单；施工组织设计；项目管理机构；拟分包项目情况表；资格审查资料；投标人须知前附表规定的其他材料。不接受联合体投标的，或投标人没有组成联合体的，投标文件不包括联合体协议书。

② 投标报价　投标人应按“工程量清单”的要求填写相应表格。投标人在投标截止时间前修改投标函中的投标总报价，应同时修改“工程量清单”中的相应报价。

③ 投标有效期　投标有效期是指为保证招标人有足够的时间在开标后完成评标、定标、

合同签订等工作而要求投标人提交的投标文件在一定时间内保持有效的期限，该期限由招标人在招标文件中载明，从投标截止日期起。在投标有效期内，投标人不得要求撤销或修改其投标文件。出现特殊情况需要延长投标有效期的，招标人以书面形式通知所有投标人延长投标有效期。投标人同意延长的，应相应延长其投标保证金的有效期，但不得要求或被允许修改或撤销其投标文件；投标人拒绝延长的，其投标失效，但投标人有权收回其投标保证金。

④ 投标保证金　投标保证金是指投标人向招标人出具的、以一定金额表示的投标责任担保。投标人保证其投标被接受后对其投标书中规定的责任不得撤销或者反悔，否则招标人将对投标保证金予以没收。投标保证金不得超过招标项目估算价的2%，工程及货物类投标保证金最多不超过80万元，其有效期应当与投标有效期一致。招标文件中应约定投标保证金不予退还的情形。招标人与中标人签订合同后5个工作日内，招标人应及时退还保证金，有利息的退还同期存款利息，不得挪用。

⑤ 资格审查资料　投标人应按招标文件规定提交资格审查资料，以证实其具备承担本标段施工的资质条件、能力和信誉。

资格审查资料一般包括投标人营业执照、资质证书和安全生产许可证等材料的复印件；经审计的近年财务会计报表，包括资产负债表、现金流量表、利润表和财务情况说明书的复印件；近年完成的类似项目情况表，应附中标通知书和（或）合同协议书、工程接收证书（工程竣工验收证书）的复印件；正在施工和新承接的项目情况表，应附中标通知书和（或）合同协议书复印件；近年发生的诉讼及仲裁情况，应说明相关情况，并附法院或仲裁机构作出的判决、裁决等有关法律文书复印件。

联合体投标的，联合体各方须提供以上相关资料。

⑥ 备选投标方案　允许投标人递交备选投标方案的，投标人可递交备选投标方案。

⑦ 投标文件的编制　投标文件应按“投标文件格式”进行编写，如有必要，可以增加附页。

投标文件应当对招标文件有关工期、投标有效期、质量要求、技术标准和要求、招标范围等实质性内容作出响应。

投标文件应由投标人的法定代表人或其委托代理人签字或盖单位章。委托代理人签字的，投标文件应附法定代表人签署的授权委托书。

投标文件正本一份，副本份数按招标文件规定。当副本和正本不一致时，以正本为准。

（5）投标

主要包括投标文件的密封和标记、投标文件的递交、投标文件的修改与撤回。

① 投标文件的密封和标记　未按招标文件要求密封和加写标记的投标文件，招标人不予受理。

② 投标文件的递交　投标人应在规定的投标截止时间前、在规定的地点递交投标文件。投标人所递交的投标文件不予退还。逾期送达的或者未送达指定地点的投标文件，招标人不予受理。

③ 投标文件的修改与撤回　在投标截止时间前，投标人可以修改或撤回已递交的投标文件，但应以书面形式通知招标人。修改的内容为投标文件的组成部分。修改的投标文件应按规定进行编制、密封、标记和递交，并标明“修改”字样。

（6）开标

主要内容包括开标时间和地点、开标程序。

① 开标时间和地点　招标人在规定的投标截止时间（开标时间）和规定的地点公开开

标，并邀请所有投标人的法定代表人或其委托代理人准时参加。

② 开标程序　一般按下列程序进行开标：宣布开标纪律；公布在投标截止时间前递交投标文件的投标人名称，并点名确认投标人是否派人到场；宣布开标人、唱标人、记录人、监标人等有关人员姓名；检查投标文件的密封情况；确定并宣布投标文件开标顺序；按开标顺序当众开标，公布投标人名称、标段名称、投标保证金的递交情况、投标报价、质量目标、工期及招标人认为适当的其他内容，并记录在案；投标人代表、招标人代表、监标人、记录人等有关人员在开标记录上签字确认；开标结束。

开标过程，唱标人应客观唱标，疑难问题交评标委员会处理。

（7）评标

主要包括评标委员会组建、评标原则及评标依据。

① 评标委员会组建　强制招标项目，招标人依法组建评标委员会，依法应当回避的应当回避。

② 评标原则　评标活动遵循公平、公正、科学和择优的原则。

③ 评标依据　评标委员会按照“评标办法”规定的方法、评审因素、标准和程序对投标文件进行评审。没有规定的方法、评审因素和标准，不作为评标依据。

（8）合同授予

主要包括定标方式、中标通知、履约担保、签订合同。

① 定标方式　除招标人授权评标委员会直接确定中标人外，评标委员会推荐1～3名中标候选人，招标人依据评标委员会推荐的中标候选人确定中标人，国有资金占控股及强制招标项目，必须按推荐排序确定中标人。

② 中标通知　在投标有效期内，招标人以书面形式向中标人发出中标通知书，同时将中标结果通知未中标的投标人。

③ 履约担保　在签订合同前，中标人应按规定的金额、担保形式和履约担保格式向招标人提交履约担保。联合体中标的，其履约担保由牵头人递交。

中标人不能按要求提交履约担保的，视为放弃中标，其投标保证金不予退还，给招标人造成的损失超过投标保证金数额的，中标人还应当对超过部分予以赔偿。

④ 签订合同　招标人和中标人应当自中标通知书发出之日起30天内，根据招标文件和中标人的投标文件订立书面合同。中标人无正当理由拒签合同的，招标人取消其中标资格，其投标保证金不予退还；给招标人造成的损失超过投标保证金数额的，中标人还应当对超过部分予以赔偿。

发出中标通知书后，招标人无正当理由拒签合同的，招标人向中标人退还投标保证金；给中标人造成损失的，还应当赔偿损失。依法必须进行招标的项目的招标人，如无正当理由不发出中标通知书或拒签合同的，由有关行政监督部门责令改正，可以处中标项目金额10‰以下的罚款。

（9）重新招标和不再招标

规定重新招标和不再招标的情形。

（10）纪律和监督

规定对招标人、投标人、评标委员会成员、与评标活动有关的工作人员的纪律要求及投诉受理部门。

5.3.3.3　评标办法

包括评标方法、评审标准、评标程序，主要介绍经评审的最低投标价法、综合评估法的评标办法。

（1）评标方法

根据《招标投标法》、《评标委员会和评标方法暂行规定》等法律法规规定，评标方法主要包括经评审的最低投标价法、综合评估法或者法律、行政法规允许的其他评标方法。

① 经评审的最低投标价法　经评审的最低投标价法是在投标文件能够满足招标文件实质性要求的投标人中，评审出投标价格最低的投标人，但投标价格低于其企业成本的除外。当工程技术、性能没有特殊要求，且工程管理水平较高，工程设计图纸深度足够，招标文件及工程量清单详尽、准确，建设工程招投标市场化程度较高时，宜采用此方法。

评审的最低投标价法具有以下优点：招标人可以最低的价格获得服务，能够降低投资成本；有利于建立竞争机制，促进企业加强管理，降低成本；有利于招投标市场的健康发展；有利于与国际惯例接轨。但在具体的实施过程中，也可能出现以下问题：低价中标、高价索赔；低价低质；恶性竞争；价格太低无法完工等。

② 综合评估法　综合评估法是指在投标人的投标文件能够最大限度地满足招标文件规定的各项综合评价标准的投标人中择优选择中标人的评标定标方法。对工程技术复杂的项目宜采用综合评估法。

综合评估法具有以下优点：综合考虑了报价、质量、工期、业绩信誉、施工组织设计等条件，同时兼顾了价格、技术等因素，能客观反映招标文件的要求，能全面评估投标单位的总体实力；招标人要根据工程实际，按相关规定调节评分项目及分值权重，选择最适合的施工单位。但也存在以下不足：评分标准项目量化不科学；评标专家不能在较短时间内对投标文件中的资料进行全面仔细的了解、核实；招标人和评委的主观随意性较大，易出现不公正的评标等。

③ 其他评标方法　依据工程招标实践经验，各地出现了一些评标方法，如抽签法、平均值评标法、商务诚信法等。

（2）评审标准

经评审的最低投标价法评审标准：

① 初步评审标准　初步评审标准一般包括形式评审、资格评审、响应性评审、施工组织设计和项目管理机构评审标准。

形式评审标准一般包括投标人名称是否与营业执照、资质证书、安全生产许可证一致；投标函是否有法定代表人或其委托代理人签字或加盖单位章；投标文件格式是否符合要求；联合体投标人是否提交联合体协议书，并明确联合体牵头人（如有）；报价是否唯一等。

资格评审标准一般包括是否具备有效的营业执照；是否具备有效的安全生产许可证；资质等级、财务状况、类似项目业绩、信誉、项目经理、其他要求等是否符合投标须知相关规定。

响应性评审标准一般包括投标内容、工期、工程质量、投标有效期、投标保证金、已标价工程量清单、技术标准和要求等是否符合招标文件的相关规定。

施工组织设计和项目管理机构评审标准一般包括施工方案与技术措施、质量管理体系与措施、安全管理体系与措施、环境保护管理体系与措施、工程进度计划与措施、资源配备计划是否合理有效；技术负责人、其他主要人员、施工设备、试验、检测仪器设备配置是否最优等。

② 详细评审标准　详细评审标准一般包括对单价遗漏、付款条件等制定相应的量化标准。

综合评估法评审标准：

① 初步评审标准　包括形式评审标准、资格评审标准、响应性评审标准，与经评审的最低投标价法评审标准基本一致。

② 分值构成与评分标准　确定分值构成，即各部分的权重，一般包括施工组织设计、

项目管理机构、投标报价及其他评分因素。一般投标报价的权重不低于60%。

确定投标报价评标基准价标准，投标报价与所确定的基准价进行比较，计算投标报价得分。

确定投标报价的偏差率计算标准。

明确施工组织设计、项目管理机构、投标报价及其他评分因素的详细评分标准。

（3）评标程序

经评审的最低投标价法评标程序：

① 初步评审　评标委员会按初步评审标准对投标文件进行初步评审。有一项不符合评审标准的，作废标处理，不再进入详细评审。

投标报价有算术错误的，评标委员会对投标报价进行修正，修正的价格经投标人书面确认后具有约束力。投标人不接受修正价格的，其投标作废标处理。修正的原则为：投标文件中的大写金额与小写金额不一致的，以大写金额为准；总价金额与依据单价计算出的结果不一致的，以单价金额为准修正总价，但单价金额小数点有明显错误的除外。

② 详细评审　评标委员会按量化因素和标准进行价格折算，计算出评标价，并编制价格比较一览表。

评标委员会发现投标人的报价明显低于其他投标报价，或者在设有标底时明显低于标底，使得其投标报价可能低于其成本的，应当要求该投标人作出书面说明并提供相应的证明材料。投标人不能合理说明或者不能提供相应证明材料的，由评标委员会认定该投标人以低于成本报价竞标，其投标作废标处理。

③ 投标文件的澄清和补正　在评标过程中，评标委员会可以书面形式要求投标人对所提交的投标文件中不明确的内容进行书面澄清或说明，或者对细微偏差进行补正。评标委员会不接受投标人主动提出的澄清、说明或补正。

澄清、说明和补正不得改变投标文件的实质性内容（算术性错误修正的除外）。投标人的书面澄清、说明和补正属于投标文件的组成部分。

评标委员会对投标人提交的澄清、说明或补正有疑问的，可以要求投标人进一步澄清、说明或补正，直至满足评标委员会的要求。

④ 确定评标结果　除招标人授权评标委员会直接确定中标人外，评标委员会按照经评审的价格由低到高的顺序推荐中标候选人。

评标委员会完成评标后，应当向招标人提交书面评标报告。

综合评估法评标程序：

① 初步评审　与经评审的最低投标价法评审程序基本一致。

② 详细评审　评标委员会按规定的量化因素和分值进行打分，并计算出综合评估得分。

对施工组织设计计算出得分A；对项目管理机构计算出得分B；对投标报价计算出得分C；对其他部分计算出得分D。评分分值计算保留小数点后两位，小数点后第三位“四舍五入”。投标人得分=A+B+C+D。

评标委员会发现投标人的报价明显低于其他投标报价，或者在设有标底时明显低于标底，使得其投标报价可能低于其个别成本的，应当要求该投标人作出书面说明并提供相应的证明材料。投标人不能合理说明或者不能提供相应证明材料的，由评标委员会认定该投标人以低于成本报价竞标，其投标作废标处理。

③ 投标文件的澄清和补正　与经评审的最低投标价法该部分评审程序相同。

④ 评标结果　与经评审的最低投标价法该部分评审程序相同。

5.3.3.4　合同条款及格式

《招标投标法》、《工程建设项目施工招标投标办法》均明确规定招标文件应当包括拟签订合同的主要条款。通过拟签订合同的主要条款明确工程付款方式、工程变更及竣工结算方式等投标人报价考量因素，可以更好地保证投标的公正性，也可以避免中标人在签订合同时再与招标人（发包人）讨价还价，有利于保护承发包双方的权益。《招标投标法》第四十六条规定“招标人和中标人应当自中标通知书发出之日起三十日内，按照招标文件和中标人的投标文件订立书面合同。招标人和中标人不得再行订立背离合同实质性内容的其他协议”，因此招标文件中的合同主要条款，对招标人和中标人均具有约束力。

施工招标文件的合同主要条款大多采用合同示范文本，也可以根据工程情况自行编制。现行合同文本有FIDIC条款的施工合同文本、世界银行和亚洲开发银行的施工合同文本、住房和城乡建设部的施工合同示范文本、行业部委颁布的各类施工合同文本。

一般施工合同文本分协议书、通用条款、专用条款三部分。

（1）协议书

《协议书》为合同的第一部分，是发包人与承包人就合同内容协商达成一致意见后，向对方承诺履行合同而签署的正式协议。

《协议书》包括工程概况、承包范围、工期、质量标准、合同价款等合同主要内容，明确了组成合同的所有文件，约定合同生效的方式及合同订立的时间、地点等。

（2）通用条款

《通用条款》是根据《建筑法》、《合同法》等法律、行政法规制定的，同时也考虑了工程施工中的惯例以及施工合同在签订、履行和管理中的通常做法，具有较强的普遍性和通用性，因此招标文件中的合同条件使用标准化的范本时，通用条件部分可以照搬原文。

（3）专用条款

《专用条款》是针对工程项目具体情况制定的一些专用条款。招标文件内的《专用条款》应对其主要内容作出规定，如承包范围、工程变更、价格调整、工程进度（结算）款支付、质保期、各种违约责任的处理等等，其他条款细节可在选定承包人后确定。

5.3.3.5 工程量清单

招标工程量清单由具有编制能力的招标人或受其委托、具有相应资质的工程造价咨询人或招标代理人编制，其准确性和完整性由招标人负责，是工程量清单计价的基础，作为编制招标控制价、投标报价、计算工程量、工程索赔等的依据之一。

招标工程量清单一般包括工程量清单说明、投标报价说明、其他说明、工程量清单四个部分。

（1）工程量清单说明

工程量清单说明一般包括工程量清单编制依据、补充子目工程量计算规则及子目工作内容说明、计量单位、工程量清单的阅读和理解、实际工程计量和工程价款的支付、工程材料质量要求等有关内容。

（2）投标报价说明

投标报价说明一般包括以下内容。

① 工程量清单中的每一子目须填入单价或价格，且只允许有一个报价。

② 工程量清单中标价的单价或金额，应包括完成一个规定计量单位的分部分项工程和措施清单项目所需的人工费、材料和工程设备费、施工机具使用费和企业管理费、利润以及一定范围内的风险费用。

③ 工程量清单中投标人没有填入单价或价格的子目，其费用视为已分摊在工程量清单中其他相关子目的单价或价格之中。

④ 投标报价不得低于工程成本。

⑤ 投标人应按招标工程量清单填报价格。项目编码、项目名称、项目特征、计量单位、工程量必须与招标工程量清单一致。

⑥ 投标人可根据工程实际情况结合施工组织设计，对招标人所列的措施项目进行增补。

（3）其他说明

根据工程情况，其他需要说明的事项。

（4）工程量清单

工程量清单是建设工程的分部分项工程项目、措施项目、其他项目、规费项目和税金项目的名称和相应数量等的明细清单，由分部分项工程量清单、措施项目清单、其他项目清单、规费项目清单、税金项目清单组成。

① 编制依据　园林工程工程量清单编制依据为：《建设工程工程量清单计价规范》（GB 50500—2013）、《园林绿化工程工程量计算规范》（GB 50858—2013）和《仿古建筑工程工程量计算规范》（GB 50855—2013）；国家或省级、行业建设主管部门颁发的计价依据和办法；建设工程设计文件；与建设工程有关的标准、规范、技术资料；拟定的招标文件；施工现场情况、工程特点及常规施工方案；其他相关资料。

② 编制步骤

a.熟悉施工图纸和有关文件，按照工程量清单计价规则，罗列工程项目的分部分项工程项目；

b.按照清单项目的项目编码、项目名称、项目特征、计量单位等要求，对应填写分部分项工程信息；

c.根据图纸和清单工程量计算规则计算分部分项工程的清单工程量；

d.根据工程项目情况及相关规定，编制措施项目清单；

e.根据工程项目情况，编制其他项目清单；

f.根据相关规定，编制规费项目清单及税金项目清单。

③ 编制内容

a.根据园林工程现行国家计量规范规定的项目编码、项目名称、项目特征、计量单位和工程量计算规则编制分部分项工程量清单。

b.根据园林工程现行国家计量规范的规定编制措施项目清单，并根据拟建工程的实际情况列项。

以项计价的园林工程措施项目一般包括：安全文明施工费；夜间施工费；二次搬运费；冬雨季施工；大型机械设备进出场及安拆费；施工排水；施工降水；地上、地下设施、建筑物的临时保护设施；已完工程及设备保护；各专业工程的措施项目。

以综合单价形式计价的园林工程措施项目一般包括：脚手架工程；模板工程；垂直运输机械；树木支撑架；草绳绕树干；搭设遮阴（遮寒）棚工程；围堰、排水工程；绿化工程保存养护。

c.编制其他项目清单，按下列内容列项：暂列金额；暂估价（包括材料暂估单价、工程设备暂估单价、专业工程暂估价）；计日工；总承包服务费。暂列金额应根据工程特点，按有关计价规定估算。暂估价中的材料、工程设备暂估价应根据工程造价信息或参照市场价格估算；专业工程暂估价应分不同专业，按有关计价规定估算。计日工应列出项目和数量。出现以上未列的项目，应根据工程实际情况补充。

d.编制规费项目清单，按下列内容列项：工程排污费；社会保障费（包括养老保险费、失业保险费、医疗保险费）；住房公积金；工伤保险。出现以上未列项目，应根据省级政府或省级有关权力部门的规定列项。

e.编制税金项目清单，包括下列内容：营业税；城市维护建设税；教育费附加。出现以上未列的项目，应根据税务部门的规定列项。

④ 编制注意事项

a.遵循客观、公正、科学、合理的原则，严格依据《建设工程工程量清单计价规范》等编制，内容完整。

b.按常用的施工组织方案，科学合理设置分部分项，避免缺漏项；

c.项目特征描述要尽量清晰、详细，工作内容清晰完整；

d.要按清单计量规则计量，注意清单计量规则与定额计量规则的差异；

e.编制完成后，要认真进行全面复核，如检查有无缺漏项、有无工程量特大或特小、工程量小数位数是不是符合要求、相关工程量之间的关系是否正确、电子文档同文本有无不同、清单输出是否按清单规范顺序等。

5.3.4 招标文件范本的利用

为规范招标文件的内容和格式，节约招标文件编写的时间，提高招标文件的质量，国家有关部门编制了工程施工招标文件范本，这些范本在推进我国招标投标工作中起到了重要作用，园林工程施工招标可参考使用住房和城乡建设部编制的《中华人民共和国房屋建筑和市政工程标准施工招标文件》。在使用范本编制具体工程项目的招标文件时，通用文件和标准条款可不作任何改动，只需根据招标工程的具体情况对投标人须知前附表、合同专用条款以及技术规范、工程量清单等部分中的具体内容重新编写，加上招标图纸，即构成一套完整的招标文件。

5.4 园林工程招标控制价的编制与审定

园林工程施工招标项目实行工程量清单招标的，招标人应编制招标控制价。

5.4.1 招标控制价的概念及其作用

（1）概念

招标控制价是根据国家或省级、行业建设主管部门颁发的有关计价依据和办法，以及拟定的招标文件和招标工程量清单，编制的招标工程的最高限价。

招标控制价应由具有编制能力的招标人或受其委托具有相应资质的工程造价咨询人编制和复核。招标控制价超过批准的概算时，招标人应将其报原概算审批部门审核。招标控制价应在招标时公布，不应上调或下浮，招标人应将招标控制价及有关资料报送工程所在地工程造价管理机构备查。

（2）作用

招标控制价的作用主要有以下几方面：

① 招标人把工程投资控制在招标控制价范围内，防止恶性投标带来的投资风险；

② 增强招标过程的透明度，有利于正常评标；

③ 利于引导投标方投标报价，避免投标方无标底情况下的无序竞争；

④ 招标控制价反映的是社会平均水平，为招标人判断最低投标价是否低于成本提供参考依据；

⑤ 可为工程变更新增项目确定单价提供计算依据；

⑥ 作为评标的参考依据，避免出现较大偏离。

5.4.2 招标控制价编制依据

招标控制价应根据下列依据编制与复核：

①《建设工程工程量清单计价规范》(GB 50500—2013)；
② 国家或省级、行业建设主管部门颁发的计价定额和计价办法；
③ 建设工程设计文件及相关资料；
④ 拟定的招标文件及招标工程量清单；
⑤ 与建设项目相关的标准、规范、技术资料；
⑥ 施工现场情况、工程特点及常规施工方案；
⑦ 工程造价管理机构发布的工程造价信息；工程造价信息没有发布的，参照市场价；
⑧ 其他的相关资料。

5.4.3 编制程序

招标控制价的一般编制程序如下：
① 了解编制要求与范围；
② 熟悉施工图纸和有关文件；
③ 熟悉与建设工程有关的标准、规范及技术资料；
④ 熟悉拟定的招标文件；
⑤ 了解施工现场情况和工程特点；
⑥ 熟悉工程量清单；
⑦ 综合单价分析，工程造价汇总，分析，审核；
⑧ 成果文件确认，盖章提交成果文件。

5.4.4 招标控制价编制的方法

(1) 分部分项工程费

应根据拟定的招标文件中的分部分项工程量清单项目的特征描述及有关要求计价，并应符合下列规定：

① 分部分项工程应采用综合单价计价，综合单价中应包括拟定的招标文件中要求投标人承担的风险费用。拟定的招标文件没有明确的，应提请招标人明确。

② 拟定的招标文件提供了暂估单价的材料和工程设备，按暂估的单价计入综合单价。

(2) 措施项目费

应根据拟定的招标文件中的措施项目清单计价。措施项目清单中的安全文明施工费应按照国家或省级、行业建设主管部门的规定计价，不得作为竞争性费用。

(3) 其他项目费

应按下列规定计价：
① 暂列金额应按招标工程量清单中列出的金额填写；
② 暂估价中的材料、工程设备单价应按招标工程量清单中列出的单价计入综合单价；
③ 暂估价中的专业工程金额应按招标工程量清单中列出的金额填写；
④ 计日工应按招标工程量清单中列出的项目根据工程特点和有关计价依据确定综合单价计算；
⑤ 总承包服务费应根据招标工程量清单列出的内容和要求估算。

(4) 规费和税金

应按国家或省级、行业建设主管部门的规定计算，不得作为竞争性费用。

5.4.5 招标控制价编制的注意事项

招标控制价编制的应注意以下事项：

① 一个清单项目往往包含几项工作内容，在组价时，不要遗漏相关工作内容。

② 有些清单项目的计量规则与定额计量规则存在差异，在组价时，要按定额计量规则重新计量。

③ 工、料、机价格沿用工程造价管理机构发布的工程造价信息，没有发布的，参照市场价。参照市场价的应向多家供应商询价，并取市场平均价。尤其是园林工程树木等材料即使是同一胸径、同一高度的，因姿态各异，价格也会相距甚远，在做招标控制价时要尽量选取市场平均价。

④ 清单计量单位有时与定额计量单位不一致，要注意计量单位的换算。

⑤ 编制完成后，要注意检查，检查有无缺漏项，有无综合单价特高或特低、合价是否符合数值对应关系等。

⑥ 招标控制价要严格按照规范规定编制，不能人为压低价格，以免引起投标人投诉。

5.4.6 招标控制价审定

园林工程招标控制价的审定，是指政府有关主管部门对招标人已编制完成的招标控制价进行审查认定，是政府对招标投标活动进行监管的重要体现。招标投标管理机构可以对备案招标控制价进行审查认定，也可在开标后，投标人投诉后进行审查认定。

（1）园林工程招标控制价审定内容

招标投标管理机构审定招标控制价时，主要审查以下内容：

① 园林工程范围是否符合招标文件规定的发包承包范围；

② 园林工程量计算是否符合计算规则，有无错算、漏算和重复计算；

③ 使用定额、选用单价是否准确，有无错选、错算和换算的错误；

④ 各项费用、费率使用及计算基础是否准确，有无使用错误，多算、漏算和计算错误；

⑤ 招标控制价计算程序是否准确，有无计算错误；

⑥ 招标控制价是否突破概算或批准的投资计划数；

⑦ 主要设备、材料和特种材料数量是否准确，有无多算或少算；

⑧ 主要设备、材料的价格是否合理。

（2）园林工程招标控制价审定所需资料

主要包括园林工程施工图纸、园林工程施工方案或施工组织设计、填有单价与合价的工程量清单、综合单价分析表、材料设备清单等。

5.4.7 投诉与处理

（1）投诉

投标人经复核认为招标人公布的招标控制价未按照规范的规定进行编制的，应当在招标控制价公布后5天内向招投标监督机构和工程造价管理机构投诉。

投诉人投诉时，应当提交书面投诉书，包括以下内容：

① 投诉人与被投诉人的名称、地址及有效联系方式；

② 投诉的招标工程名称、具体事项及理由；

③ 相关请求和主张及证明材料。

投诉书必须由单位盖章和法定代表人或其委托人的签名或盖章。投诉人不得进行虚假、恶意投诉，阻碍投标活动的正常进行。

（2）对投诉的处理

工程造价管理机构在接到投诉书后应在二个工作日内进行审查，对有下列情况之一的，不予受理：

① 投诉人不是所投诉招标工程的投标人；

② 投诉书提交的时间不在招标控制价公布后5天内；

③ 投诉书不符合规定的。

工程造价管理机构决定受理投诉后，应在不迟于次日将受理情况书面通知投诉人、被投诉人以及负责该工程招投标监督的招投标管理机构，并立即对招标控制价进行复查，组织投诉人、被投诉人或其委托的招标控制价编制人等单位人员对投诉问题逐一核对。有关当事人应当予以配合，并保证所提供资料的真实性。

工程造价管理机构应当在受理投诉的十天内完成复查（特殊情况下可适当延长），并作出书面结论通知投诉人、被投诉人及负责该工程招投标监督的招投标管理机构。

当招标控制价复查结论与原公布的招标控制价误差＞±3%的，应当责成招标人改正。招标人根据招标控制价复查结论，需要修改公布的招标控制价的，且最终招标控制价的发布时间至投标截止时间不足十五天的，应当延长投标文件的截止时间。

5.5 园林工程施工投标报价与文件编制

参与园林工程施工投标是园林企业获得园林工程施工承包权的一种重要和主要的手段，投标成功率在某种程度上甚至关系到企业的兴衰存亡。因此，制定有效的投标策略和合理的投标报价，争取获得招标工程承包合同，是园林企业参与市场竞争的最重要的法宝之一。

5.5.1 园林工程施工投标准备工作

5.5.1.1 组建园林工程投标工作机构

对园林施工企业来说，参与各项园林工程投标，是一项长期的、常规的工作。为了提高在投标中的竞争力，企业不仅要在企业管理、技术创新等方面下工夫，而且要在投标工作机构的组建上下功夫，实践证明，建立一个长期稳定、业务水平高的投标机构是投标获得成功的必要保证。

园林工程施工招标的根本目的就是通过市场竞争手段择优选择园林工程施工承包商，择优主要体现在价格、质量、工期及施工技术四个方面，因此，园林施工企业在投标中应在投标文件中充分体现本单位在以上四方面的优势，投标工作机构应吸纳工程造价、工程技术、商务金融以及合同管理等四方面的人才，以提高投标竞争力。

① 工程造价人才　是指从事工程造价的人员，他们具备工程造价相关知识，熟悉本公司工料机消耗标准和水平，随时了解掌握工料机及各类技术工人的市场行情动态，同时对主要竞争对手情况有较详细的认识，能运用科学的调查、分析、预测方法，制定合理有效的投标报价，通过不平衡报价等投标策略，使投标报价既具备市场竞争力，又能够有一定的利润空间。

② 工程技术人才　是指从事工程设计和工程施工的各类专业技术人才，他们具备熟练的专业技能和专业知识，具有较丰富的工程实践经验，能根据招标工程的专业要求和技术规范，从本公司的实际技术水平出发，选择最经济合理的施工方案。

③ 商务金融类人才　是指具有从事金融、贷款、保函、采购、保险等方面工作经验和知识的专业人员。他们可以为筹集项目资金、估算采购成本、降低财务费用及正确评估工程承包风险等提供帮助。

④ 合同管理人才　是指熟悉合同相关法律法规、熟悉工程合同条款、具有合同谈判经验、善于发现及处理索赔等方面敏感问题的专业人员。对国际工程来说，还必须精通国际惯例和FIDIC、ICE（英国土木工程师学会）、AIA（美国建筑师学会）等国际常用的合同条款。

为了保守商业秘密，投标工作机构人员要少而精，同时要保持成员的相对稳定，形成一个共同参与、协同作战、整体稳定的投标团队，以不断积累和总结投标经验，提高团队整体的素质和能力，从而提高本公司投标竞争力。

5.5.1.2　选择投标项目

园林施工企业为积极参与市场竞争，往往多渠道收集园林工程施工招标信息，在许多可选择的招标工程中，因投标成本、企业施工能力、承包项目风险等原因，必须通过研究分析，选择其中合适的项目来参与投标。

（1）投标项目选择应考虑的因素

园林施工企业在进行是否参与投标的决策时，主要应考虑以下因素。

① 招标工程项目的可靠性　包括项目资金是否落实到位，发包人是否具有良好的付款信誉，项目审批程序是否已经完成等。

② 招标工程项目的承包条件　包括合同双方责权利关系是否比较平衡、有没有对承包方单方面的苛刻约束性条款、有没有承包方难以承受的风险因素等。

③ 园林施工企业自身状况　包括本企业是否有能力（包括技术、人员、资金等方面）承包该项目，相对于竞争对手自己是否具有明显的优势等。

（2）一般情况下应放弃投标的项目

通常情况下，下列招标项目应放弃投标：

① 本施工企业主营和兼营能力之外的项目；

② 工程规模、技术要求超过企业施工资质的项目；

③ 本施工企业任务饱满，而招标工程的盈利水平较低或风险较大的项目；

④ 本施工企业资质等级、技术能力、施工水平明显不如竞争对手的项目。

总之，要尽可能选择本企业能够完成且具有较大竞争优势、风险可控的投标项目参与投标，而不要企图承包超过自己施工技术水平、管理水平和财务能力的工程，以及自己没有竞争力的工程，以免给企业发展带来不利影响。

（3）投标项目选择决策方法

介绍两种常用的决策方法。

① 综合评价法　在投标项目选择决策中，较常采用的方法是综合评价法，即将影响投标决策的主客观因素，用某些具体的指标表示出来，并定量地对此作出综合评价，以此作为投标决策的依据，具体步骤为：

a. 确定影响投标的指标。园林施工企业在决定是否参加不同的具体工程投标时所考虑的因素会有所不同，但一般包括：国家对该项目的鼓励与限制；企业能否抽出足够的、水平相应的管理人员；企业能否有足够的技术人员参加该工程；职工的技术水平、工种、人数能否满足该工程要求；该工程所需的施工机械设备能否满足要求；类似工程经验；业主的资金情况；市场情况；项目的工期要求及交工条件；竞争对手情况；对今后在该地区对企业带来的影响与机会等。

b. 确定各指标的权重。上述各项指标对企业参加投标的影响程度是不同的，为了在评价中能反映出各指标的相对重要程度，应当对各指标赋予不同的权重。

c. 各指标的评分。用上述各指标对项目进行衡量，可以将各标准划分为好、较好、一般、较差、差五个等级，各等级赋予定量数值（如按1.0，0.8，0.6，0.4，0.2）打分。

d. 计算综合评价总分。将各指标权重与等级分相乘，求出该指标得分，各项指分得分之和即为此工程投标机会总分。

e. 决定是否投标。将总得分与过去其他投标情况进行比较或与公司事先确定的准备接受的最低分数相比较，决定是否参加投标。如果有多个投标机会进行选择，则取最高的总分值作为优先投标项目。

② 决策树法　当面临几个投标项目的选择，而投标人自己的条件又决定了只能参加一个项目的投标时，可以采用决策树的方法进行投标决策。决策的方法是在考虑每种项目的中标概率和收益率的基础上，计算每个项目投标的收益期望值，然后选择收益期望值最高的项目参与投标。

5.5.1.3　园林工程招标文件分析

招标文件是招标人对投标人的要约邀请，它所确定的工程承包范围、承包方式、工程技术文件、合同主要条款、评标方法等，是投标人了解工程项目信息、制定施工方案、确定投标策略的重要依据。因此，投标人取得园林工程招标文件后，必须仔细研究招标文件。

投标人购得（取得）招标文件后，首先要对照招标文件目录检查招标文件的完整性，对照图纸目录检查施工图纸的完整性，然后分三部分进行全面分析：

① 投标人须知分析　通过分析投标人须知，掌握招标过程、评标规则和各项要求，严格按招标文件的要求准备投标文件，严格按照规定时间完成投标工作，避免应工作疏忽，造成废标，失去竞争机会。同时大致了解投标风险，以确定适当的投标策略。

② 工程技术文件分析　要详细了解设计规定的各部位做法和对材料品种规格的要求；对整个建筑物及其各部件的尺寸，各种图纸之间的关系（建筑图与结构图、平面、立面与剖面图，设备图与建筑图、结构图的关系等）都要了解清楚，发现不清楚或互相矛盾之处，要提请招标单位解释或订正。

通过图纸会审、工程量复核、图纸和规范中的问题分析，详细了解工程项目具体的承包范围、技术要求、质量标准，在此基础上结合本企业实际，制定施工组织方案，并对主要材料、设备价格进行市场询价，为编制投标报价提供依据。

③ 合同评审　招标文件中的合同文本包含了合同最重要的主要条款，包括承包方式、工期要求、质量要求、工程款支付、工程变更办法、物价调整办法、停工窝工处理办法、工期奖罚办法、承发包双方的权利义务、违约责任及争端解决办法等。通过对合同进行全面评审，全面分析承包工程存在的风险与机遇，从而选择正确的投标策略。

5.5.1.4　工程项目所在地调查分析

（1）政治方面

在国际工程中，尽可能了解工程项目所在地的政治制度，政局稳定性，宗教及其种族矛盾，发生战争、封锁、禁运等的可能性，与我国的关系等。

（2）法律方面

了解当地与工程项目相关的主要法律及其基本精神，如合同法、劳工法、税法、海关法、环保法、招标投标法、与本项目相关的特殊的优惠或限制政策。

（3）经济方面

针对涉外工程，须了解当地的通货膨胀率、汇率、贷款利率、换汇限制等。

（4）自然条件方面

① 气象资料　包括年平均气温、年最高气温和年最低气温，风向图、最大风速和风压值，日照，年平均降雨（雪）量和最大降雨（雪）量，雨季分布及天数、年平均湿度、最高和最低湿度，其中尤其要分析全年不能和不宜施工的天数（如气温超过或低于某一温度持续的天数，雨量和风力大于某一数值的天数，台风频发季节及天数等）。

② 水文资料　包括地下水位、潮汐、风浪等。

③ 地质情况　包括地质构造及特征，承载能力，地基是否有膨胀土、冬季冻土层厚度等。

④ 各种不可预见的自然灾害的情况　如地震、洪水、暴雨、风暴等。

（5）施工条件方面

① 工程现场的用地范围、地形、地貌、地物、标高，地上或地下障碍物，现场的“三通一平”情况（是否可能按时达到开工要求）。

② 工程现场周围的道路、进出场条件（材料运输、大型施工机具）、有无特殊交通限制（如单向行驶、夜间行驶、转弯方向限制、货载重量、高度、长度限制等规定）等。

③ 工程现场施工临时设施、大型施工机具、材料堆放场地安排的可能性，是否需要二次搬运。

④ 工程现场临近建筑物与招标工程的间距、结构形式、基础埋深等。

⑤ 市政给水及污水、雨水排放线路位置、标高、管径、压力，废水、污水处理方式，市政消防供水管道管径、压力、位置等。

⑥ 当地供电方式、方位、距离、电压等。

⑦ 当地煤气供应能力，管线位置、标高等。

⑧ 工程现场通讯线路的连接和铺设。

⑨ 当地政府有关部门对施工现场管理的一般要求、特殊要求及规定，是否允许节假日和夜间施工等。

（6）其他条件调查

① 建筑构件和半成品的加工、制作和供应条件，商品混凝土的供应能力和价格。

② 是否可以在工程现场安排工人住宿，对现场住宿条件有无特殊规定和要求。

③ 是否可以在工程现场或附近搭建食堂、自己供应施工人员伙食，若不可能，通过什么方式解决施工人员的餐饮问题，其费用如何。

④ 工程现场附近治安情况如何，是否需要采用特殊措施加强施工现场保卫。

⑤ 工程现场附近的生产厂家、商店、各种公司和居民的一般情况，工程施工可能对他们造成影响的程度。

⑥ 工程现场附近各种社会服务设施和条件，如当地的卫生、医疗、保健、通讯、公共交通、文化、娱乐设施情况及其技术水平、服务水平、费用，有无特殊的地方病、传染病等。

⑦ 当地有关部门的办事效率和所需各种费用。

⑧ 当地的风俗习惯、生活条件和方便程度。

⑨ 当地人的商业习惯、文化程度、技术水平和工作效率等。

5.5.1.5　市场状况调查

（1）对业主情况的调查

由于目前建筑市场竞争激烈，业主与承包商的地位不对等，因此，投标人事先应当对业主的情况进行深入细致的调查了解，这是工程能否顺利实施、能否获利的前提。对业主的调查包括：

① 本工程的资金来源、额度的落实情况；

② 本工程各项审批手续是否齐全；

③ 业主在以往工程建设招投标及建设过程中的习惯做法，对承包人的态度和信誉，能否及时支付工程款、合理对待承包人的索赔要求；

④ 业主项目代表的资历，工作方式和习惯，对承包人的基本态度，当出现争端时能否站在公正的立场上提出合理的解决方案等。

（2）对竞争对手的调查

尽可能了解有多少家公司获得本工程的投标资格，有多少家公司购买了标书，有多少家公司参加了标前会议和现场勘察，从而尽可能获知潜在竞争对手情况，进一步调查分析可能参与投标竞争的公司的有关情况，包括技术特长、管理水平、经营状况及可能采用的投标策略、投标报价，努力做到知己知彼。

（3）生产要素市场调查。

承包人为实施工程购买所需工程材料，增置施工机械、零配件、工具和油料、劳动力、运输等，而它们的市场价格和支付条件是变化的，因此会对工程成本产生一定的影响。投标时，要使报价合理并具有竞争力，就应对所购工程材料和工程设备的质量、价格等进行认真调查，即做好询价工作。不仅要了解当时的价格，还要了解历史的变化情况，预测未来施工期间可能发生的变化，以便在报价时加以考虑。此外，工程物资询价还涉及物资的种类、品质、支付方法、运输方式、供货计划等问题，也必须了解清楚。

如果工程施工需要雇佣当地劳务，则应了解可能雇到的工人的工种、数量、素质、基本工资和各种补助费及有关社会福利、社会保险等方面的规定。

5.5.1.6 参加标前会议和勘察现场

（1）标前会议

标前会议也称投标预备会、招标答疑会，是招标人给所有投标人提供的一次答疑的机会，有利于加深对招标文件的理解，凡是想参加投标并希望获得成功的投标人，都应认真准备和积极参加标前会议。

在标前会议之前应事先深入研究招标文件，并将发现的各类问题整理成书面文件，寄给招标人要求给予书面答复，或在标前会议上予以解释和澄清。参加标前会议应注意以下几点：

① 对工程内容范围不清的问题应提请解释、说明，但不要提出修改设计方案的要求；

② 如招标文件中的图纸、技术规范存在相互矛盾之处，可请求说明以何者为准，但不要轻易提出修改技术要求；

③ 对含糊不清、容易产生理解上歧义的合同条款，可以请求给予澄清、解释，但不要提出改变合同条件的要求；

④ 注意提问技巧，注意不使竞争对手从自己的提问中获悉本公司的投标设想和施工方案；

⑤ 招标人在标前会议上对所有问题的答复均会发出书面文件，并作为招标文件的组成部分，投标人不能仅凭口头答复来编制自己的投标文件。

（2）现场勘察

招标人一般会组织所有投标人进行现场勘察，并将其作为标前会议的一部分，但也有部分工程要求投标人自行前往进行现场勘察。投标人为获取施工现场必要信息，应派经验丰富的工程技术人员参加。派往参加现场勘察的人员事先应当认真研究招标文件的内容，特别是图纸和技术文件。现场勘察中，除与施工条件和生活条件相关的一般性调查外，应根据工程专业特点有重点地结合专业要求进行勘察。投标人在勘察现场中如有疑问，应在投标预备会前以书面形式向招标人提出。

5.5.2 投标报价策略

园林施工企业在对招标工程作出参加投标的决策之后，应依据企业自身情况、竞争对手情况及业主制定的评标办法等，选择合理的报价策略，以期中标并获得尽可能多的利润。

常用的投标报价策略主要有以下几种。

（1）不平衡报价法

不平衡报价是相对于常规的平衡报价而言的，是在总的报价保持不变的前提下，与正常水平相比，提高某些分项工程的单价，同时，降低另外一些分项工程的单价，以期在工程结算时得到更理想的经济效益。

不平衡报价的原则，就是在保持正常报价水平条件下的总报价不变，在此基础上，早收钱、多收钱。早收钱，是通过参照工期时间去合理调整单价后得以实现。而多收钱，是通过参照分部分项工程数量去合理调整单价后得以实现的。常用做法如下：

① 早期完工的分项工程（如基础工程、土方开挖、桩基等）可以报得较高，以利资金周转，后期完工的分项工程（如机电设备安装、装饰工程等）可报价较低；但预计工程量会减少的早期完工分项工程则不宜抬高单价。

② 经过工程量核算，预计今后工程量会增加的项目，单价适当提高，反之则将单价适当降低。

③ 设计图纸不明确，估计修改后工程量要增加的，可以提高单价，反之则可以降低一些单价。

④ 暂定项目又叫任意项目或选择项目，这一类项目要开工后由业主研究决定是否实施。因此，投标人对预计实施可能性大的项目，单价可报高些，预计不一定实施的项目，单价则应报低些。如果暂定项目由招标人决定是否分包，对可能由招标人指定其他承包商施工的项目，则不宜报高价，以免抬高总报价。

⑤ 投标时可将单价分析表中的人工费及机械设备费报得较高，而将材料费报得较低。这主要是为了在今后补充项目报价时可以参考选用“单价分析表”中较高的人工费和机械设备费，而材料价采用市场价，以求获得更高的收益。

⑥ 对没有工程量只填报单价的项目，或招标人要求采用包干报价的项目，单价宜报高些，对其余项目，单价可报低一些。

⑦ 计日工或计划台班机械单价可以报得高些，以便在日后业主用工或使用机械时可多盈利。但如果计日工表中有一个假定的“名义工程量”时，则需要具体分析是否报高价，以免抬高总报价。总之，要分析业主在开工后，可能使用的计日工数量，确定报价技巧。

不平衡报价是投标人常用的投标报价策略，招标人大多会予以防范，在招标文件合同文本中约定发包人可对不平衡报价按一定原则进行调整，因此，投标人在使用此策略时，要注意不平衡报价不能过多或过于明显，不能出现明显的畸高畸低，以免弄巧成拙，导致发包人要求对高报价予以调整，而低报价则不予调整，造成损失。另外，不平衡报价一定要建立在对工程量风险仔细核对的基础之上，特别是对于报低单价的项目，如工程量一旦增加，将造成承包人的损失。

（2）多方案报价法

如果招标文件出现工程范围表示不明确、条款不是十分清楚公正、技术规范要求过于苛刻等情况，投标人风险加大。此时，为减少风险，投标人就必须增加“不可预见费”，就会提高报价。此时，可按多方案报价法处理。具体做法就是在标书上报两个单价，一是按招标文件中的条件报一个单价，另一个是加注解的报价，如“如果某条款作某些变动，则可降低报价多少”，以吸引业主修改某些条款，达到接受报价的目的。

有时招标文件规定，投标人可以对招标项目提合理化建议。此时，投标人应组织一批有经验的园林技术专家，对原招标文件的设计和施工方案仔细研究、分析、论证，如果发现该工程中某些设计不合理并可以改进，或利用某项新技术、新工艺能显著降低造价时，投标人除了按正规报价之外，应该另附上一个修改原设计的“建议方案”或“比较方案”，提出更有效的措施，以降低造价和缩短工期。如果“建议方案”可以降低总造价或提前竣工或使工程运用更加合理，往往能引起业主的极大兴趣，中标的可能性会大大提高。

采用此方法时，要注意对原方案也必须要报价，以供业主比较。对于建议方案，出于对自身利益的保护，不要将方案写得太具体，保留方案的技术关键，防止在自己不中标的情况下，业主将此方案交给其他承包人；同时，建议方案一定要比较成熟，或过去有这方面的实践经验，如果仅为中标而提出一些没有把握的建议方案，可能会使自己在中标后的工程实施过程中处于被动，引起后患。

（3）先亏后盈法

先亏后盈法是为了想方设法占领某一市场或想在某一地区打开局面，而采用的一种不惜代价，只求中标的手段。这种方法标价低到其他承包商无法与之竞争的地步，力争中标。其着眼在于将来——在未来工程的投标中，凭借已中标工程的经验、临时设施、创立的信誉以及和业主建立的友好合作的关系，比较容易在后期项目竞争中取胜。

对新进市场的标志性工程或大型分期项目一期工程，可采用这种方法，以争取市场广告效应或承接二期以后的项目。采用这种方法，要注意企业自身实力及后续工期时间，谨慎对待，以免承担过高风险。

（4）突然降价法

突然降价法，是一种迷惑对手的竞争手段。报价是一件保密工作，但竞争对手之间往往通过各种渠道来刺探情报，绝对保密很难做到，所以可在报价时采用迷惑对手的手法。即有意泄露一些假情报，如表现出自己对该工程兴趣不大不打算参加投标，或准备投高价等假象，到快要投标截止时间时，再突然降低报价。

采用这种方法时，一定要在准确估价的基础上，考虑好降价的幅度，并做好保密工作，投标截止日之前，根据情报信息与分析判断，最后一刻出击，出奇制胜。

（5）扩大单价法

扩大单价法是一种常用的作标方法，即除了按正常的已知条件编制标价以外，对工程变化较大或没有把握的工作，采用扩大单价，增加“不可预见费”的方法来减少风险。

除上述策略技巧外，有的承包商还采用开口升级报价法、联合保标法等报价策略。

施工投标报价是一项系统工程，报价策略与技巧的选择需要掌握充足的信息，更需要在投标实践中灵活使用，否则就可能导致投标失败，甚至丧失投标资格。

5.5.3 投标文件编制及投标报价

园林工程投标文件，是园林工程投标人按招标文件要求编制的响应性文件，是投标人确定、修改和解释有关投标事项的各种书面表达形式的统称。从合同订立过程来分析，园林工程投标文件在性质上属于一种要约，其目的在于向招标人提出订立合同的意愿，园林工程投标文件正式提交给招标人时对投标人产生约束力。

5.5.3.1 投标文件编制

（1）投标文件组成

园林工程投标文件由一系列有关投标方面的书面资料组成。一般来说，投标文件由以下几个部分组成：

① 投标函及投标函附录；

② 法定代表人身份证明；

③ 授权委托书；

④ 联合体协议书（组成联合体投标时）；

⑤ 投标保证金；

⑥ 已标价工程量清单；

⑦ 施工组织设计（招标文件要求时）；

⑧ 项目管理机构；

⑨ 拟分包项目情况表（允许分包时）；

⑩ 资格审查资料；

⑪ 其他材料。

（2）投标文件编制步骤

投标人在领取招标文件、做好投标准备工作后，就要开始投标文件的编制工作。编制投标文件的一般步骤是：

① 按招标文件要求开具投标函及投标函附录；

② 开具法定代表人身份证明及授权委托书；

③ 组成联合体参加投标时，与联合体各方签订联合体协议书；

④ 按招标文件要求准备投标保证金；

⑤ 编制施工组织设计；

⑥ 按工程量清单编制投标报价并复核、调整；

⑦ 编制资格审查材料；

⑧ 编制拟分包项目情况表；

⑨ 按招标文件要求检查整理投标文件。

（3）编制投标文件的注意事项

① 投标文件应当对招标文件规定的实质性要求和条件作出响应。

② 必须按照招标文件规定的投标文件格式和要求编制投标文件，但表格可以按同样格式扩展。

③ 应当编制的投标文件“正本”仅一份，“副本”则按招标文件前附表所述的份数提供，同时要明确标明“投标文件正本”和“投标文件副本”字样。投标文件正本和副本如有不一致之处，以正本为准。

④ 投标文件应当字迹清晰、端正，纸张统一、装帧美观大方，最好采用打印方式编制标书。

⑤ 对招标文件所提供的投标书格式的每一空白处都要填写，否则会被视为放弃意见或被视为未对招标文件进行实质性响应而被拒绝。

⑥ 计算数据要准确无误，无论单价、合价、分部合计、总标价及其大写数字均应当仔细核对。

⑦ 递交的投标文件若填写有误而进行修改，则必须在修改处签字。

⑧ 应按招标文件要求签字盖章。

（4）投标文件的审查

投标文件编制完成后，应对投标文件进行必要的审查，避免因错误或遗漏而导致废标或中标后承担重大风险。投标文件审查一般包括：

① 投标文件总体审查

a.投标文件的完整性审查，即投标文件中是否包括招标文件规定应提交的全部文件。

b.投标书的有效性分析，如印章、授权委托书是否符合要求。

c.投标文件与招标文件一致性的审查，如检查投标报价是否完全响应招标要求。

② 投标报价分析　投标报价分析是通过对投标报价进行数据对比分析，找出其中可能存在的错误。投标报价分析必须细致、全面，一般分三步进行：

a.对各报价本身的正确性、完整性、合理性进行分析。通过分别对各报价进行详细的复核、审查，找出存在的问题，如明显的数字运算错误，单价、数量与合价之间不一致，合同总价累计出现错误等。

b.投标报价中是否存在漏项。

c.如果投标报价采用不平衡报价，需要检查不平衡报价的差异幅度是否控制在合理的幅度范围内，可能与其他投标人报价的偏差，以免业主在评标时发现不平衡报价之处，挑出报价过高的单项，要求投标人进行单价分析，围绕单价分析中过高的内容压价，以致得不偿失。

③ 技术标的审查

a.审查施工方案、作业计划、施工进度计划的科学性和可行性，是否能保证合同目标的实现。

b.审查施工方案、施工进度计划是否能保证工程工期，有没有考虑气候、假期等的影响。

c.审查施工现场布置是否科学，安全文明施工及质量保证措施是否有效。

d.审查用于该园林工程的人力、设备、材料计划的可行性。

e.审查项目班子组成的合理性，主要包括项目经理、主要工程技术人员的工作经历、经验等。

5.5.3.2 园林工程投标报价

我国自2003年开始试行工程量清单计价，经过近十年的推行，工程量清单计价成为工程招标中通用的计价模式。下面着重介绍工程量清单计价模式下的投标报价。

（1）园林工程投标报价的主要依据

园林工程投标报价应根据下列依据编制和复核：

①《建设工程工程量清单计价规范》（GB 50500—2013）；

② 国家或省级、行业建设主管部门颁发的计价办法；

③ 企业定额，国家或省级、行业建设主管部门颁发的计价定额；

④ 招标文件、工程量清单及其补充通知、答疑纪要；

⑤ 园林工程设计文件及相关资料；

⑥ 施工现场情况、园林工程特点及拟定的投标施工组织设计或施工方案；

⑦ 与园林工程项目相关的标准、规范等技术资料；

⑧ 市场价格信息或工程造价管理机构发布的工程造价信息；

⑨ 其他的相关资料。

（2）园林工程投标报价注意事项

① 除计价规范强制性规定外，投标人应依据招标文件、招标工程量清单及投标策略自主确定报价成本。

② 投标报价不得低于工程成本。

③ 投标人应按招标工程量清单填报价格。项目编码、项目名称、项目特征、计量单位、工程量必须与招标工程量清单一致。

④ 投标人可根据工程实际情况结合施工组织设计，对招标人所列的措施项目进行增补。

⑤ 招标工程量清单与计价表中列明的所有需要填写的单价和合价的项目，投标人均应填写且只允许有一个报价。未填写单价和合价的项目，视为此项费用已包含在已标价工程量清单中其他项目的单价和合价之中。

⑥ 投标总价应当与分部分项工程费、措施项目费、其他项目费和规费、税金的合计金额一致。

（3）园林工程投标报价程序

园林企业在投标报价前，应按清单计量规范，结合施工图纸，认真复核工程量清单所列工程量，并检查工程量清量有无错漏项，以利在报价时选择适当的投标报价策略。

园林工程施工投标报价由分部分项工程费、措施项目费、其他项目费、规费和税金组成，投标报价基本程序为：

① 计算单位工程分部分项工程费　分部分项工程费=工程量清单中分部分项工程量×分部分项工程综合单价

分部分项工程费应依据招标文件及其招标工程量清单中分部分项工程量清单项目的特征描述确定综合单价计算，并应符合下列规定：综合单价中应考虑招标文件中要求投标人承担的风险费用；招标工程量清单中提供了暂估单价的材料和工程设备，按暂估的单价计入综合单价。

② 确定单位工程措施项目费　以项计价的措施项目费=计算基础×费率（%）

以综合单价形式计价的措施项目费=措施项目清单工程量×措施项目综合单价。

措施项目费应根据招标文件中的措施项目清单及投标时拟定的施工组织设计或施工方案自主确定。措施项目清单中的安全文明施工费应按照招标工程量清单规定计价，不得作为竞争性费用。

③ 单位工程其他项目费报价　其他项目费=按相关文件及投标人的实际情况进行计算汇总

其他项目费应按下列规定报价：暂列金额应按招标工程量清单中列出的金额填写；材料、工程设备暂估价应按招标工程量清单中列出的单价计入综合单价；专业工程暂估价应按招标工程量清单中列出的金额填写；计日工应按招标工程量清单中列出的项目和数量，自主确定综合单价并计算计日工总额；总承包服务费应根据招标工程量清单中列出的内容和提出的要求自主确定。

④ 计算规费和税金　规费和税金应按国家或省级、行业建设主管部门的规定计算，不得作为竞争性费用。

规费=（分部分项工程费+措施项目费+其他项目费）×规费费率

税金=（分部分项工程费+措施项目费+其他项目费+规费）×综合税率

规费项目一般包括：工程排污费；社会保障费（包括养老保险费、失业保险费、医疗保险费）；住房公积金；工伤保险。

税金项目一般包括：营业税；城市维护建设税；教育费附加。

⑤ 汇总计算单位工程报价

单位工程报价总价=分部分项工程费+措施项目费+其他项目费+规费+税金

⑥ 汇总计算单项工程投标报价汇总

单项工程项目投标报价=∑单位工程报价总价

⑦ 建设工程投标报价汇总

建设工程项目投标报价=∑单项工程报价总价

（4）综合单价的确定

综合单价是决定投标价格的重要因素，关系到投标的成败及投标人中标后的盈亏水平，通过综合单价分析、结合投标报价策略确定合理的综合单价十分重要。

① 综合单价的分析　综合单价由完成规定计算单位工程量清单项目所需的人工费、材料费、机械费、管理费及利润、风险因素、工程量增减因素、工程中材料的合理损耗八方面组成的。

a.综合单价中人工费=清单项目组价内容工程量×企业定额人工消耗量指标×人工工日单价/清单项目工程数量；

b.综合单价中材料费、机械台班使用费计算办法同上；

c.管理费=（人工费+材料费+机械使用费）×管理费费率

d.利润=（人工费+材料费+机械使用费+管理费）×利润率

e.风险因素，按一定的原理，采取风险系数来反映；

f.综合单价=（人工费＋材料费＋机械费＋管理费＋利润）×（1＋风险系数）

② 综合单价编制时应注意的问题

a.必须非常熟悉企业定额的编制原理，为准确计算人工、材料、机械消耗量奠定基础；

b.必须熟悉施工工艺，准确确定工程量清单表中的工程内容，以便准确报价；

c.经常进行市场询价和商情调查，以便合理确定人工、材料、机械的市场单价；

d.广泛积累各类基础性资料及其以往的报价经验，为准确而迅速的做好报价提供依据；

e.经常与企业及项目决策领导者进行沟通明确投标策略，以便合理报出管理费率及利润率；

f.增强风险意识，熟悉风险管理有关内容，将风险因素合理的考虑在报价中；

g.必须结合施工组织设计和施工方案将工程量增减的因素及施工过程中的各类合理损耗都应考虑在综合单价中。

5.6 园林工程施工评标

强制性招标的园林工程施工项目，评标由招标人依法组建的评标委员会负责，评标委员会成员的名单在中标结果确定前应当保密。招标人应当采取必要措施，保证评标在严格保密的情况下进行，评标委员会在评标过程中有关检查、评审和授标的建议等情况均不得向投标人或与该程序无关的人员透露。

评标过程通常要经过投标文件的符合性鉴定、技术性评审、商务性评审、投标文件澄清、综合评价与比较、编制评标报告等几个步骤。

5.6.1 投标文件的符合性审查

所谓符合性审查，是检查投标文件是否实质上响应招标文件的要求，即检查投标文件是否与招标文件的所有条款、条件规定相符，无显著差异或保留。

符合性审查一般包含以下内容。

（1）投标文件有效性审查

投标人以及以联合体形式投标的所有成员是否已通过资格预审，获得投标资格；投标文件是否提交了投标人的法人资格证书及对投标负责人的授权委托书，联合体投标的是否提交了合格的联合体协议书以及对投标负责人的授权要求；投标保证金的格式、内容、金额、有效期、开具单位是否符合招标文件；投标文件是否按要求进行了有效的签署等。

（2）投标文件的完整性审查

投标文件是否包括招标文件规定应递交的全部文件，如已标价工程量清单、技术标准和要求、投标价格、分包计划、施工组织设计和项目管理机构等。

（3）与招标文件的一致性审查

凡是招标文件中要求投标人填写的空白栏目是否全部填写并作出明确的回答，如投标书及其附录是否完全按要求填写；对于招标文件的任何条款、数据或说明是否有任何修改、保留和附加条件。

通常符合性审查是评标的第一步。如果投标文件没有实质上响应招标文件的要求，将被列为不合格投标予以拒绝，并不允许投标人通过修正或撤销其不符合要求的差异或保留，使之成为响应性投标。

5.6.2 技术性评审

技术性评审主要包括对投标人所报的施工方案或组织设计、关键工序、进度计划，人员和机械设备的配备，技术能力，质量控制措施，临时设施的布置和临时用地情况，施工现场周围环境污染的保护措施等进行评审，以确认投标人完成工程的技术能力。

技术性评审的主要内容如下。

（1）施工方案的可行性评审

施工方案的可行性评审是对各类分部分项工程的施工方法、施工人员、施工机械设备的配备、施工现场的安排、施工顺序及其相互衔接等方面的评审。在对该项目的关键工序的施工方法进行可行性论证时，应审查其技术的难点、先进性和可靠性。

（2）施工进度计划的可靠性评审

审查施工进度计划是否满足对竣工时间的要求，并且是否科学和合理，切实可行，同时还要审查保证施工进度计划的措施，例如施工机具、劳务的安排是否合理和可能等。

（3）施工质量保证评审

审查投标文件中提出的质量控制和管理措施，包括质量管理人员的配备、质量检验仪器的配置和质量管理制度等。

（4）工程材料和机器设备技术性能评审

审查投标文件中关于主要材料和设备的样本、型号、规格和制造厂家名称、地址等，判断其技术性能是否达到设计标准。

（5）分包商的技术能力和施工经验评估

如果投标人拟在中标后将中标项目的部分工作分包给他人完成，应当在投标文件中载明。应审查确定拟分包的工作必须是非主体、非关键性工作，审查分包人应当具备的资格条件和完成相应工作的能力和经验。

（6）建议方案评审

如果招标文件中规定可以提交建议方案，则应对投标文件中的建议方案的技术可靠性、合理性、先进性进行评估，并与原招标方案进行对比分析。

5.6.3 商务性评审

商务性评审的目的是对投标报价的准确性、合理性、经济效益和风险等的评估，比较授标给不同的投标人产生的不同后果。

商务性评审的主要内容如下。

（1）审查全部投标报价数据计算的正确性

通过对投标报价数据全面审核，看其是否有计算上或累计上的算术错误。如果有，则按“投标人须知”中的规定改正和处理。一般修改的原则为：如果用数字表示的数额与用文字表示的数额不一致时，以文字数额为准；当单价与工程量的乘积与合价之间不一致时，通常以标出的单价为准，除非评标委员会认为有明显的小数点错位，此时应以标出的合价为准，并修改单价。按上述原则调整投标书中的投标报价，经投标人确认同意后，将对投标人起约束作用。如果投标人不接受修正后的投标报价，则其投标将被拒绝。

（2）分析报价构成的合理性

通过分析工程报价中主体工程各专业工程价格的比例关系、工程报价中直接费、间接费和其他费用的比例关系等，判断报价是否合理，还要注意审查工程量清单中的综合单价有无脱离实际的过高或过低的“不平衡”报价，计日工劳务和机械台班（时）报价是否合理等。

（3）对建议方案的商务性评审（如果有的话）

评标委员应当根据招标文件，审查并逐项列出投标文件的全部投标偏差。投标偏差分为重大偏差和细微偏差。出现重大偏差视为未能实质性响应招标文件，作废标处理。细微偏差指实质上响应招标文件要求，但在个别地方存在漏项或者提供了不完整的技术信息和资料等情况，且补正这些遗漏或不完整不会对其他投标人造成不公正的结果，细微偏差不影响投标文件的有效性。

5.6.4 投标文件澄清

在评标时，评标委员会可以书面方式要求投标人对投标文件中含义不明确、对同类问题表述不一致或者有明显文字和计算错误的内容作必要的澄清、说明或补正。评标委员会不得向投标人提出带有暗示性或诱导性的问题，或向其明确投标文件中的遗漏和错误。

投标人在规定的时间内以书面形式正式答复，澄清和确认的问题必须由法定代表人或授权代表人签字，并声明将其作为投标文件的组成部分，但澄清问题的文件不允许变更投标价格或对原投标文件进行实质性修改。

5.6.5 综合评价与比较

在以上工作的基础上，评标委员会应当根据招标文件确定的评标方法，对筛选出来的合格投标文件进行进一步的综合评审与比较，以推荐中标候选人或者直接确定中标人。

中标人的投标应当符合下列条件之一：

① 能够最大限度地满足招标文件中规定的各项综合评价标准。

② 能够满足招标文件的实质性要求，并经评审的投标价格最低，但是投标价格低于成本的除外。

招标人应结合园林工程的特点确定科学的评标方法。评标方法的科学性对于实施平等的竞争，公正合理地选择中标者是极端重要的，目前国内采用较多的是经评审的最低投标价法和综合评估法。

5.6.6 编写评标报告

评标结束后，评标委员会应当向招标人提出书面评标报告，推荐合格的中标候选人，评标报告由评标委员会全体成员签字。评标委员会推荐的中标候选人应当限定在一至三人，并标明排列顺序。

评标报告一般包括：

① 招标情况　主要包括园林工程说明、招标过程等；

② 开标情况　主要包括开标时间、地点、参加开标会议人员、唱标情况等；

③ 评标情况　主要包括评标委员会的组成及评标委员会人员名单、评标工作的依据及评标内容等；

④ 推荐意见。

思考题

1. 何谓园林绿化工程？
2. 简述园林工程的特点。
3. 简述各资质等级的城市园林绿化企业工程类资质标准及经营范围。
4. 简述园林古建筑工程专业承包企业工程范围。
5. 简述园林工程施工招标基本程序。
6. 简述园林工程招标公告的内容主要内容。
7. 园林工程投标申请人资格预审内容有哪些？资格预审的评审通常采用什么方法？

8. 何谓园林工程招标标前会议？有何作用？
9. 简述园林工程招投标工作中，开标的工作程序。
10. 投标文件视为无效的情形有哪些？
11. 简述招标文件的编制应当遵守的原则。
12. 何谓园林工程总承包、分承包、独立承包、联合承包和直接承包？
13. 园林工程标段划分应主要考虑哪些因素？
14. 园林工程招标文件主要内容有哪些？
15. 园林工程投标文件主要内容有哪些？
16. 何谓投标有效期？何谓投标保证金？何谓履约担保？
17. 评标办法包括哪些内容？常见的评标方法有哪些？
18. 园林工程施工合同文本包括哪几部分内容？
19. 工程量清单的主要内容有哪些？它有何作用？
20. 何谓招标控制价？它有何作用？
21. 招标控制价编制依据有哪些？
22. 简述招标控制价编制的方法。
23. 简述园林工程招标控制价审定内容。
24. 简述园林工程招标控制价投诉与处理程序。
25. 园林工程投标选择决策方法中综合评价法与决策树法各有什么特点？
26. 园林工程投标单位对工程项目所在地进行调查分析应从哪些方面进行？
27. 何谓不平衡报价法？其常见做法有哪些？
28. 何谓多方案报价法、先亏后盈法、突然降价法、扩大单价法？各有何特点？
29. 简述园林工程投标文件编制的步骤，及其注意事项。
30. 确定园林工程投标报价注意事项有哪些？
31. 园林工程施工投标报价由哪几部分组成？各部分内容如何？
32. 园林工程施工评标中，通常对投标文件的符合性审查内容有哪些？
33. 园林工程施工评标中，技术性评审的主要内容有哪些？

第6章

工程设备材料采购招标与投标

6.1 工程设备材料采购招标与投标概述

工程设备材料采购是指采购主体对所需的工程设备、材料，设定包括其质量、技术参数、期限、价格等为主的标的，通过招标或其他方式经过若干供应商投标竞争，采购主体从中选择优胜者与其达成交易协议、签订合同，并按合同实现标的采购方式。简言之，工程设备材料采购是指建设单位或采购主体通过招标或其他方式，选择一家或数家合格的工程设备材料供应商的全过程。采购主体可以是建设单位，也可以是承包商或分包商。

工程项目中材料和设备种类繁多、专业性强；工程设备材料采购应当遵循公开、公平、公正和诚实信用的原则。工程设备材料投标是工程设备材料供应商通过参加投标竞争，争取中标机会，获得工程设备材料采购任务的过程。

我国境内的工程设备材料采购招标与投标活动应遵守国家发展和改革委员会等七部委共同审议通过的《工程建设项目货物招标投标办法》。

6.1.1 工程设备材料采购的范围和特点

（1）工程设备材料采购的范围

工程设备材料采购的范围主要包括工程中所需要的大量建材、工具、用具、机械设备、电气设备等，大致分为：①工程用料；②工器具；③机电设备；④其他辅助办公和实验设备等。

（2）工程设备材料采购的特点

① 工程设备材料的多样性（品种多）；

② 技术的专业性（技术涉及的面广、复杂）；

③ 工程设备材料的数量大；

④ 价格的层次性（不同品质的设备、材料价格差别大）。

进口设备采购的影响因素更多，采购的程序更复杂，周期更长。

6.1.2 工程设备材料项目采购招标方式

工程设备材料项目采购招标方式通常有公开招标、邀请招标和竞争性谈判招标三种方式；特殊情况可以采用单一来源采购方式。

根据《中华人民共和国招标投标法》、《工程建设项目招标范围和规模标准规定》（原国家计委令第3号）、《工程建设项目货物招标投标办法》（国家发改委、建设部等七部委令第27号）等法律法规的规定：货物招标分为公开招标和邀请招标。对于下面两种情况的设备、材料等货物的采购应执行货物招标投标办法，即采用公开招标和邀请招标两种采购招标方式。（1）对于单项合同估算价在100万元人民币以上的；（2）总投资额在3000万元人民币以上的重要设备、材料等货物的采购。

（1）公开招标

公开招标，也称无限竞争性招标，是一种由招标人按照法定程序，在公开出版物上发布招标公告，所有符合条件的供应商或承包商都可以平等参加投标竞争，从中择优选择中标者的招标方式。

公开招标，也称无限竞争性招标。建设单位能够在最大限度内选择投标商，竞争性更强，择优率更高；同时也可以在较大程度上避免招标活动中的贿标行为。国际上政府采购通常采用这种方式。公开招标由于投标人众多，一般耗时较长，需花费的成本也较大，对于采购标的较小的招标来说，不宜采用公开招标的方式；另外还有些专业性较强的项目，由于有资格承接的潜在投标人较少，或者需要在较短时间内完成采购任务等，公开招标则不适合，采用邀请招标的方式更适合。

（2）邀请招标

邀请招标，也称有限竞争性招标或选择性招标，是招标方选择若干供应商或承包商（不得少于3家），向其发出投标邀请，由被邀请的供应商、承包商投标竞争，从中选定中标者的招标方式。一般邀请3～10个投标者较为适宜，当然要视具体招标项目的规模大小而定。

有下列情形之一的，经批准可以进行邀请招标：

① 货物技术复杂或有特殊要求，只有少量几家潜在投标人可供选择的；

② 涉及国家安全、国家秘密或者抢险救灾，适宜招标但不宜公开招标的；

③ 拟公开招标的费用与拟公开招标的价值相比，得不偿失的；

④ 法律、行政法规规定不宜公开招标的。

国家重点建设项目货物的邀请招标，应当经国务院发展改革部门批准；地方重点建设项目货物的邀请招标，应当经省、自治区、直辖市人民政府批准。采用邀请招标方式的，招标人应当向三家以上具备货物供应的能力、资信良好的特定的法人或者其他组织发出投标邀请书。

招标公告或者投标邀请书应当载明下列内容：

① 招标人的名称和地址；

② 招标货物的名称、数量、技术规格、资金来源；

③ 交货的地点和时间；

④ 获取招标文件或者资格预审文件的地点和时间；

⑤ 对招标文件或者资格预审文件收取的费用；

⑥ 提交资格预审申请书或者投标文件的地点和截止日期；

⑦ 对投标人的资格要求。

邀请招标与公开招标的区别如下：

① 招标人在一定范围内邀请特定的法人或其他组织投标。与公开招标不同，邀请招标不须向不特定的人发出邀请，但为了保证招标的竞争性，邀请招标的特定对象也应当有一定的范围，招标人应当向3个以上的潜在投标人发出邀请。

② 邀请招标不需要在公开出版物上发布招标公告，招标人只要向特定的潜在投标人发出投标邀请书即可。接受邀请的人才有资格参加投标，其他人无权索要招标文件，不得参加投标。应当指出，邀请招标虽然在潜在投标人的选择上和通知形式上与公开招标有所不同，但其所适用的程序和原则与公开招标是相同的。

为保证竞争又要减少招标工作量，在选择投标人的数量时，可根据项目的大小来决定。一般小型项目3～5个；中型项目5～7个；大型项目7～10个；特大型项目8～12个。另据世界银行建议，在国际竞争性设备采购招标中，一般在三个国家、四个投标单位之间竞争即可。

（3）竞争性谈判

竞争性谈判，是指采购人或者采购代理机构直接邀请三家以上供应商或承包商就采购事宜进行谈判的方式。一般适用于技术复杂，采购人不能明确具体需求，或采购人对采购时间比较紧急的项目采购。参加谈判的供应商名单由谈判小组从符合相应资格条件的供应商名单中确定，一般数量不少于三家。

竞争性谈判适用于以下四种情形，当出现其中任何一种情形时，法律允许不再使用公开招标采购方式，可以依照本法采用竞争性谈判方式来采购。

① 招标后没有供应商投标或者没有合格标的或者重新招标未能成立的。有三种情况：一是招标后没有供应商投标；二是招标后有效投标供应商没有达到法定的三家以上，或者是投标供应商达到了三家以上，但其中合格者不足三家的；三是再进行重新招标也不会有结果且重新招标不能成立的。

② 技术复杂或者性质特殊，不能确定详细规格或者具体要求的。主要是指由于采购对象的技术含量和特殊性质所决定，采购人不能确定有关货物的详细规格，或者不能确定服务的具体要求的。

③ 采购招标所需时间不能满足用户紧急需要的。由于公开招标采购周期较长，当采购人出现不可预见的因素（正当情况）急需采购时，无法按公开招标方式规定程序得到所需货物和服务的。

④ 采购对象独特而又复杂，以前不曾采购过且没有成本信息，不能事先计算出价格总额的。

竞争性谈判采购方式的特点是：一是可以缩短准备期，能使采购项目更快地发挥作用。二是减少工作量，省去了大量的开标、投标工作，有利于提高工作效率，减少采购成本。三是供求双方能够进行更为灵活的谈判，转移采购风险。

竞争性谈判作为一种独立的采购方式，已经被各地广泛应用于政府采购项目中，这种方式是除招标方式之外最能体现采购竞争性原则、经济效益原则和公平性原则的一种方式。

竞争性谈判方式一般有两种，一种是最低价法，一种是综合评分法。在质量服务相等的情况下，可以采用最低价法。如果质量服务不相等，宜采用综合评分法。

与招标采购的对象的特点相比，竞争性谈判采购的对象特点具有较明显的极端性：一方面，采购对象具有特别的设计者或者特殊的竞争状况，此种情况下很少能形成市场竞争，价格也不能确定，因此在采购人或采购代理机构与供应商对采购对象的制造、供应、服务的成本存在不同的估价，从而不可避免地要采用谈判方法；另一方面，采购标的较为通用、通常，市场价格信息比较透明，这种情况下，采购人或采购代理机构对采购对象没有更多的对比、评选的内容，而只是通过谈判使价格、服务等要素更为理想。

（4）单一来源采购

单一来源采购是指采购机关向供应商直接购买的采购方式。适用条件：达到限额标准以上的单项或批量采购项目，属于下列情形之一的，经财政部门批准，可以采取单一来源采购方式：

① 只能从特定供应商处采购，或供应商拥有专有权，且无其他合适替代标的；

② 原采购的后续维修、零配件供应、更换或扩充，必须向原供应商采购的；

③ 必须保证原有采购项目一致性或者服务配套的要求，需要继续从原供应商处添购，且添购资金总额不超过原合同采购金额百分之十的；

④ 预先声明需对原有采购进行后续扩充的；

⑤ 采购单位有充足理由认为只有从特定供应商处进行采购，才能促进实施相关政策目标的；

⑥ 从残疾人、慈善等机构采购的。

6.1.3 工程设备材料项目采购投标概述

工程设备材料项目采购投标人是指响应工程设备材料采购招标、参加投标竞争的法人或者其他组织。在工程设备材料采购招标中的投标人常常是代理商。投标人的法定代表人为同一个人的两个及两个以上法人，母公司、全资子公司及其控股公司，都不得在同一货物招标中同时投标。一个制造商对同一品牌同一型号的货物，仅能委托一个代理商参加投标，否则应作废标处理。

工程设备材料项目采购投标人应当按照招标文件的要求编制投标文件。投标文件应当对招标文件提出的实质性要求和条件作出响应。投标人根据招标文件载明的货物实际情况，拟在中标后将供货合同中的非主要部分进行分包的，应当在投标文件中载明。

工程设备材料项目采购投标人应当在招标文件要求提交投标文件的截止时间前，将投标文件密封送达招标文件中规定的地点。投标人在招标文件要求提交投标文件的截止时间前，如发现所提交的投标文件需要补充、修改、替代，或希望撤回已提交的投标文件，投标人可以书面通知招标人，招标人应协助办理；其补充、修改的内容为投标文件的组成部分。在提交投标文件截止时间后，投标人不得补充、修改、替代或者撤回其投标文件；投标人撤回投标文件的，其投标保证金将被没收。

两个以上法人或者其他组织可以组成一个联合体，以一个投标人的身份共同投标。联合体各方签订共同投标协议后，不得再以自己名义单独投标，也不得组成或参加其他联合体在同一项目中投标；否则作废标处理。

6.2 工程设备材料招标程序

为确保工程设备材料招标采购过程的严谨、科学、透明，工程设备材料招标必须按规定的程序进行。工程设备材料招标分为招标准备与招标实施两个阶段。

6.2.1 招标准备阶段

通常依据项目的需要进行工程设备材料采购招标，招标准备阶段的第一步，是需要明确采购招标计划。采购计划内容的多少、涉及资金数量的多寡以及采购方的技术力量，决定着采购的组织方式。采购方自行组织招标机构进行招标，还是委托招标代理机构进行。

招标准备阶段的第二步，依据采购计划组建招标机构或明确招标负责人进行委托招标。

第三步，依据拟招标项目的标的明确招标类型、招标范围与招标方式。第四步，确定合格投标人的原则。招标标的是属于原材料、产品、设备、电能等哪一类，其原材料产地、生产厂家有哪些，材料和设备选型参数有哪些，在这些条件的限定下，投标人的范围逐步缩小。

选择投标人一般尚应考虑以下因素：

① 投标人的技术能力和以往的成就；

② 企业信誉，如质量保证、交货期、经营作风、售后服务等；

③ 投标人近几年工作业绩。

一方面要满足招标工程设备材料的有关技术限定条件，另一方面要实现本次招标成功，是确定合格投标人的原则。第五步，制定招标计划、筹建评标委员会。对必要关键设备进行考察，明确评标委员会组成与组成人员来源，初步明确交货时间、付款方式等。

6.2.2 招标实施阶段

充分做好招标准备后，进入招标实施阶段。具体程序如下：

① 编制招标文件。根据招标计划和招标的设备、材料 的技术要求、规格型号、数量等编制招标文件，报相应主管部门审批、备案。如是委托招标代理机构编制的，应先交与业主审定，再报相应主管部门审批、备案。

② 刊登招标通告或发投标邀请函。公开招标应在指定媒体上发布招标公告。

③ 资格预审。编制资格预审表，对拟购买招标文件的潜在投标人，进行资格预审。

④ 发售招标文件。向通过资格预审的潜在投标人发售招标文件。应在招标公告发布后进行，一般间隔5～7天。

⑤ 答疑。投标人对招标文件及图纸的疑问通过书面形式提出，由招标人汇总，涉及招标文件的问题由招标人负责解释，答疑纪要形成后以书面形式发给各潜在的投标人并报主管部门备案。

⑥ 组建评标委员会。依法组建评标委员会，评标委员会由5人及以上单数组成，业主方（包括业主、业主委托的 项目设计、咨询单位、招标公司）的评委人数不得超过评委总数的三分之一，其余评委在评标专家库中随机抽取。

⑦ 投标、开标。

⑧ 评标、定标。

⑨ 签订合同，招标工作结束。

图6-1所示为工程设备材料公开招标的工作程序图。

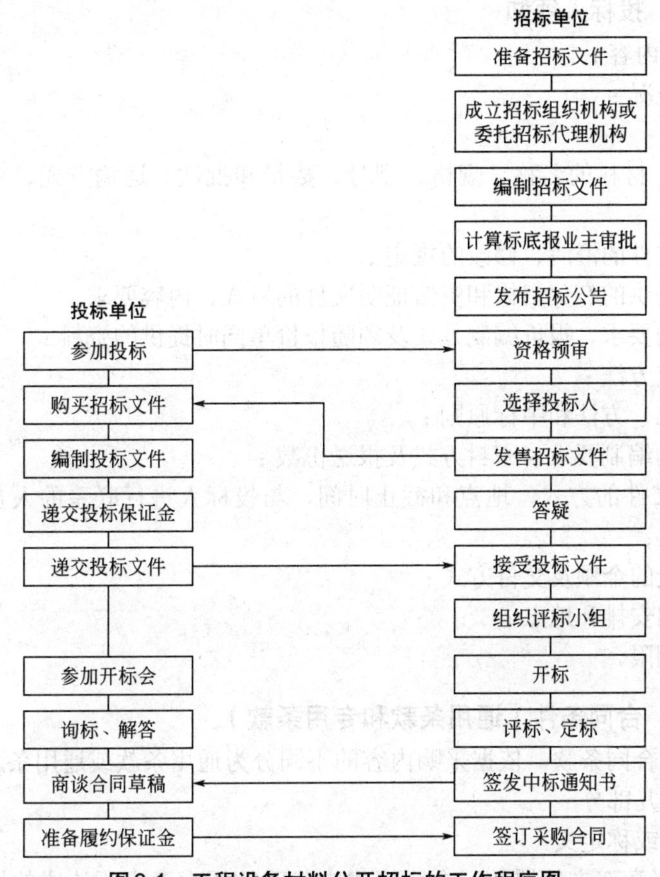

图6-1 工程设备材料公开招标的工作程序图

6.3 工程设备材料采购招标文件编制

工程设备材料采购招标文件应由采购方或采购方委托的招标代理机构进行编制。其招标文件内容应明确本次招标方式，应详尽说明招标的程序与要求，尤其是对投标人资格、技术指标参数要求、经济指标参数要求、交货方式与时间、付款方式、售后服务等内容。

工程设备材料采购招标文件一般包括以下内容。

6.3.1. 第一部分 招标公告或投标邀请书

采用公开招标方式的项目，招标人应当在指定的媒介发布招标公告，公告应载明招标人的名称、地址、招标项目的性质、数量、实施地点和时间及获取招标文件的办法等事宜。发布招标公告至发售资格预审文件或招标文件的时间间隔一般不少于10日。招标人应对招标公告的真实性负责。招标公告不得限制潜在投标人的数量。

采用邀请招标方式的，招标人应向3个以上有投标资格的法人或其他组织发出投标邀请书。投标邀请书的内容与招标公告的内容基本相同。一般地，从招标文件开始发出之日起至投标截止之日止不得少于20日。

招标文件的售价应当按照弥补招标文件印制成本费用的原则确定，不得以营利为目的，不得以招标采购金额作为确定招标文件售价依据。资格预审文件的售价一般规定不超过500元人民币。投标保证金的金额一般按照招标文件售价的10倍控制。履约保证金的金额按照招标采购合同价的2% ～ 5%控制。

6.3.2 第二部分 投标人须知

主要包括如下内容：

① 工程项目概况；

② 资金来源；

③ 重要设备、材料的名称、规格、型号、数量和批次、运输方式、交货地点、交货时间、验收方式；

④ 有关招标文件的澄清、修改的规定；

⑤ 投标人须提供的有关资格和资信证明文件的格式、内容要求；

⑥ 投标报价的要求、报价编制方式及须随报价单同时提供的资料；

⑦ 标底的确定方法；

⑧ 评标的标准、方法和中标原则；

⑨ 投标文件的编制要求、密封方式及报送份数；

⑩ 递交投标文件的方式、地点和截止时间，与投标人进行联系的人员姓名、地址、电话号码、电子邮件；

⑪ 投标保证金的金额及交付方式；

⑫ 开标的时间安排和地点；

⑬ 投标有效期限。

6.3.3 第三部分 合同条件（通用条款和专用条款）

合同条件或称合同条款，依据采购内容的不同分为通用条款或通用条款加专用条款。其内容通常包括以下几部分：

（1）名词解释或称定义

① 合同 指买卖双方签署的、合同格式中载明的买卖双方所达成的协议，包括所有附

件、附录和构成合同的所有文件。

② 合同价　指根据合同规定，卖方在完全履行合同义务后应付给的价格。

③ 货物　指卖方根据合同规定须向买方提供的一切设备、机械仪表、备件、工具、手册和其他技术资料，以及其他材料。

④ 服务　指根据合同规定卖方承担与供货有关的辅助服务，如运输、保险以及其他的服务，如安装、调试、提供技术援助、培训和其他类似的服务。

⑤ 买方　指采购方或采购代理方。

⑥ 卖方　指根据合同规定提供货物和服务的具有法人资格的公司或实体。

（2）技术规范

提供和交付的货物技术规范应与招标文件规定的技术规范，以及所附的技术规范响应表相一致。

（3）专利权

卖方保护买方在使用该货物或其他任何一部分不受第三方提出侵犯其专利权、商标权和工业设计权的起诉。

（4）包装要求

① 除合同另有规定外，卖方提供的全部货物，均应按标准保护措施进行包装。该包装应适于距离运输、防潮、防振、防锈和防野蛮装卸，确保货物安全无损运到现场，由于包装不善所引起的货物锈蚀、损坏和损失均有卖方承担。

② 每建包装箱内应附一份详细装箱单和质量合格证。

（5）唛头

唛头又称运输标记（Shipping Mark），也叫“唛”，是货物包装的重要组成部分，是运输包装件上的图形、文字、数字、字母的总称。其主要作用是货物在装卸、运输、仓储过程中容易识别，以防错发错运，也是商检、海关查检、监管的依据，此外还是商品身份的证明。主要内容有主标志、件号、批号、重量标志、体积标志、原产国标志、警告标志等。一般要求：

① 卖方在每一包装箱的四侧，用不褪色的油漆以醒目的中文字样做出如下标志：

收货人：__________________　合同号：______________________

唛头：____________________　收货人代号：__________________

目的地：__________________　货物名称、品目和箱号：________

毛重/净重（kg）：__________　尺寸（cm）：长×宽×高________

② 如货物单件重量在2t或2t以上，卖方应在每件包装箱的两侧用中文或适当符号做运输标记，表明“重心”和“吊装点”，以便装卸和搬运。根据货物的特点和运输的不同要求，卖方应在包装箱上清楚的标有“小心轻放”、“防潮”、“勿倒置”等字样和其他适当的标志。

（6）装运条件

① 外国货物的装运条件　通常规定如下：卖方应在合同规定的装运日前30天以电报、电传或电子邮件等形式将合同号、货名、数量、件数、总毛重、总体积和代运日期通知买方。同时卖方应用快递或邮件等形式将详细交货清单包括合同号、货物名称、规格、数量、总毛重、总体积和每个包装箱的尺寸、单价、总价和备妥待交日期以及对货物在运输和仓储中的特殊要求和注意事项通知买方。

卖方负责安排运输和支付运费，以确保按照合同规定的交货期交货。

卖方应在租订的运输工具抵达前7天以电报、电传或电子邮件等形式把运输工具的名称、装货日期、合同号、货物名称、数量、总重量和总体积通知买方。

② 国内货物的装运条件　卖方应在合同规定的前30天以电报、电传或电子邮件等形式将合同号、货物名称、数量、总重量、总体积和交货日期，通知买方。同时卖方应用快递或邮件等形式将详细交货清单包括合同号、货物名称、规格、数量、总毛重、总体积和每个包装箱的尺寸、单价、总价和备妥待交日期以及对货物在运输和仓储中的特殊要求和注意事项通知买方。

卖方负责安排运输，运输费由卖方承担。

卖方装运的货物不应超过合同规定的数量或重量。否则，卖方应对多交的数量或超重而产生的后果负责。

（7）装运通知

卖方应在货物装完后24h之内，将合同号、货名、数量、毛重、总体积、发票金额、运输工具名称及启运日期等通知买方。如因卖方延误通知买方，由此引起的一切损失应由卖方负担。

（8）保险

出厂价合同，货物装运后由买方办理保险。目的地交货价的合同，由卖方以人民币办理按照发票的110%的“一切险”的保险。

（9）支付

支付货币通常使用人民币。卖方应按照双方签订的合同交货。交货后卖方应向买方提供下列单据，买方按合同规定审核无误后，通常按下列方式和比例付款。

① 提交下列单据后，支付合同总价的10%～15%。

a. 由卖方委托银行为买方出具合同总价10%的不可撤销保函；

b. 发票一式五份，保函金额为合同总价。

② 提交下列单据后，支付每批交货金额的75%，直至支付合同总价的75%。

a. 运输部门出具的运单正本一式三份，副本两份；

b. 发票一式五份，其金额为所交合同货物的相应金额；

c. 详细的装箱单一式五份；

d. 合同要求的装运单一份。

卖方应在每批货物装载完毕48h内将上述单据邮寄或电子备份给买方。

③ 合同中全部货物经买方验收之后，提交下列单据支付合同总价的5%～10%。

发票一式五份；双方签订的合同货物验收单一式五份；以买方为抬头的即期汇票一份。

④ 如购买货物为设备，则尚需设备组装、试运转、人员培训、人员上岗、后期服务等。按合同约定，支付剩余合同价款。

（10）技术资料

① 合同生效后60天之内，卖方应将每台设备或仪器的中文资料一套，如样本、图样、操作手册、使用指南、维修指南、服务手册等邮寄或电子邮件给买方。

② 尚应有一套完整的上述资料，随同货物发运。

（11）质量保证

① 卖方应保证货物是全新、未使用的，是用配套的工艺、合同约定的材料制造而成，并完全符合合同规定的质量、规格和性能要求。卖方应保证其货物能够按技术文件要求正确安装、运转、保养。

在货物最终验收后的12个月质量保质期内，卖方应对由于设计、工艺或材料的缺陷而发生的任何不足或故障负责，费用由卖方承担。

② 买方应尽快以书面形式通知卖方保证期内所发生的索赔。

③ 卖方收到通知后30天内应免费维修更换有缺陷的货物或零件。

④ 如果卖方收到通知后30天内没有弥补缺陷，买方可采取必要的补救措施，但风险和费用将由卖方承担。

（12）检验

① 在发货前，制造商应对货物的质量、规格、数量和重量等进行准确而全面的检验，并出具一份证明货物符合合同规定的证书。该证书作为提交付款单据的一部分，但有关质量、规格、性能、数量或重量的检验不应视为最终检验。制造商检验的结果和详细要求应在质量证书中加以说明。

② 货物运抵买方规定的现场后，买方应当向当地的商检局、工商管理局申请对货物的质量、规格、数量或重量进行检验，并出具检验证书。如发现货物的规格或数量或两者都与合同不符，买方有权在货物抵达现场后90天内根据当地商检局或工商行政管理局出具的验证书向卖方提出索赔，除责任由保险公司或运输部门承担之外。

③ 如果货物的质量和规格与合同不符，或在质量保证期内证实货物有缺陷的，包括潜在的缺陷或材质不符合要求，买方应报请当地商检局或工商行政管理局进行检查，并有权凭商检证书向卖方提出索赔。

（13）索赔

① 根据当地商检局或工商行政管理局出具的商检证书向卖方提出索赔，除责任应由保险公司或运输部门承担之外。

② 在合同检验期和质量保证期内，卖方应在买方同意的下列一种或多种方式解决索赔事宜。

卖方同意退货，并用合同中规定的同种货币将货款退还给买方，并承担由此发生的一切损失和费用，包括利息、银行手续费、运费、保险金、检验费、仓储费、装卸费以及为保护拒收的货物所需的其他必要费用。

用符合要求的新零件、部件或设备更换有缺陷的部分，卖方应承担一切费用和风险并负担买方所增加的一切直接费用。同时，卖方应按照合同对更换件相应延长质量保证期。

③ 如果在买方发出索赔通知后30天内，卖方未作答复，上述索赔应视为已被卖方接受。如卖方未能在买方提出索赔通知30天内或买方同意的更长时间内，按照本条规定的任何一种方法解决索赔事宜，买方将从预付款或从卖方开具的履约保证金中扣回索赔金额。

（14）延迟交货

① 卖方应按照招标公告或招标须知“要求一览表”中买方规定的时间表交货和提供服务。

② 如果卖方毫无理由地拖延交货，将受到以下制裁：没收履约保证金，加收罚款或终止合同。

③ 履行合同过程中，如果卖方遇到不能按时交货和提供服务的情况，应及时以书面形式将不能按时交货的理由、延误时间通知买方。买方在收到卖方通知后，应对情况进行分析，可修改合同，酌情延长交货时间。

（15）违约罚款

除合同规定外，如果卖方没有按照规定的时间交货和提供服务，买方应课以罚款，罚金应从货款中扣除，罚金应按每周迟交货物或未提供服务交货价的0.5%计收。但罚金的最高限额为迟交货物或提供服务合同价的5%。一周按7天计算。如果达到最高限额，买方应考虑终止合同。

（16）不可抗力

① 如果双方任何一方由于战争、严重的火灾、水灾、台风和地震以及其它经双方同意

属于不可抗力的事件，致使影响合同履行时，履行合同的期限应予延长，延长的期限应相当于事故所影响的时间。

② 受事故影响的一方应在不可抗力发生后尽快以电报或电传通知另一方，并在事故发生后14天内，将有关部门出具的证明文件用挂号信航寄给另一方。如果不可抗力影响时间延续120天以上时，双方应通过友好协商在合理的时间内达成进一步履行合同的协议。

（17）税费

① 中国政府根据现行税法对买方征收的与本合同有关的一切税费均由买方负担。

② 中国政府根据现行税法对卖方征收的与本合同有关的一切税费均由卖方负担。

③ 在中国以外发生的与本合同执行有关的一切税费均由卖方负担。

（18）履约保证金

① 卖方应在收到中标通知书后30天内，通过中国的任何一家银行，或买方可接受的外国银行，向买方提供相当于合同总价10%的履约保证金。履约保证金的有效期到货物保证期满为止。

② 卖方提供的履约保证金保函应按招标文件所附的格式提供，与此有关的费用由卖方负担。

③ 如卖方未能履行其合同规定的任何义务，买方有权从履约保证金中取得补偿。

（19）仲裁

① 在执行本合同中所发生的或与本合同有关的一切争端，买卖双方应通过友好协商解决，如从协商开始60天内仍不能解决，双方应将争端提交有关省、市政府或行业主管部门寻求可能解决办法。如果提交有关省、市政府或行业主管部门仍得不到解决，则应采取仲裁。

② 仲裁应由当地工商行政管理局根据其仲裁程序和暂行规则进行仲裁。

③ 仲裁裁决应为终局裁决，对双方均有约束力。

④ 仲裁费用除工商行政管理局另有裁决外应由败诉方负担。

⑤ 在仲裁期间，除正在进行仲裁的部分外，本合同其它部分应继续执行。

（20）违约终止合同

① 在买方对卖方违约而采取的任何补救不受损害的情况下，买方可向卖方发出终止部分或全部合同的书面通知书。

a. 如果卖方未能按合同规定的限期或买方同意延长的限期内提供部分或全部货物；

b. 如果卖方未能履行合同规定的其它任何义务。在上述任一情况下，卖方收到买方发出的违约通知后30天内，或经买方书面认可延长的时间内未能纠正其过失。

② 买方根据上述第①条规定，终止了全部或部分合同，买方可以其认为适当的条件和方法购买类似未交的货物，卖方应对购买类似货物所超出的费用部分负责。但是，卖方应继续执行合同中末终止部分。

（21）破产终止合同

如果卖方破产或无清偿能力时，买方可在任何时候都以书面通知卖方终止合同，该终止合同将不损害或影响买方已经采取或将要采取的补救措施的权利。

（22）转让和分包

① 除买方事先书面同意外，卖方不得部分转让或全部转让其应履行的合同义务。

② 如投标中没有明确分包合同，卖方应书面通知买方本合同中所授给的全部分包合同，但原投标中或后来发出的通知均不能解除卖方履行本合同的义务。

（23）适用法律

本合同应按中华人民共和国的法律进行解释。

（24）合同生效及其他

① 合同应在双方签字并在买方收到卖方提供的履约保证金后即开始生效。

② 本合同一式两份，以中文书就，双方各执一份。

③ 如需修改或补充合同内容，经协商，双方应签署书面修改或补充协议，该协议将作为本合同不可分割的一部分。

6.3.4　第四部分　供货一览表，或设计资料（表6-1）。

表6-1　供货一览表

项　号	货物名称	数　量	交货期	交货地点	装运地点

6.3.5　第五部分　技术规格、参数，或执行的技术规范（标准）。（略）

6.3.6　第六部分　投标报价表（表6-2）。

表6-2　投标报价表

1	2	3	4	5	6	7	8	9	10	11
项目	说明	产地	数量	中标后应付税费	安装、试验培训、设计检验技术服务费用	附属件费用	标准备件、易损件、专用工具费用	工厂交货、仓库交货、货架交货的单价	运输、保险费	单项总价（4×9）

投标人签字：　　　　　　　　　　　　　　　　日期：

注：所有价格系用人民币表示。

6.3.7　第七部分　投标格式

制定本次工程设备材料招标按规定的格式，在此略。

6.3.8　第八部分　资格证明文件

资格证明文件可以要求投标人出示营业执照、授权书、资信证明、鉴定书、许可证、评定标准等。

6.3.9　第九部分　其他需要说明的事项

依据具体工程设备材料招标需要确定本部分内容。

6.4　工程设备材料采购评标方法

工程设备材料采购评标方法有综合评分法、最低评标价法两种，一般应依据采购工程设备材料的特点确定其评标方法。采购标的为技术简单或技术规格、性能、制作工艺要求统一的工程设备材料（或称货物），一般采用最低评标价法进行评标；采购标的为技术复杂或技术规格、性能、制作工艺要求难以统一的工程设备材料（或称货物），一般采用综合评分法进行评标。

6.4.1 最低评标价法

最低评标价法是指在所有满足招标文件要求的投标人中，报价最低的投标人即为中标人。《中华人民共和国招标投标法》第四十一条规定：中标人的投标应当符合下列条件之一：

（1）能够最大限度地满足招标文件中规定的各项综合评价标准；

（2）能够满足招标文件的实质性要求，并且经评审的投标价格最低；但是投标价格低于成本的除外。

显然，最低评标价法并非最低价一定中标。在采购工作中，应避免恶意低价抢标的现象，对于过低的不合理报价，评委会应对其进行质疑，投标人不能合理说明或不能提供相关证明材料的，评标委员会可以认定其低于成本，做废标处理。

（1）最低评标价法的适用范围

① 对于一些技术标准通用性较强，市场潜在投标人竞争者较多，市场成熟竞争激烈的工程设备材料采购招标，在充分满足招标文件中各项实质性要求的前提下，可以采用最低评标价法。

② 对于一些单位价值较低、采购数量较大、科技含量偏低的工程设备材料，也可以采用最低评标价法。

（2）最低评标价法的优缺点

① 最低评标价法可以节约采购成本。在评标过程中，评标专家只需依次从最低价评起，评出符合招标条件的投标人，高于该价格的其他投标就无需再评，因此大大节约评标时间，减轻评标工作量，节约采购成本。

② 减少评标工作中的人为因素。通常在最低评标价法的评标办法中，除价格因素外，其他评标分项采用较客观的指标，以做定性的评判为主。评标分项简单易懂、方便监督，有效地减少了评标工作中人的主管因素对评标结果的影响。

③ 最低评标价法的使用，有利于引导投标企业加强内部管理，注重技术进步与提高管理水平，企业自主报价，合理低价者中标。符合市场经济优胜劣汰的竞争法则。

6.4.2 综合评分法

综合评分法是将分值分为商务分、技术分和价格分三部分，并将三部分分值设置不同的权重，满分为100分。价格分是根据事先制定的计分办法，针对投标商的投标报价通过计算公式计算出来的。商务分是根据采购标的特点、潜在投标商的情况制定的，常见的如投标商的注册资金、信誉、业绩、财务能力等。技术分是根据采购标的特殊性和招标人的要求来制定的，如设备材料技术指标、品牌、售后服务情况（供货期、保修期、维护响应、质保期）等。

（1）综合评分法的适用范围

① 采购重要的工程设备材料，除了要考虑价格因素外，还要考虑到工程设备的技术参数、材料材质的性能等因素，需要从更多方面综合考察投标商的实力、信誉、财务状况、业绩、售后服务等，宜采用综合评分法。

② 采购重要的大型设备或特殊材料，其精密度较高、技术复杂、单价高，且各品牌之间价格相差悬殊，市场潜在投标商数量有限。这类设备采购时，仅以价格的高低作为主要评判依据，很难保证采购质量，宜采用综合评分法。

（2）综合评分法的优缺点

① 采购不同的工程设备材料（或称货物），设定相应的评分项，综合考虑各种因素，从报价、商务、技术三方面进行综合评判，较客观、可操作性强，一般工程设备材料采购项目均可采用，适用范围广。

② 将评审内容分为报价、商务、技术三部分，并设一定的权重比例，最后综合三部分的

评分，得出投标人的最终得分，得分最高的为第一中标候选人。这种方法能够从多角度，较为客观全面的评判某种货物的优劣，充分地满足采购人的需要，最大限度地保证采购人的利益。

③ 综合评分法对招标文件编制人员水平要求较高，综合评分法中评分细则对本次工程设备材料采购取决定性作用。招标文件编制人员应了解部分潜在投标供应商的基本情况，本着充分满足采购人需要为原则制定评标分项分值。在制定分值时，通常应首先制定客观分的分项和分值，对潜在投标供应商情况及其投标文件进行分值量化，对不能量化的部分，则应采用主观分来补充；同时要做到分项分值的上下限幅度适当。

6.5 工程设备材料采购投标

工程设备材料采购投标竞争的胜负不仅取决于各投标商的实力，也取决于投标商的投标策略和技巧运用是否得当。投标商投标策略的制定，就是要使企业更好地运用自身的实力，在决定投标成功的各项关键因素上发挥相对于竞争对手的优势，从而取得投标的成功，最终夺标并盈利。

目前我国企业中大都设置有市场营销团队或经营团队，专门负责投标工作。如果投标商没有一个强有力的投标团队组织投标工作，是很难中标的。企业为了获得市场份额，积极参加采购投标，在投标过程中形成有效地管理策略。

6.5.1 组织强有力的投标团队

（1）投标团队的组成

投标团队的人员要经过特别选拔，由市场营销、工程和科研、生产或施工、采购、财务、合同管理等部门的人员组成；可以从本公司内部抽调出来，在需要的情况下，还可以从企业外部聘请。

（2）投标团队的工作

投标团队首要的任务是，分析招标公告或邀请函的内容，按其具体要求确定投标团队将在各方面投入的人力、设备等各种资源。投标团队成员按照自己的专业和分工履行职责。

① 工程和科研方面的人员。负责投标的全部技术内容，包括填报有关施工或生产方面的投标表格，确定设计构思。

② 生产与施工方面的人员。生产方面的人员负责有关材料的加工、组装、检验、试验等工作；施工方面的人员负责施工工艺、技术、进度、材料、劳动力等。需制定出详细、准确的生产或施工报告和计划，并规定出质量控制和监督的方法。

③ 采购方面的人员。负责向供货商询价，并获取投标授权书。

④ 财务方面的人员。负责统计有关投标的各项成本，核算总成本。根据本公司经营目标确定投标价格。

⑤ 合同方面的人员。负责分析业主所发的招标文件，合同条款的结构与要求，结合本公司的实际情况，确定完善的投标条件和合同结构。该方面的人员要负责解释合同条款的所有内容及每一款所承担的可能风险。

⑥ 市场营销方面的人员。负责研究招标项目的特点，业主的工作程序，了解标底，分析竞争对手情况，与业主进行沟通，寻找项目所在地的代理人，寻找投标咨询公司等等。

分头工作之后，团队成员共同确定投标草案，团队负责人汇总后，交企业领导审核、批准。

6.5.2 选择合适的项目投标

对已获得的招标信息，先要进行筛选，选取适合本企业投标的项目，再对投标项目进行可行性研究，慎重做出投标决定。这样做的目的，一是研究本企业进行项目实施的可能性，二是考虑一次投标要支出可观的费用，以及是否有足够的技术力量可以投入。

6.5.3　收集技术经济情报资料并经常进行分析研究

投标报价涉及多方面的技术经济问题，必须经常做好调查研究与情报资料的收集和分析。应随时掌握了解当地及国际市场材料和机械设备价格的变动情况，运输费用和税率的变动情况。最好通过长期分析，找出每年物价上涨的规律，以便调整自己的价格。

对于企业内部的资料也要进行收集、整理和更新。企业大都有完整、正规的年终财务报表，这些报表要经过审计，且最近三年的报表应妥善保管，以备投标使用。有关类似项目经验和类似现场条件经验的项目应储存在电脑内，一旦需要，就只需按要求汇集装订成册并附加某些补充说明即可，从而提高投标效率。

6.5.4　认真研究招标项目的特点，综合考虑报价策略

要认真研究招标项目的特点，根据工程设备材料类别、供货范围等综合考虑报价策略。考虑业主愿意接受的价位区间，最后根据投标经验确定投标价。

对于有的招标项目，可以对工程设计或工艺流程进行优化，在主报价的基础上，再提供选择性报价。以吸引业主，选择性方案的报价一般应低于主报价。

6.5.5　对于大型、复杂工程选择合适的分包商进行分包或以联合体方式参加投标

（1）联合体的特征

① 联合体由两个或两个以上企业组成；

② 共同制定参加投标项目的内容，分担权利、义务、利润和损失；

③ 联合体一般是在资格预审前开始组建并制定内部协议与规程，如果投标成功，则贯彻在项目实施全过程。如果投标失败，则联合体立即解散。

（2）联合体投标的优缺点

① 可增大融资能力　大型复杂项目需要有巨额的履约保证金和周转资金，资金不足无法承担此类项目。有的企业即使资金实力雄厚，承担此项目后就无力再承担其他项目了。采用联合体可以增大融资能力，减轻每一家企业的资金负担，实现以较少资金参加大型项目的目的。

② 分散风险　大型复杂项目，风险因素很多，如果由一家企业承担则危险性大，所以有必要依靠联合体来分散风险。

③ 弥补技术力量的不足　大型复杂项目需要很多专门技术，而技术力量薄弱和经验少的企业是不能承担的，即使承担了也要冒很大的风险。因此，与技术力量雄厚、经验丰富的企业组成联合体，使各个企业的技术专长可以取长补短，就可以解决这类问题。

④ 提高报价的可靠性　有的联合体报价是由联合体成员单独制定的，要想算出正确和适当的价格，必须是互查价格，以免漏报和错报。有的联营体报价是由联合体成员之间互相交流和检查后制定的，这样可以提高报价的可靠性。

⑤ 决策效率下降　由于联营合体是由几个企业通过协议方式临时组成的，投标项目实施过程中遇到重大决策时，往往需要经过联合体成员研究后才能决定，决策效率下降。如联合体成员之间协作不好则会影响项目的顺利实施。因此，联合体在组建时就应明确各成员的职责、权利和义务，并应选定一名经验丰富的项目经理统一协调、指挥和管理联合体。

6.5.6　认真研究招标文件，进行有效投标

了解无效投标和废标的标准，认真参加现场考察和标前会议，合理使用辅助中标手段，

提高投标书质量，进行有效投标，提高中标率，获得更大的市场份额。

在递送投标文件之前，应详细检查投标文件内容是否完备。要重视印刷、装帧质量，使招标单位能够从投标文件的外观上感觉到投标商工作认真、作风严谨。递送投标文件时以派专人送达为好，这样可以灵活掌握时间，例如在开标前一个小时送达，投标人可以根据情况，临时改变投标报价，掌握报价的主动权。邮寄投标文件时，一定要留出足够的时间，使之能在业主接受投标文件截止时间之前到达业主的手中。对于迟到的投标文件，业主将原封不动退回给投标商，这样的例子在实际工作中也是很多见的。

6.5.7 选择合适的投标代理人

必要时，企业需要委托投标代理机构进行投标。选择合适的投标代理非常重要，他们可以为投标企业提供多方位的服务，例如：提供可靠的招标、投标信息，对重点投标项目进行跟踪，向招标单位推介本企业等。因此，选择信誉好、有影响力、社会地位较高的投标代理机构有利于项目中标，亦有利于企业形象的树立。

投标代理机构提供的服务通常是投标过程的服务与管理，主要负责投标程序、标书制作、与递交等工作。投标书中实质性的内容源于企业本身具有的资质、信誉、综合实力。投标书中技术标部分的核心内容、商务标书依据的实质内容，都应由企业自行完成，投标代理机构仅对标书的形式、投标程序、跟踪投标过程、推荐企业与企业产品进行管理服务。

思考题

1. 何谓工程设备材料采购？工程设备材料采购的特点如何？采购的范围主要包括哪些？
2. 工程设备材料项目采购招标方式有哪几种？哪种情况采购项目不能采用竞争性谈判。
3. 何谓公开招标？何谓邀请招标？二者有什么区别？
4. 何谓竞争性谈判？竞争性谈判采购方式有什么特点？
5. 何谓单一来源采购？哪种情况采购项目可以采用单一来源采购方式？
6. 何谓工程设备材料项目采购投标人？它与园林工程设计、园林工程施工、园林工程监理投标人有何不同？
7. 简述工程设备材料招标程序。
8. 简述工程设备材料采购招标文件的内容。
9. 工程设备材料采购评标方法有哪两种？简述其适用范围和优缺点。

范本一

园林工程施工招标评标实例

下面以广州市某园林工程施工招标为例，展示园林工程施工招标、评标全过程。

第一部分　发布招标公告及招标文件

2014年7月3日发布招标公告及招标文件如下：

××工业区××南路绿化带升级改造项目

施工招标公告

根据×发改函【2014】××号批准，并且本工程具有施工图审查证明文件及资金证明，广州市××区绿化维护队 现对××工业区××南路绿化带升级改造项目施工 进行施工公开招标，选定承包人。

一、工程名称：××工业区××南路绿化带升级改造项目施工

二、招标单位：广州市××区绿化维护队

联系人：张工　　联系电话：________

招标代理机构：广东省××监理有限公司

联系人：王工　　联系电话：

招标监督机构：广州市××区建设工程招标管理办公室

投诉电话：________

三、建设地点：××工业区××南路。

四、项目概况：本工程总投资为251.21万元，总施工面积为17098m²，主要是对××南路的两侧绿化进行升级改造，包括乔木、灌木及地被的种植和养护，清理场地内原有地被等工程。

五、标段划分及各标段招标内容、规模和招标控制价：

1.本工程划分为1个标段。

2.各标段招标内容、规模和招标控制价：

项目编号：GD2014-××××

招标内容、规模：本工程总投资为251.21万元，总施工面积为17098m²，主要是对××南路的两侧绿化进行升级改造，包括乔木、灌木及地被的种植和养护，清理场地内原有地被等工程（具体详见施工图纸及工程量清单）。

招标控制价为：2112349.42元。

注：两个或两个以上标段的，应明确允许兼中或不兼中，明确对项目负责人的数量要求。对于包含两个或两个以上的招标项目，应分别明确各对应的招标内容、规模和招标控制价的组成费用。

六、资金来源：财政资金

七、发布招标公告时间：

从2014年7月3日至2014年7月23日9时30分。

注：发布招标公告的时间为招标公告发出之日起至投标截止时间止。

八、递交投标文件时间与开标时间

1.递交投标文件起始时间：2014年7月3日0时0分，截止时间：2014年7月23日9时30分。

2.开标时间：2014年7月24日10时00分。

3.投标截止时间与开标时间是否有变化，请密切留意招标答疑中的相关信息。截标后，开标时间因故推迟的，相关评标信息仍以原定的开标时间的信息为准。

九、办理投标登记手续

投标人应在投标截止时间前，登录广州公共资源交易中心网站办理网上投标登记手续。

1.投标人应遵循以下程序完成网上投标登记手续：

（1）登录广州公共资源交易中心网站投标人服务专区完成投标人的相关信息录入。

（2）核对并确认投标信息无误后，上传带有电子签名及电子签章的加密投标文件。在投标截止时间前，投标人可以替换投标文件。投标文件须于投标截止时间前完整上传并保存到交易中心的电子评标系统。如果投标文件于投标截止时间未能上传完毕，该投标文件将视为无效投标文件。

2.投标担保及投标报名费：

（1）投标担保为人民币肆万元，投标担保须在开标前完成缴纳。

（2）投标报名费为100元/标段，报名费须在投标截止前完成缴纳。

十、资格审查方式：

本工程采用资格后审方式，实行电子化资格审查。

十一、投标人合格条件：

1.投标人均持有建设行政主管部门颁发的企业资质证书。

2.投标人具有承接本工程所需的城市园林绿化企业资质三级或以上级别城市园林绿化企业资质。

3.投标人拟担任本工程项目负责人的人员为：①市政公用工程专业贰级或以上级别的注册建造师或②具备符合穗建筑[2010] 915号文规定的小型项目负责人资质。

注：招标内容含有设计要求，且设计要求仅为深化设计的，在投标人的资质设置要求中，不允许设置设计资质要求。建造师的专业及等级标准按《注册建造师执业管理办法（试行）》及《注册建造师执业工程规模标准（试行）》；注册建造师包括有效的注册临时建造师。根据广东省建设厅《关于明确省外二级建造师入粤注册和执业有关问题的通知》（粤建市函〔2011〕218号），二级建造师执业资格证书、注册证书仅限所在行政区域内有效，不得跨省执业。项目负责人在任职期间不得担任专职安全员，项目专职安全员在任职期间也不得担任项目负责人。

4.持有项目负责人安全培训考核合格证（B类）；

5.专职安全人员须具有安全生产考核合格证（C类）。

6.关于联合体投标：本项目不接受联合体投标。

7.资格审查前，投标人须建立企业诚信档案（A类IC卡）及拟担任本工程项目负责人须是本企业（IC卡）中的在册人员。

注：诚信档案（A类IC卡）应在有效期内。

注：（1）资格审查时，电子资审系统将对投标人的企业资质、本项目的项目负责人的资格、项目负责人安全生产考核合格证（B类）、专职安全员的安全生产考核合格证（C类）是否符合要求提供辅助审查结果，最终以资格审查委员会审查的结果为准。对联合体企业暂不提供辅助审查结果，由资格审查委员会进行审查。

（2）上述投标人合格条件的信息取自投标人在广州公共资源交易中心企业库登记的信息，企业库记录的该部分信息将被视为投标申请人递交资格审查资料的一部分。评标委员会对该部分资料的审查将以开标当天中午十二时在广州公共资源交易中心企业库记录的信息为依据。投标人应及时维护附件二的信息，确保各项信息在有效期内。

未在招标公告第十一条单列的资审合格条件，不作为资审不合格的依据。

十二、招标公告网上发布时，同时发布招标文件、施工图纸、招标控制价。招标公告发布之日起计算编制投标文件时间，编制投标文件的时间不得少于20天。

如招标人需发布补充公告的，以最后发布的补充公告的时间起计算编制投标文件时间，并需在招标答疑中明确说明。

十三、资格审查结果及中标结果将在广州公共资源交易中心公示，公开接受投标人的监督。

十四、满足资格审查合格条件的投标人不足5名或经评审有效的投标单位不足3名时为招标失败（当N个标段同时招标且不允许兼中时，满足资格审查合格条件的投标人不足N+4名或经评审有效的投标单位不足N+2名时为招标失败）。招标人分析招标失败原因，修正招标方案，报有关管理部门核准后，重新组织招标。

招标人因两次或多次招标失败，需申请改变招标方式或不招标的，应按《广东省实施〈中华人民共和国招标投标法〉办法》（省第十届人大常委会第二次会议通过2003.4.2）的第四十条规定执行。

十五、本工程根据《关于规范房屋建筑工程和市政基础设施工程施工招标控制价设立的通知》（穗建筑[2010]564号）及中华人民共和国国家标准GB 50500—2013《建设工程工程量清单计价规范》设置招标控制价。

十六、潜在投标人或其它利害关系人对本招标公告及招标文件内容有异议的，应向招标人提出，异议受理部门：广州市××区绿化维护队；电话：020-××××××××；联系人：张工；地址：广州市××区××街××号。

投标人或其它利害关系人就本招标公告及招标文件中任何违法及不公平内容依法向广州市××区建设工程招标管理办公室署名投诉。

十七、本公告（包括修改、补充公告）在广州公共资源交易中心、广东省招标投标监管网（http：//www.gdzbtb.gov.cn）和其他法定媒体同时发布。本公告在各媒体发布的文本如有不同之处，以在广州公共资源交易中心网站发布的文本为准。

十八、本招标公告及招标文件使用GZYLZB2013-001-2招标文件范本。本公告与范本内容不同之处均以下划线标明，所有标明下划线部分属于本公告的组成部 分，同其他部分具有同样的效力。

十九、本项目为电子评标，投标文件一律不接受纸质文件，投标人将被要求递交具备法律效力的电子投标文件。为此，投标人应当使用在广东省内依法设立的电子认证服务机构发放的电子签名认证证书对电子投标文件进行电子签名及电子签章。投标人可以到上述电子认证服务机构在广州公共资源交易中心设立的办理点办理电子签名认证证书和电子签章（已经办理过电子签名证书的可携带电子签名证书到上述办理点增加电子签章）。

电子投标文件的编制须使用V2.1版本的投标文件管理软件。

二十、投标人在广州公共资源交易中心网站下载招标图纸。

二十一、招标人须将招标文件（招标公告）报招投标监管机构备案后，方可发布。

招标单位：广州市××区绿化维护队

招标代理机构：广东省××监理有限公司

日期：二〇一四年六月

××工业区××南路绿化带升级改造项目
施工招标文件

目　录

第二章　开标、评标及定标办法
一、开标、评标及定标办法修改表
二、采用资格后审方式施工招标项目开标、评标及定标办法
（一）总则
（二）开标评标办法程序和细则
商务综合诚信评标法
第三章　合同条款
第四章　投标文件格式
第五章　技术条件（工程建设标准）
第六章　图纸及勘测资料
第七章　工程量清单
第八章　招标控制价

第一章　投标须知

一、投标须知前附表

声明：本投标须知前附表使用GZYLZB2013-001-2招标文件范本，与范本不同之处均以下划线标明，所有标明下划线部分属于本表的组成部分，同其他部分具有同样的效力。对范本《投标须知通用条款》和《开标、评标和定标办法通用条款》可选择部分的选择使用，均已在本表中注明，通用条款可选择部分中未被本投标须知前附表选择的部分无效。

项目	条款号	内　容	说明与要求
1	1	定义	招标人（即发包人）：广州市××区绿化维护队 招标代理：广东省××监理有限公司 设计单位：广州市××园景设计顾问有限公司 监理单位：________
2	2.2.1	工程名称	××工业区××南路绿化带升级改造项目施工
3	2.2.2	建设地点	××工业区××南路
4	2.2.3	建设规模	详见本工程招标公告
5	2.2.4	承包方式	包工、包料、包工期、包质量、包安全、包文明施工、包植物成活、包养护。综合单价包干、项目措施费包干（具体以合同约定为准）。
6	2.2.5	质量标准	合格。
7	2.5.1	招标范围	详见本工程招标公告
8	2.5.2	工期要求	2014年___月___日计划开工，施工总期：45日历天。
9	3.1	资金来源	财政资金
10		投标人资质等级及项目负责人等级要求	详见本工程招标公告
11		资格审查方式	电子化资格后审。
12	13.1	报价以及单价和总价计算方式	工程量清单计价。若本项目为纳入年度审计项目计划的政府投资项目，须执行《广州市政府投资项目审计办法》（广州市人民政府令第51号）第十三条规定，审计机关出具的审计结果作为本项目价款结算的依据（适用于纳入年度审计项目计划的项目）。
13	15.1	投标有效期	90日历天（从投标截止之日计起）
14	16.1	投标担保	1收取方式： 方式一：由广州公共资源交易中心代收。 2.投标担保额度：肆万元（在招标过程中不可调整）。 3.缴纳时间：递交投标文件开始时至开标前。 4.投标担保的相关事宜详见招标文件16.1款。

续表

项目	条款号	内　容	说明与要求
15	7.5	领取招标文件及图纸	由投标人自行在广州公共资源交易中心网站下载。
16	5.1	踏勘现场	时间：自招标公告发布之日起具备现场踏勘条件； 方式：招标人不集中组织，由投标人自行踏勘； 现场详细地点：××工业区××南路。
17	8.1	招标答疑	1.方式：网上答疑。 2.投标人质疑期限：在投标截止日期前10日。 3.招标人澄清、修补或答疑期限：在投标截止日期前7日。 4.进入到提问区域的密码为123456。 5.网上答疑的相关事项详见招标文件8.1款。 6.答疑纪要须经招投标监管机构备案后，方可在广州公共资源交易中心网站“招标答疑”专区和广州市林业和园林局网站发布。
18	11	投标文件的组成	投标文件由资格审查文件、经济标部分组成。
19	17.1	投标文件份数	投标文件为含电子签名及电子签章的加密电子投标文件1套。 另：[中标单位中标后向招标人提供4份纸质版经济标投标文件（1正本3副本，含单价分析）及1张经济标报价套价软件版、XML版和Microsoft Excel软件版电子文件光盘]
20	19.1	投标文件的递交时间和地点	1.递交方式：网上递交投标文件 2.文件的递交起始时间： 2014年7月3日0时0分。截止时间：2014年7月23日9时30分。 3.地点：广州公共资源交易中心网站。 4.上述时间及地点是否有改变，请密切留意招标答疑纪要的相关信息。
21	20.4	项目负责人签到时间和地点	1.起始时间： 2014年7月23日9时30分。截止时间：2014年7月23日10时30分。 2.地点：广州公共资源交易中心____开标室。 3.上述时间及地点是否有改变，请密切留意招标答疑纪要的相关信息。
22	24.1	开标开始时间和地点	1.开标开始时间：2014年7月24日10时00分。 2.地点：广州公共资源交易中心____室。 3.上述时间及地点是否有改变，请密切留意招标答疑纪要的相关信息。
23	33.4	开标评标办法	商务综合诚信评标法
24	38.2	履约担保	方式一：中标人提供的履约担保为中标价款的10%。
25		招标控制价	本项目招标控制价为人民币2112349.42元，其中安全文明施工费为24105.74元，余泥渣土运输与排放费为____/元，投标价超过招标控制价的投标文件将被拒绝。
26		保修期	按照《建设工程质量管理条例》规定
27		评标参考价的下浮率	计算评标参考价的下浮率X从0、0.5%、1%、1.5%、2%、2.5%、3%中通过摇珠机随机抽取。
28		评标委员会人数	组成人数： 标书的评审由综合评标委员会负责，综合组的成员可由经济评委组成，该评标委员会由5人或以上单数组成。
29		企业综合诚信评价排名计分	本项目的企业综合诚信评价排名得分，以在广州公共资源交易中心公布的开标当天广州市城市园林绿化企业综合诚信评价体系的排名为准。 [①同一资质组成联合体投标的，企业综合诚信评价排名得分以组成联合体各成员的企业综合诚信评价排名得分的平均值计算。 ② 不同专业资质组成联合体投标的，联合体的诚信分以主办方的企业综合诚信评价排名得分为准。 ③ 已在广州公共资源交易中心办理IC卡的投标人，如未获广州市城市园林绿化企业诚信综合评价分的，则该投标人诚信分为基准分]
30	13.4、13.5.2	合同价款的调整办法	详见合同条款

续表

项目	条款号	内　容	说明与要求
31		建设工程质量检测管理办法	根据《建设工程质量检测管理办法》（建设部令第141号）第十二条规定，建设工程质量、安全检测业务应由建设单位依法委托，不列入本次招标范围。招标文件中与此条不一致的，以此条为准。

二、投标须知修改表

声明：本投标须知使用GZYLZB2013-001-2招标文件范本的投标须知通用条款，与该通用条款不同之处，均在本表中列明，并以现文为准，原文不再有效。本招标文件中不再转录投标须知通用条款，请投标人自行到广州市林业和园林局网站（网址：http：//www.gzlyyl.gov.cn）下载查阅。

条款号：11.2　　　　　　　　　　　　　修改类型：修改

原文：11.2资格审查文件主要包括的内容：

（1）投标申请公函；

（2）企业资质证书；

（3）拟委派项目负责人的建造师注册证书或建造师临时执业证书，或适用于小型项目的项目经理资质证书或项目经理培训合格证书及本企业聘书，或项目负责人的相关专业证明；

（4）项目负责人安全生产考核合格证（B类）；

（5）企业类似工程业绩证明材料（设置业绩要求时选择此项）；

（6）专职安全人员的安全生产考核合格证（C类）。

注：资格审查内容的（2）～（6）项的信息取自投标申请人在广州公共资源交易中心企业库登记的信息，在广州公共资源交易中心企业库记录的该部分信息将被视为投标申请人递交的资格审查资料的一部分，资格审查文件不需附该部分资料。

现文：11.2资格审查文件主要包括的内容：

（1）投标申请公函；

（2）企业资质证书；

（3）拟委派项目负责人的建造师注册证书或建造师临时执业证书，或适用于小型项目的项目经理资质证书或项目经理培训合格证书及本企业聘书，或项目负责人的相关专业证明；

（4）项目负责人安全生产考核合格证（B类）；

（5）专职安全人员的安全生产考核合格证（C类）。

注：资格审查内容的（2）～（5）项的信息取自投标申请人在广州公共资源交易中心企业库登记的信息，在广州公共资源交易中心企业库记录的该部分信息将被视为投标申请人递交的资格审查资料的一部分，资格审查文件不需附该部分资料。

条款号：11.3.1（8）　　　　修改类型：删除

原文：（8）列明主办单位的联合体工作协议（采用联合体投标时需递交，投标人拟任本工程项目负责人应为主办方正式员工，联合体工作协议应明确约定各方拟承担的工作和责任）。

条款号：11.3.1（9）　　　　修改类型：增加

现文：《合同工期承诺书》

条款号：11.3.3　　　　　　修改类型：增加

现文：投标报价清单子项的综合单价不得超过子项综合单价最高限价，若个别单价超出则结算时按甲方提供的清单子项综合单价。

条款号：20.4　　　　　　　修改类型：修改

原文：投标截止时间到达后的二小时内，项目负责人须凭身份证到广州公共资源交易中心事先确定的开标室签到。项目负责人未凭身份证在规定的时间内到达开标室签到或签到的项目负责人与投标登记时不一致的，该投标文件无效。

现文：投标截止时间到达后的一小时内，项目负责人须凭身份证到广州公共资源交易中心事先确定的开标室签到。项目负责人未凭身份证在规定的时间内到达开标室签到或签到的项目负责人与投标登记时不一致的，该投标文件无效。

注：以上修改，仅限于本范本中有可供选择条款的情形。

（以下无正文）

三、投标须知通用条款

（一）总则

1. 定义

本招标文件使用的下列词语具有如下规定的意义：

（1）“招标人”（即发包人）、“项目建设管理单位”（或称“项目代建单位”）、“招标代理”、“设计单位”、“监理单位”均已在投标须知前附表中列明。

（2）“投标人”指向招标人递交投标文件的当事人。

（3）“承包人”指其投标被招标人接受并与其签订承包合同的当事人。

（4）“招标文件”指由招标代理发出的本文件（包括全部章节、附件）及招标答疑会会议纪要和招标文件的澄清与修改文件。

（5）“投标文件”指投标人根据本项目招标文件向招标人递交的全部文件。

（6）“书面文件”指打字或印刷的文件，包括电传、电报和传真。

（7）“电子文件”指数字、文字、图形等以数码形式存储于磁带、磁盘、光盘等载体，依赖计算机等数字设备阅读、处理，并可在通信网络上传送的文件。

2. 招标说明

2.1 本招标工程项目按照《中华人民共和国招标投标法》等有关法律、行政法规、规章和规范性文件，通过招标方式选定承包人。

2.2 工程名称、建设地点、建设规模、承包方式、质量标准、招标范围、工期要求等均在投标须知前附表中列明。

2.3 设计说明：详见招标图纸。

2.4 工程施工特点：详见招标图纸。

3. 资金来源

本招标工程项目资金来源见投标须知前附表第9项。

4. 合格投标人的条件

详见本项目招标公告。

5. 踏勘现场

5.1 投标人应按本投标须知前附表第16项所述时间和要求对工程现场及周围环境进行踏勘，投标人应充分重视和仔细地进行这种考察，以便投标人获取那些须投标人自己负责的有关编制投标文件和签署合同所涉及现场所有的资料。一旦中标，这种考察即被认为其结果已在中标文件中得到充分反映。考察现场的费用由投标人自己承担。

5.2 招标人向投标人提供的有关现场的数据和资料，是招标人现有的能被投标人利用的资料，招标人对投标人做出的任何推论、理解和结论均不负责任。

5.3 经招标人允许，投标人可为踏勘目的进入招标人的项目现场。在考察过程中，投标人及其代表必须承担那些进入现场后，由于他们的行为所造成的人身伤害（不管是否致命）、财产损失或损坏，以及其他任何原因造成的损失、损坏或费用，投标人不得因此使招标人承担有关的责任和蒙受损失。

6. 投标费用

不论投标结果如何，投标人应承担自身因投标文件编制、递交及其他参加本招标活动所涉及的一切费用，招标人对上述费用不负任何责任。

（二）招标文件

7.招标文件的组成

7.1本招标文件包括下列文件，以及所有按本须知第7条发出的澄清或修改和按本须知第8条发出的招标答疑会会议纪要：

第一章　投标须知

第二章　开标、评标及定标办法

第三章　合同条款

第四章　投标文件格式

第五章　技术条件（工程建设标准）（另册）

第六章　图纸及勘察资料（另册）

第七章　工程量清单（另册）

7.2投标人获取招标文件后，应仔细检查招标文件的所有内容，认真审阅招标文件中所有的事项、格式、条款和规范要求等，若投标人的投标文件没有按招标文件要求递交全部资料，或投标文件实质上没有响应招标文件的要求，招标人将按评标办法的规定予以拒绝，并且不允许投标人通过修改或撤销其不符合要求的差异或保留使之成为具有响应性的投标文件。

7.3投标人一旦中标，招标文件的内容对招标人和中标人双方均有约束力。

7.4招标人（或委托招标代理机构）使用广东省内依法设立的电子认证服务机构签发的电子签名认证证书对电子形式的招标文件进行电子签名及电子签章。该电子签名及电子签章对招标人手写签名或者盖章具有同等的法律效力。

7.5发布招标公告的同时，通过广州公共资源交易中心网站发布电子招标文件、施工图纸、招标控制价。

7.6招标文件一经在广州公共资源交易中心网站发布，视作已发放给所有投标人。

7.7投标人获取电子招标文件后，应仔细检查电子招标文件的合法有效性。合法有效的电子招标文件应具有招标人（或招标代理机构）的电子签名及电子签章。

7.8招标人应在招标文件第四章中明确投标文件主要内容编制的格式要求。

8.招标答疑

8.1招标答疑采用网上答疑方式进行。投标人若对招标文件（包括招标图纸、清单、招标控制价）有疑问的，可在规定的时间内通过广州公共资源交易中心网站凭密码进入提问区域将问题提交给招标人或招标代理人，提交问题时一律不得署名。

网上答疑的操作指南为：登陆广州公共资源交易中心网站⟶进入“项目招标答疑”专区⟶通过项目编号或名称找到所需的项目⟶在上述的答疑时间内点击“提问”⟶输入密码（密码为：____）进入到提问区域⟶无记名或匿名提出问题以及查看所有的问题。

8.2投标人应在投标截止时间前10日停止质疑。招标人应在投标截止时间7日前解答投标人对招标文件提出的疑问，形成答疑纪要，并经招标监管机构备案后，方可在广州公共资源交易中心网站“招标答疑”专区和广州市林业和园林局网站发布。

8.3招标答疑纪要一经在广州公共资源交易中心网站发布，视作已发放给所有投标人。

8.4招标答疑纪要为招标文件的一部分。投标人可在广州公共资源交易中心网站浏览、下载招标答疑纪要。

8.5若招标答疑纪要与招标文件有矛盾时，以广州公共资源交易中心网站最后发布的答疑纪要为准。

9.招标文件的澄清与修改

9.1招标文件发出后，在递交投标文件截止时间7日前，招标人可对招标文件进行必要的澄清或修改。

9.2招标文件的澄清或修改在广州公共资源交易中心网站发布。招标文件的澄清或修改一经在广州公共资源交易中心网站发布，视作已发放给所有投标人。

9.3招标文件的澄清、修改作为招标文件的组成部分，具有约束作用。

9.4招标文件的澄清、修改均以广州公共资源交易中心网站发布的内容为准。当招标文件的澄清、修改在同一内容的表述不一致时，以广州公共资源交易中心网站最后发布的内容为准。

9.5 为使投标人在编制投标文件时有充分的时间对招标文件的澄清或修改等内容考虑进去，招标人将酌情延长递交投标文件的截止时间，具体时间将在招标文件的澄清或修改中予以明确。若澄清或修改中没有明确延长时间，即表示投标时间不延长。

（三）投标文件的编制

10. 投标文件的语言及度量衡单位

10.1 投标文件和与投标有关的所有文件均应使用中文。

10.2 除工程规范另有规定外，投标文件使用的度量衡单位，均采用中华人民共和国法定计量单位。

11. 投标文件的组成：

11.1 投标文件由资格审查文件及经济标投标文件组成。

11.2 资格审查文件主要包括的内容：

（1）投标申请公函；

（2）企业资质证书；

（3）拟委派项目负责人的建造师注册证书或建造师临时执业证书，或适用于小型项目的项目经理资质证书或项目经理培训合格证书及本企业聘书，或项目负责人的相关专业证明；

（4）项目负责人安全生产考核合格证（B类）；

（5）专职安全人员的安全生产考核合格证（C类）。

注：资格审查内容的（2）～（5）项的信息取自投标申请人在广州公共资源交易中心企业库登记的信息，在广州公共资源交易中心企业库记录的该部分信息将被视为投标申请人递交的资格审查资料的一部分，资格审查文件不需附该部分资料。

11.3 经济标主要包括的内容：

11.3.1 投标函部分：

（1）企业法定代表人证明书；

（2）投标人代表的法定代表人授权委托书；

（3）《投标函》（格式见第四章）；

（4）《广州建设工程施工招标投标书》（格式见第四章）；

（5）《响应招标文件所附施工组织设计要点或施工方案的承诺书》（格式见第四章）；

（6）余泥渣土运输与排放方案。应包含以下内容：

投标人的专职安全员兼任工地的余泥渣土运输与排放管理员；

（7）投标人按照规定的格式及内容要求签署的《投标申请人声明》（格式见第四章）；

（8）《合同工期承诺书》。

11.3.2 投标报价部分：

（1）投标总报价说明。

（2）工程量清单报价表（余泥渣土运输与排放费用按招标文件规定单列，并且不得浮动或改变）；其中列表明细如下：

✓ 工程总价；

✓ 编制说明；

✓ 工程概况；

✓ 工程项目投标价汇总表；

✓ 单项工程投标价汇总表；

✓ 单位工程投标价汇总表；

✓ 分部分项工程报价表；

✓ 措施项目清单与计价表（一）；

✓ 措施项目清单与计价表（二）；

✓ 其他项目清单与计价表；
✓ 暂列金额明细表；
✓ 材料设备暂估价明细表；
✓ 专业工程暂估价明细表；
✓ 计日工计价表；
✓ 总承包服务计价表；
✓ 规费和税金项目计算表；
✓ 人工、主要材料设备、机械台班价格表

（3）综合单价分析表。

（4）按照招标文件要求填写的《参与编制经济标投标文件人员名单》。

（5）其它辅助说明资料。

11.3.3 工程量清单的组成、编制、计价、格式、项目编码、项目名称、工程内容、计量单位和工程量计算规则按照招标人给出的工程量清单及2013年中华人民共和国国家标准《建设工程工程量清单计价规范》（GB50500—2013）及广东省相关定额及清单规范执行。

11.4 投标人应使用符合《广东省工程造价文件数据交换标准（电子评标部分）交易中心实施细则》的计价软件制作工程量清单报价表和单价分析表（如本招标文件要求单价分析表）。

11.5 投标人应使用广州公共资源交易中心的投标文件管理软件进行投标文件的合成、电子签名、电子签章及加密打包工作，所有电子投标文件不能进行压缩处理。电子投标文件统一采用网络上传的形式，投标人需登录广州公共资源交易中心网站投标人服务区在投标截止时间前完整上传至交易中心的电子评标系统。

11.6 投标人应使用依法设立的电子认证服务机构签发的电子签名认证证书对电子投标文件进行电子签名及电子签章。该电子签名及电子签章与手写签名或者盖章具有同等的法律效力。

11.7 除工程量清单报价表相关的内容、《广州建设工程施工招标投标书》外，投标文件的其他内容均以电子文件（纸质原件的扫描件）编制，其格式要求详见第四章投标文件格式说明。

11.8 投标文件应按上述的编排要求编制。如因不按上述编排要求编制而所引起系统无法检索、读取相关信息时，其后果将由投标人自行承担。

12. 投标文件格式

12.1 投标人递交的投标文件应当使用招标文件所规定的投标文件全部格式。

12.2 投标人应仔细阅读第四章投标文件格式的相关规定和要求。如电子投标文件未按规定的格式填写，或主要内容不全，或关键字迹模糊、无法辨认造成无法满足评标需要的，经评标委员会审查作废标处理。

13. 投标总报价及造价承包和变更结算方式

13.1 本工程的投标总报价采用投标须知前附表第12项所规定的方式。

13.2 招标人按照招标图纸制定工程量清单，该清单载于本招标文件第七章中，投标人按照招标人提供的工程量清单中列出的工程项目和工程量填报单价和合价。每一项目只允许有一个报价。任何有选择的报价将不予接受。投标人未填报单价或合价的工程项目，视为完成该工程项目所需费用已包含在其它有价款的竞争性报价内，在实施后，招标人将不予支付。

13.3 投标人的投标总报价，应是按照投标须知前附表第8项的工期要求，在投标须知前附表第3项的建设地点，完成投标须知前附表第7项的招标范围内已由招标人制定的工程量清单列明工作的全部费用，包括但不限于完成工作的成本、利润、税金、技术措施费、大型机械进出场费、风险费以及政策性文件规定费用等，不得以任何理由予以重复计算。招标人提供的工程量清单或招标文件其他部分中有关规费、暂列金额、暂估价、安全文明施工费等非竞争性项目明列了单价或合价的金额的，投标人应按照明列的单价或合价的金额报价，未按照规定金额报价的，由评标委员会按照招标文件规定的金额进行修正。

13.4 投标人一旦中标，投标人对招标人提供的工程量清单中列出的工程项目所报出的综合单价和措施项目费（措施项目费必须单列，没有单独列出的，视为已经包含在投标报价中），在工程结算时将不得变更，即在施工过程中即使工程量清单项目的工程量发生变更，中标投标文件列出的综合单价和措施项目费也不发生改变。但施工招标项目工期超过12个月的，招标人应在招标文件及合同中明确在人工、材料、设备或机械台班市场价格发生异常变动情况时合同价款的调整办法。调整原则按照《广州市建设工程招标投标管理办法》第二十四条的规定。

13.5工程项目实施期间和结算时，招标文件工程量清单中漏列而由监理单位和招标人现场签证确认的工程项目、原设计没有而由招标人批准设计变更产生的工程项目，视为新增项目，按以下顺序确定价格：

13.5.1中标的投标文件工程量清单中已有相同项目的适用综合单价，则沿用；

13.5.2中标的投标文件工程量清单中已有类似项目的综合单价，则按类似项目的综合单价对相应子目、消耗量、单价等进行调整换算，原管理费、利润水平不变。如中标的投标文件工程量清单中类似项目的综合单价有两个以上，则由招标人按消耗量最少、管理费和利润取费最低的优先顺序选择类似项目综合单价进行换算。如换算时出现类似项目中没有的材料单价，按广州市造价管理站同期《广州地区建设工程常用材料综合价格》计算，《广州地区建设工程常用材料综合价格》没有的材料单价，由招标人在招标文件中依法确定计价方式。

13.5.3中标的投标文件工程量清单中没有相同项目或类似项目的，如可套取相关定额，则以相关定额为基数下浮计算单价，下浮率为中标价相对于招标控制价的下浮率［下浮率=（招标控制价－中标价）/招标控制价］。

13.5.4如相关定额没有相应子目的，其计价方式由招标人在本招标文件第三章中另行规定。未规定的，中标后双方协商约定。

13.6暂列金额、暂估价

13.6.1暂列金额指招标人在工程量清单中暂定并包括在合同价款中的一笔款项。用于施工合同签订时尚未确定或者不可预见的所需材料、设备、服务的采购，施工中可能发生的工程量变更、合同约定调整因素出现时的工程价款调整以及发生的索赔、现场签证等费用。

暂估价是指招标人在工程量清单中提供的用于支付必然发生但暂时不能确定价格的材料的单价以及专业工程的金额。

13.6.2在工程实施中，暂列金额、暂估价所包含的工作范围和图纸、标准深化固定后，按照工程专业、设备、材料类别等分类汇总的金额，达到法定招标范围标准的，应由招标人同中标人联合招标，确定承包人和承包价格。

13.6.3在工程实施中，暂列金额、暂估价所包含的工作范围和图纸、标准深化固定后，按照工程专业、设备、材料类别等分类汇总的金额，未达到法定招标范围标准但适用政府采购规定的，应按照政府采购规定确定承包人和承包价格。

13.6.4在工程实施中，暂列金额、暂估价所包含的工作范围和图纸、标准深化固定后，按照工程专业、设备、材料类别等分类汇总的金额，未达到法定招标范围标准也不适用政府采购规定，承包人有法定的承包资格的，由承包人承包，承包人无法定的承包资格但有法定的分包权的，由承包人分包，招标人同承包人结算的价格按本投标须知13.5款规定确定。

13.6.5在工程实施中，暂列金额、暂估价所包含的工作范围和图纸、标准深化固定后，按照工程专业、设备、材料类别等分类汇总的金额，未达到法定招标范围标准也不适用政府采购规定，承包人既无法定的承包资格又无法定的分包权的，由招标人另行发包。

13.6.6在工程实施中，暂列金额、暂估价所包含的工作范围由其他承包人承包的，纳入本项目承包人的管理和协调范围，由其他承包人向本项目承包人承担质量、安全、文明施工、工期责任，本项目承包人向招标人承担责任。投标人应当充分考虑此项管理和协调所发生的费用，并将其纳入招标人提供的工程量清单中的适当项目报价中。招标人将视为此项管理和协调所发生的费用已包含在其它有价款的竞争性报价内，在实施后，招标人将不予支付。

13.7投标人可先到工地踏勘以充分了解工地位置、情况、道路、储存空间、装卸限制及任何其他足以影响承包价的情况，任何因忽视或误解工地情况而导致的索赔或工期延长申请将不被批准。

13.8属于承包人自行采购的主要材料、设备，招标人应当在招标文件中提出材料、设备的技术标准或者质量要求，或者以事先公开征集的方式提出不少于3个同等档次品牌或分包商供投标人报价时选择，凡招标人在招标文件中提出参考品牌的，必须在参考品牌后面加上“或相当于”字样。投标人在投标文件中应明确所选用主要材料、设备的品牌、厂家以及质量等级，并且应当符合招标文件的要求。

13.9纳入年度审计项目计划的政府投资项目，审计机关出具的审计结果应当作为该政府投资项目价款结算的依据（适用于纳入年度审计项目计划的项目）。

14.投标货币

本工程投标总报价采用的币种为人民币。

15.投标有效期

15.1投标有效期见投标须知前附表第13项所规定的期限，在此期限内，凡符合本招标文件要求的投标文件均保持有效。

15.2在特殊情况下，招标人在原定投标有效期内，可以根据需要以书面形式向投标人提出延长投标有效期的要求，对此要求投标人须以书面形式予以答复。投标人可以拒绝招标人这种要求，而不被没收投标担保。同意延长投标有效期的投标人既不能要求也不允许修改其投标文件，但需要相应的延长投标担保的有效期，在延长的投标有效期内，本须知第16条关于投标担保的退还与没收的规定仍然适用。

16.投标担保

16.1投标人应按投标须知前附表第14项所述金额和时间递交投标保证金。招标人可委托广州公共资源交易中心具体实施保证金的收取和退还工作。

16.2委托广州公共资源交易中心代收投标保证金的，其缴纳情况以广州公共资源交易中心数据库记录的信息为准。

16.3由招标人收取投标保证金的，投标人应要求收费单位在《广州建设工程投标缴费情况表》加盖收费确认章。

16.4“网银”缴费的操作详见《网上银行缴费操作指南》或请自行咨询广州公共资源交易中心。

16.5投标人未能按要求递交投标担保的，招标人将视为不响应投标而拒绝其投标文件。

16.6由广州公共资源交易中心代收投标保证金的，在发出中标通知书7个工作日后办理未中标人的投标保证金退还手续，中标人在与招标人签订合同后办理退还手续。

16.7如有下列情况之一的，将没收投标保证金：

16.7.1投标人在投标有效期内撤回投标标书；

16.7.2中标人未能在规定期限内按要求递交履约担保；

16.7.3中标人未能在规定期限内签订合同。

17.投标文件的份数和签署

17.1投标人应按投标须知前附表第19项规定的份数递交投标文件。

17.2除投标人对错误处须修改外，全套投标文件应无涂改或增删，如有修改，修改处应由投标人加盖投标人的印章或由投标文件签字人签字或盖章。

（四）投标文件的递交

18.投标文件的密封

18.1投标文件的份数要求：投标人应按投标须知前附表第19项规定的份数递交投标文件。

18.2投标文件的密封要求：投标人应使用广州公共资源交易中心交易服务系统提供的软件制作电子投标文件并进行电子签名、电子签章及加密打包。不得修改所生成电子投标文件的文件格式。

18.3投标文件的电子签名和电子签章要求：电子投标文件必须包含完整的投标人电子签名及电子签章。

19.投标文件的递交和接收

19.1投标人代表应按投标须知前附表第20项所规定的时间和地点向招标人递交投标文件。

19.2投标人使用制作该投标文件的机构业务数字证书递交投标文件。

19.3若出现以下情况，招标人将拒绝接收投标文件：

19.3.1电子投标文件未在投标截止时间前完整上传并保存在广州公共资源交易中心电子评标系统且取得

回执的；

19.3.2 投标文件未按招标文件要求进行电子签名和电子签章，并进行加密的；

19.3.3 电子投标文件中投标人电子签名或电子签章不完整的；

19.3.4 电子投标文件损坏或格式不正确的。

19.4 投标截止前，招标人拒绝接收符合条件的投标文件，投标人可向招标监督机构投诉。

20. 投标文件递交的截止时间

20.1 投标人应在投标须知前附表第20项所述的时间前递交投标文件。截止时间以广州公共资源交易中心电子评标系统服务器从中国科学院国家授时中心取得的北京时间为准。

20.2 招标人可按本须知第9条规定以招标文件修改的方式，酌情延长递交投标文件的截止时间。在此情况下，投标人的所有权利和义务以及投标人受制约的截止时间，均以延长后新的投标截止时间为准。

20.3 到投标截止时间止，招标人收到的投标文件少于五家的，招标人将依法重新组织招标。

20.4 投标截止时间到达后的一小时内，项目负责人须凭身份证到广州公共资源交易中心事先确定的开标室签到。项目负责人未凭身份证在规定的时间内到达开标室签到或签到的项目负责人与投标登记时不一致的，该投标文件无效。

21. 迟交的投标文件

投标截止时间到达后，电子评标系统将不允许投标人上传投标文件。

22. 投标文件的补充、修改与撤回

22.1 投标人在递交投标文件以后，在规定的投标截止时间之前，可以撤回或替换已递交的投标文件。

22.2 在投标截止时间之后，投标人不得补充、修改和更换投标文件。

22.3 在投标截止后，投标人在投标文件格式中规定的有效期终止日前，投标人不能撤回投标文件，否则其投标担保将被没收，且招标人有权就其撤回行为报告政府主管部门载入不良信用记录。

23. 投标信息录入

投标人应在上传电子投标文件前将投标人的相关信息在广州公共资源交易中心交易服务系统中录入完毕。

24. 投标文件的解密

投标截止时间到达后的三小时内为投标人对电子投标文件解密时间，投标人须在规定的解密时间内使用制作该投标文件的机构业务数字证书对投标文件进行解密。逾期未解密的投标文件将作为废标处理。

（五）开标、评标、定标及合同签订

25. 开标

详见第二章开标、评标及定标办法

26. 评标过程的保密

26.1 开标后，直至中标公示为止，凡属于对投标文件的审查、澄清、评价和比较有关的资料以及中标候选人的推荐情况及与评标有关的其他任何情况均严格保密。

26.2 在投标文件的评审和比较、中标候选人推荐以及授予合同的过程中，投标人向招标人和评标委员会施加不公正影响的任何行为，都将会导致其投标被拒绝。

27. 投标文件的澄清，计算错误的修正

详见招标文件第二章开标、评标及定标办法。

28. 投标文件的评审、比较和否决

详见招标文件第二章开标、评标及定标办法。经评标委员会评审，资格审查合格的投标人少于5家或评标有效的投标人少于3家的，招标人将依法重新招标。

29. 中标通知书

29.1 定标后，招标人将就规定的内容在广州公共资源交易中心公示三个工作日。

29.2 招标人应当自确定中标人后，向招投标监管机构提交招标投标情况的书面报告；经招投标监管机构备案后，方可发出中标通知书。中标通知书由招标人颁发，并经广州公共资源交易中心确认。

29.3 中标人必须在收到中标通知书后24小时之内以书面形式回复招标人，确认收到。

30. 合同的签订

30.1 招标人与中标人将于中标通知书发出之日起30日内，按照招标文件和中标人的投标文件商定和签订合同，招标人和中标人不得再行订立背离合同实质性内容的其他协议。

30.2 中标通知书发出之日起30日后，中标人未按上款的规定与招标人订立合同，招标人将解除中标通知书，原中标人的投标担保不予退还，且依法承担相应法律责任。原中标人给招标人造成的损失超过投标担保数额的，还应当对超过部分予以赔偿。原中标人有异议的，可以向人民法院起诉。

30.3 非经招标人同意，中标人在投标过程中使用的银行名称及账号至完成竣工结算不得变更，否则招标人有权停止工程款项的拨付直至解除合同，由此造成的一切责任由中标人承担。

30.4 招标人支付工程款时，中标人应提供工程所在地发票。

31. 履约担保

31.1 在收到中标通知书后的15日内，中标人应按本须知前附表第23项的规定向招标人递交履约担保；如果中标人的履约担保是以银行保函的形式提供，则该银行保函应由在中国注册且营业地点在广州行政辖区内的银行开具。

31.2 中标通知书发出之日起15日后，中标人未按上款的规定递交履约担保，招标人将解除中标通知书，原中标人的投标担保不予退还，且依法承担相应法律责任。原中标人给招标人造成的损失超过投标担保数额的，还应当对超过部分予以赔偿。原中标人有异议的，可以向人民法院起诉。

32. 合同生效

在合同双方全权代表在合同协议书上签字，并分别加盖双方单位的公章后，合同正式生效。

33. 其它费用

中标人应根据政府有关规定，向广州公共资源交易中心交纳交易服务费。

34. 腐败与敲诈行为

在招标和合同实施期间，业主要求投标人和承包人遵守最高的道德标准。

34.1 对本条款的规定，特定义如下词汇：

（1）“腐败行为”是指在招标或合同执行期间，通过提供、给予、接受或索要任何有价值的东西，从而影响招标人有关人员工作的行为；

（2）“欺诈行为”是指通过提供伪证影响招标或合同执行，从而损害招标人利益的行为；也包括投标人之间串通（在递交投标书之前或之后），人为地使招标过程失去竞争性，从而使业主无法从公开的自由竞争中获得利益的行为。

34.2 如果投标人被认定在本招标的竞争中有腐败或欺诈行为，则会被取消投标资格。

第二章　开标、评标及定标办法

一、开标、评标及定标办法修改表

声明：本开标、评标及定标办法使用GZYLZB2013-001-2招标文件范本的开标、评标及定标办法通用条款，与该通用条款不同之处，均在本表中列明，并以现文为准，原文不再有效。本招标文件中不再转录开标、评标及定标办法通用条款，请投标人自行到广州市林业和园林局网站（网址：http：//www.gzlyyl.gov.cn）下载查阅。

条款号：39.1　　　　　　　　　修改类型：修改

原文：39.1 公布投标人名单，将显示出所有投标人信息及投标人标书投递情况以及解密情况（投标截止时间到达后的二小时内，项目负责人应凭身份证到广州公共资源交易中心事先确定的签到室签到，项目负责人未凭身份证在规定的时间内到达签到室签到或签到的项目负责人与投标登记时不一致的，该投标文件无效）；

现文：39.1 公布投标人名单，将显示出所有投标人信息及投标人标书投递情况以及解密情况（投标截止时间到达后的一小时内，项目负责人应凭身份证到广州公共资源交易中心事先确定的签到室签到，项目负责人未凭身份证在规定的时间内到达签到室签到或签到的项目负责人与投标登记时不一致的，该投标文件无效）；

条款号：41.6.1　　　　　　　　　　　　修改类型：修改

原文：权重分配：报价得分权重80%；综合诚信评价排名得分权重20%。

现文：权重分配：报价得分权重95%；综合诚信评价排名得分权重5%。

条款号：41.6.2　　　　　　　　　　　　修改类型：修改

原文：投标人总得分=报价得分×报价分权重+综合诚信评价排名得分×综合诚信分权重。（报价得分×报价分权重的最后得分最高为80分；综合诚信评价排名得分×综合诚信分权重的最后得分最高为20分，各项得分精确到小数点后两位）（适用于招标控制价超过1000万元的项目）

现文：投标人总得分=报价得分×报价分权重+综合诚信评价排名得分×综合诚信分权重。（报价得分×报价分权重的最后得分最高为95分；综合诚信评价排名得分×综合诚信分权重的最后得分最高为5分，各项得分精确到小数点后两位）（适用于招标控制价不超过1000万元的项目）

条款号：附表五第4项　　　　　　　　　　修改类型：删除

原文：投标人完成过质量合格的类似园林绿化工程业绩及其资料满足公告要求

条款号：附表六 第16项　　　　　　　　　修改类型：删除

原文：未签订联合体工作协议（适用于以联合体投标的需递交）

注：以上修改，仅限于本范本中有可供选择条款的情形。

（以下无正文）

二、采用资格后审方式施工招标项目开标、评标及定标办法

（一）总则

35. 开标、评标及定标所依据的规则

35.1《中华人民共和国招标投标法》；

35.2《评标委员会和评标方法暂行规定》（七部委第12号令）；

35.3《工程建设项目施工招标投标办法》（七部委2003年第30号令）；

35.4《广东省实施〈中华人民共和国招标投标法〉办法》；

35.5《房屋建筑和市政基础设施工程施工招标投标管理办法》（建设部令第89号）；

35.6《广州市建设工程招标投标管理办法》（穗建筑[2010]69号）；

35.7《广东省加强建设工程招标投标监督管理的若干规定》；

35.8《广州市房屋建筑与市政基础设施工程施工公开招标评标委员会和评标办法规定》（穗建法[2005]161号）；

35.9 本项目招标文件；

35.10 若招标控制价少于等于1000万元的，各投标人总得分由诚信综合评价得分和其他项目得分各按5%和95%权重加权平均计算（出现该情况，须在“开标、评标及定标办法修改表”中修改相应条款）。

36. 开标

36.1 招标人按投标须知前附表第21项所规定的时间和地点公开开标，并邀请所有投标人参加。

36.2 开标时出现以下情况的，投标文件由招标人作废处理，不参与排序和资格审查。

36.2.1 投标文件未在规定的时间内完成投标人解密的；

36.2.2 解密后，投标人递交的电子投标文件无法满足资格审查及评标需要的；

36.2.3 投标人没有按要求提供投标担保的；

36.2.4 项目负责人和安全员为同一人的；

36.3 招标人在开标开始时间后，使用制作该招标文件的机构业务数字证书对所有投标人电子投标文件进行招标人解密。

37. 评标

37.1省财政性投资的施工招标项目，以及本市辖区内市、区财政性投资超过50%的施工项目招标的评标委员会成员，全部从政府设立的建设工程评标专家库中随机抽取确定。其他招标项目，招标人参加或派代表参加评标委员会的，应当具备国家和省规定的评标专家条件和要求，人数原则上以一人为限，且不得担任评标委员会负责人，不得接受评标报酬，评标过程中不得以任何方式影响其他评标专家独立评标。

37.2评标委员会的职责及守则：

37.2.1根据评标细则，对标书进行认真评审，完成评审报告。

37.2.2向招标人报告评审意见，推荐合格的中标候选人。

37.2.3所有参加评标人员必须遵守国家、地方政府制定的有关工程招标投标的法则、规定，遵守有关工程招标投标的保密制度；如有违反者，给予行政处分；情节严重，构成犯罪的，由司法机关依法追究其刑事责任。

37.2.4　全体参与评标人员：

37.2.4.1必须遵守评标纪律、不得泄密；

37.2.4.2必须公正、不得徇私舞弊；

37.2.4.3必须科学、不得草率；

37.2.4.4必须客观、不得带有成见；

37.2.4.5必须平等、不得强加于人；

37.2.4.6必须严谨、不得随意马虎。

37.3评标结束后，评标委员会递交评标报告并依法推荐中标候选人。

38.投标文件的澄清

38.1为有助于投标文件的审查、评价和比较，评标期间，经评标委员会或评标委员会专业评审组中超过五分之一的成员以书面形式提出动议，评标委员会或评标委员会专业评审组应当书面发出澄清通知，要求投标人对投标文件含义不明确的内容作出澄清。

38.2投标人应以书面形式进行澄清，澄清和说明内容属于投标文件的组成部分，澄清中的承诺性意思表示在投标文件有效期内均对投标人有约束力。除评标委员会对评标中发现算术错误进行修正后要求投标人以澄清形式进行的核实和确认外，澄清不得超出投标文件的范围或改变投标文件的实质性内容，超出部分不作为评标委员会评审的依据。

38.3评标委员会或评标委员会专业评审组成员均应当阅读投标人的澄清，但应独立参考澄清对投标文件进行评审。整个澄清的过程不得存在排斥潜在投标人的现象。

38.4如果投标文件实质上不响应招标文件的各项要求，评标委员会将按照符合性审查标准予以拒绝，不接受投标人通过修改或撤销其不符合要求的差异或保留，使之成为具有响应性的投标。

39.定标

39.1招标人根据评标委员会递交的评标报告，最终审定中标人。

39.2依法必须进行公开招标的项目，招标人应当确定排名第一的中标候选人为中标人。

39.3排名第一的中标候选人放弃中标、或因不可抗力提出不能履行合同，或者招标文件规定应当递交履约担保而在规定的期限内未能递交的，招标人可以确定排名第二的中标候选人为中标人。

39.4排名第二的中标候选人出现前款所列的情形的，招标人可以确定排名第三的中标候选人为中标人。以此类推，如所有中标候选人均出现前款所列的情形，为招标失败，招标人依法重新招标。

（二）开标评标办法程序和细则

商务综合诚信评标法

40.开标和评标程序：

40.1公布投标人名单，将显示出所有投标人信息及投标人标书投递情况以及解密情况（投标截止时间到达后的一小时内，项目负责人应凭身份证到广州公共资源交易中心事先确定的签到室签到，项目负责人未凭身份证在规定的时间内到达签到室签到或签到的项目负责人与投标登记时不一致的，该投标文件无效）。

40.2计算评标参考价的下浮率X从0、0.5%、1%、1.5%、2%、2.5%、3%中通过摇珠机随机抽取。

40.3导入电子招标文件。

40.4对未成功递交投标文件、出现35.2所列废标条款、项目负责人未凭身份证在规定的时间内到达开标室签到或签到的项目负责人与投标登记时不一致的投标单位进行废标处理。

40.5招标人使用制作该招标文件的机构业务数字证书对已完成投标人解密的电子投标文件进行招标人解密。

40.6将所有解密成功的电子投标文件导入系统并公开开标。

40.7确定计算评标参考价的排序（对投标报价位于[招标控制价×80%，招标控制价]区间的投标人进行电脑随机排序）。

40.8确定抽取计算评标参考价的排序的起点。

40.9由评标委员会对所有已公开开标的投标人进行资格审查。

40.10计算评标参考价。

40.11计算投标人总得分（投标人总得分=报价得分×报价分权重+综合诚信评价排名得分×综合诚信分权重），并按照投标人总得分高低确定评标排序。

本项目的企业综合诚信评价排名得分，以在广州公共资源交易中心公布的开标当天的广州市城市园林绿化企业综合诚信评价体系的排名为准。

40.12按排序对投标文件进行有效性审查（含投标报价算术校核），直至评出招标文件评标办法所规定的有排序的1～3名中标候选人。

40.13评标委员会向招标人推荐中标候选人名单，并递交资格审查报告及评标报告。

41.开标细则

41.1开标由招标人主持；

41.2由招标人或其推选的代表检查投标文件的投标人解密情况，也可以由招标人委托的公证机构检查并公证；之后由招标人对全部投标文件进行解密。

41.3细则

41.3.1投标截止期前，各投标人递交投标文件至招标文件规定的广州公共资源交易中心投标地点。

41.3.2若投标人代表对开标过程提出异议，该投标人代表须同时出示本人身份证原件。

41.4开标前，首先由招标人按39.2规定现场通过摇珠机随机抽取确定该工程计算评标参考价的下浮率*X*。唱标时，招标人根据标书的递交情况以及系统对投标文件的检索结果宣读以下所有内容：a.投标人名称；b.标书解密情况；c.电子文件的递交情况；d.法定代表人证明及授权委托；e.投标担保；f.投标总报价；g.安全文明施工费；h.余泥渣土运输与排放费；i.项目负责人；j.安全员；k.工期；l.质量标准；m.施工方案的承诺书；n.《安全总责承诺书》或遵守《安全总责承诺书》的承诺书。

41.5对投标报价位于[招标控制价×80%，招标控制价]区间的投标人进行电脑随机排序。

41.6确定抽取计算评标参考价的排序的起点。

41.6.1位于[招标控制价×80%，招标控制价]区间的投标报价少于或等于50个时，从该区间的所有投标报价中通过摇珠机随机抽取一个，作为计算评标参考价的排序的起点。

41.6.2位于[招标控制价×80%，招标控制价]区间的投标报价大于50个时，在电脑随机排序的前50名投标报价中通过摇珠机随机抽取一个，作为计算评标参考价的排序的起点。

41.7投标总报价以数字和文字两种方式表述的，应宣读文字表述的投标总报价。

41.8招标人对开标过程进行记录，并存档备查，投标人在开标记录上签字。

41.9招标人将上述符合要求的投标文件，送至评标委员会进行评审。

42.资格审查及评标细则

42.1资格审查及评标均由招标人依法组成的评标委员会负责。

42.2评标委员会的组成：资格审查及投标文件的评审可以由综合评标委员会负责。

42.3资格审查、评标流程

42.3.1评标委员会按资格审查的标准对所有递交投标文件的投标人进行审查。如在所有的投标人中资格审查合格的投标人不足五名时，应重新招标。

42.3.2在资格审查合格的投标人中，按照评标的先后排序从排序第一的投标人开始进行经济标的有效性评审，只要其投标文件有效，该投标人将被推荐为第一中标候选人。若其投标文件无效，则评审排序第二的投标人的经济标，依次类推，直至评出招标文件评标办法所规定的有排序的1～3名中标候选人为止。

42.3.3如通过有效性审查的投标人少于3人时，应重新招标。

42.4投标人资格审查

42.4.1资格审查采用电子化审查方式进行。评标委员会利用计算机系统对投标人递交的资格审查文件进行独立评审。

42.4.2《资格审查表》中序号1～5项评审内容的信息取自投标申请人在广州公共资源交易中心企业库登记的信息。评标委员会对该部分内容的审查以开标当天中午12时在广州公共资源交易中心企业库记录的信息为依据。

资格审查时，电子资审系统将对投标人的企业资质、本项目的项目负责人的资格、项目负责人安全生产考核合格证（B类）、专职安全员的安全生产考核合格证（C类）是否符合要求提供辅助审查结果，最终以评标委员会审查的结果为准。对联合体企业暂不提供辅助审查结果，由评标委员会进行审查。

42.4.3资格审查文件中全部符合附表五《资格审查表》中情形的，为资格审查合格。否则为资格审查不合格，经评标委员会认定后，其资格审查文件将被拒绝。如评标委员会成员的评审意见不一致时，应先公开要求投标人进行澄清，并记录及由评标委员会、作出澄清的投标人签字确认，以评标委员会过半数成员的意见作为评标委员会对该情形的认定结论。

42.4.4汇总资格审查情况，编写资格审查报告。

42.4.5资格审查不合格的投标文件不参加评标，不参与评标参考价的计算。

42.4.6资格审查时，投标企业名称已经工商变更的，但企业及个人的资质证书未完成企业名称变更，仍然承认其有效；投标企业未及时办理变更手续的，招标人或招标代理机构应通报发证部门。资质证书、安全生产许可证之间登记的信息不一致，应当允许投标人澄清，不得直接认定为无效。

特别声明：资审合格后，投标人的资格发生变化而不满足投标人合格条件，在发出中标通知书前，资格问题仍未解决的，招标人将取消其中标资格。

42.5计算投标人的报价得分

42.5.1确定评标参考价。

42.5.1.1通过资格审查的投标人位于[招标控制价×80%，招标控制价]区间的投标报价的个数大于5个时，以抽取计算评标参考价的排序的起点开始，按42.5.1.4的选取原则选取5个投标人的投标报价的算术平均值下浮X为评标参考价。

42.5.1.2通过资格审查的投标人位于[招标控制价×80%，招标控制价]区间的投标报价的个数小于或等于5个时，直接取区间内的投标价的算术平均值下浮X为评标参考价。

42.5.1.3若没有投标价位于[招标控制价×80%，招标控制价]区间，则由招标人依法重新招标。

42.5.1.4选取原则

42.5.1.4.1位于[招标控制价×80%，招标控制价]区间的投标报价的排序数少于或等于50个时，以抽取计算评标参考价的排序的起点开始，按排序往后依次循环（即从起点——排序序号最大值——排序第1——起点循环）选取5个通过资格审查的投标报价参与评标参考价的计算（若起点号的投标人资格审查不合格，起点按上述原则依次递补）。

42.5.1.4.2位于[招标控制价×80%，招标控制价]区间的投标报价的排序数大于50个时，先在排序前50名的投标报价中选取，选取方式以抽取计算评标参考价的排序的起点开始，按排序往后依次循环（即从起点——排序第50——排序第1——起点循环）选取5个通过资格审查的投标报价参与评标参考价的计算。若不足5个，则从排序第51开始，按排序往后依次继续选取，直到可以选取5个通过资格审查的投标报价参与评标参考价为止（若起点号的投标人资格审查不合格，起点按上述原则依次递补）。

42.5.2投标总报价以数字和文字两种方式表述的，取文字表述的投标总报价进行计算。

42.5.3投标人的投标报价、投标报价平均值、评标参考值均精确到“分”。

42.5.4当标价等于评标参考价时得100分，标价每高于评标参考价1%，扣1.5分；每低于评标参考价1%，扣1分，扣至0分为止，得分精确到小数点后两位。

42.6计算投标人的总得分（满分为100分）

42.6.1权重分配：报价得分权重95%；综合诚信评价排名得分权重5%。

42.6.2投标人总得分=报价得分×报价分权重+综合诚信评价排名得分×综合诚信分权重。（报价得分×报价分权重的最后得分最高为95分；综合诚信评价排名得分×综合诚信分权重的最后得分最高为5分，各项得分精确到小数点后两位）（适用于招标控制价不超过1000万元的项目）。

42.6.3按照投标人总得分从高至低进行排序，确定评标的先后排序。总得分相同的投标文件，以综合诚信评价排名靠前的排前；总得分与综合诚信评价排名得分均相同的投标文件，以广州公共资源交易中心公布的上一年度园林绿化施工项目总中标金额高的排前；如仍存在相同情况，则对具有相同情况的投标人，按中标候选人数量规定，由评标委员会采用随机抽取方式，确定中标候选人的排序。

42.7投标文件的有效性审查

42.7.1投标文件中没有任一种列于本办法附表六《不编制技术标书的投标文件有效性审查表》中情形的，为有效标书。否则为无效标书，经评标委员会认定后，其投标文件将被拒绝。如评标委员会成员的评审意见不一致时，以评标委员会过半数成员的意见作为评标委员会对该情形的认定结论。

42.8投标文件算术校核

评标委员会将对投标文件投标总报价按照就低不就高的原则进行算术校核，具体标准如下：

42.8.1数字表示的金额和用文字表示的金额不一致时，应以文字表示的金额为准。

42.8.2经算术复核的中标候选人报价与其投标总报价不一致时，按就低不就高原则确定其最终报价。

42.8.3当单价与数量均符合招标文件要求时，若单价与数量的乘积与合价不一致时，按就低不就高原则确定修改单价或是合价。当单价与数量的乘积小于合价，以单价为准，修改合价，除非评标委员会认为单价有明显的小数点错误，此时应以标出的合价为准，并修改单价；当单价与数量的乘积大于合价，以合价为准，修改单价。

42.8.4当合价、金额累加错误时，按就低不就高原则，如果累加修正值小于原累加值，则按累加修正值；如果累加修正值大于原累加值，则按原累加值。

42.8.5如果投标人的有关规费、所有暂列金额、暂估价等未按招标文件规定的金额填写的，由评标委员会按照招标文件规定的金额进行修正。

42.8.6①分部分项工程量比招标文件少、单位比招标文件小或错误时，以招标文件的工程量或单位为准，合价不变，修改综合单价。分部分项工程量比招标文件多或单位比招标文件大时，工程量、单位、综合单价及合价均不作修改；②分部分项项目漏项的，则该漏项费用视为已分配在其他项目中，不再修改；③分部分项工程量清单中的综合单价与综合单价分析表中的综合单价不一致时，以价低者为准；④分部分项工程量计价表中的项目编码或项目名称或计量单位或工程数量缺省或不填时，由评委以招标文件中招标人工程量清单为准进行修正；若同时缺省或不填项目编码和项目名称，则该项按增项处理；⑤分部分项项目增项的，不予修改；⑥其它招标文件规定需要修改的，均以就低不就高原则进行修改。

42.8.7按就低不就高原则，当修正后报价小于原报价，总价按修正后报价；当修正后报价大于原报价，总价按原报价，并在签订合同时载明在结算价中扣除修正报价与原报价的差额。

42.8.8按上述修正错误的原则及方法调整或修正投标文件的投标总报价，调整后的投标总报价对投标人起约束作用。如果投标人不接受修正后的报价，则取消其投标资格，并且其投标担保也将被没收。

42.9评标结束后，评标委员会应在通过投标文件有效性审查的投标人中，按照原评标排序，推荐有排序的1～3名依次为第一中标候选人至第三中标候选人，并编制评标报告。

42.10资格审查合格的投标申请人少于五名或有效投标人少于三名的，应修正招标方案，重新招标（当N个标段同时招标且不允许兼中时，资格审查合格的投标申请人少于N+4名或有效投标人少于N+2名的，应修正招标方案，重新招标）。

附表一 ________开标记录表

开标地点：　　　　　　　　　　　　　　　　　　开标时间：　　年　　月　　日　　时　　分

评标参考价下浮点数：　　%　　　　　　　　　　　招标控制价：　　　（元）

序号	投标人名称	投标文件是否解密	电子标书递交是否成功	法定代表人证明书及授权委托书	投标担保/元		投标总报价/元	人工费/元	安全文明施工费/元	余泥渣土运输排放费/元	项目负责人（姓名/建造师的注册编号或小型项目负责人的证书编号）		安全员（姓名/安全考核证编号）	工期	质量标准	施工组织设计承诺书	安全总责承诺书或遵守安全总责承诺书的承诺	废标原因	投标人签名确认
					缴纳方式	金额					投标登记时	投标文件							

注：1.本表适用于不需编制技术标书的项目。

2.本表信息源自《广州建设工程施工招标投标书》。

招标人代表：　　　　　　　　　　　　　　　　　　监管部门代表：

招标代理机构代表：　　　　　　　　　　　　　　　交易中心代表：

附表二　报价、信誉总得分汇总表

工程名称：

序号	投标单位＼得分	报价得分	权重	信誉得分	权重	总得分	总得分排名
1							
2			%		%		
3							

注：1.本表适用于采用“商务诚信评标法”评标的项目；

2.投标人总得分=报价得分×报价分权重+综合诚信评价排名得分×综合诚信分权重。

评委签名：　　　　　　　　　　　　　　　　日期：

附表三　算术复核表

工程名称：　　　　　　　　　　　　　　投标单位：　　　　　　　　　　　　　　单位：元

编号	算术校核项目	修正前投标报价A	修正后投标报价B	修正率 $r=\|A-B\|/A\times100\%$	经评审的最终投标总报价	当$B>A$时，修正后报价与原报价的差额；当$B\leqslant A$，$R=0$
1	[单位工程1]					
2	[单位工程2]					
……	……					
n	[单位工程n]					
$\sum$	投标总报价					$\sum A=A_1+A_2+\cdots An$；$\sum B=B_1+B_2+\cdots B_n$

修正原则：按就低不就高原则，当修正后报价小于原报价，总价按修正后报价；当修正后报价大于原报价，总价按原报价，并在签订合同时载明在结算价中扣除修正报价与原报价的差额。

评委签名：　　　　　　　　　　　　　　　　　　　　　　　　　　　　日期：

附表四　算术复核汇总表

工程名称：

编号	投标人名称	原投标总报价（A）	算术复核后投标总报价（B）	误差率（$r=\|A-B\|/A\times100\%$）
1				
2				
3				
……				

评委签名：　　　　　　　　　　　　　　　　　　　　　　　　　　　　日期：

附表五　资格审查表

工程名称：

序号	投标单位 / 评审内容				
1	投标人均具持有建设行政主管部门颁发的城市园林绿化企业资质证书				
2	投标人具有承接本工程所需的资质				
3	（1）投标人拟担任本工程的项目负责人的专业和级别满足公告要求，并持有项目负责人安全生产考核合格证（B类）（适用于选用注册建造师的）； （2）符合穗建筑[2010]915号文规定的小型项目负责人资质，并持有项目负责人安全生产考核合格证（B类）（适用于选用小型项目负责人的）				
4	专职安全人员具有安全生产考核合格证（C类）				

注：1.本表评审内容的信息取自投标申请人在广州公共资源交易中心企业库登记的信息，投标申请人在交易中心企业库登记的信息将视为其递交资格审查文件的一部分。评标委员会对该部分内容的审查以开标当天中午12时在广州公共资源交易中心企业库记录的信息为依据。

2.使用GZYLZB2013-001-2招标文件范本，与范本内容不同之处均以下划线标明。

3.凡不满足以上任何一项情形，结论均为无效，否则就为有效。

4.如对本表中某种情形的评审意见不一致时，以评审组过半数成员的意见作为评审组对该情形的认定结论。

评委签名：　　　　　　　　　　　　　　　　　　　　　　　　　　　　日期：

附表六　不编制技术标书的投标文件有效性审查表

工程名称：

序号	评审内容＼投标单位				
1	投标文件中没有有效的法定代表人证明书，或由委托代理人签署的投标文件中没有法定代表人授权书				
2	投标文件投标书中安全员、项目负责人与企业库登记的信息不一致或与投标登记时的不一致的				
3	对同一招标项目出现两个或以上的投标报价，且没声明哪个有效				
4	投标文件所列投标人名称、项目负责人与投标登记时的不一致				
5	未承诺响应招标文件所附施工方案或施工组织设计要点的				
6	投标人没有明确专职安全员兼任工地的余泥渣土运输与排放管理员				
7	投标文件未按规定的格式填写，或主要内容不全，或关键字迹模糊、无法辨认的				
8	投标总报价高于招标控制价的				
9	投标总报价低于企业自身成本的				
10	投标报价中对招标文件规定的余泥渣土运输与排放费用进行浮动或改变				
11	算术复核后的投标总报价与原投标总报价相比存在1%或以上误差的				
12	存在串通投标情形（串通投标情形以《广州市建筑工程招标管理办法》第三十四条为准）				
13	无《参与编制经济标投标文件人员名单》的				
14	投标人未按规定的格式及内容要求签署《投标申请人声明》				
15	投标人未建立企业诚信档案（A类IC卡），或拟担任本工程项目负责人不是本企业（IC卡）中的在册人员。[注：诚信档案（A类IC卡）应在有效期内]				

注：1.本表使用GZYLZB2013-001-2招标文件范本，与范本内容不同之处均以下划线标明。

2.凡出现以上任何一项情形，结论均为无效，否则就为有效。

3.如对本表中某种情形的评审意见不一致时，以评标委员会过半数成员的意见作为评审组对该情形的认定结论。

4.企业诚信档案（A类IC卡）以开标当天中午12时在广州公共资源交易中心企业库记录的信息为依据。

评委签名：　　　　　　　　　　　　　　　　　　　　　　　　　　日期：

第三章　合同条款

另册。

第四章　投标文件格式

43.投标人应按以下规定的格式及要求编制投标文件，如电子投标文件没有按招标文件规定的格式及要求编制，因其所引起系统无法检索、读取电子投标文件中的数据时，其结果将由投标人自行承担。本格式及要求规定适用于电子评标项目的投标文件的编制。

43.1《广州建设工程施工招标投标书》是投标文件的重要组成部分，其内容是投标人开标信息的主要来源，投标人应准确填写《广州建设工程施工招标投标书》的相关内容。

43.2投标书内容按以下表述填写。

投标总工期："__日历天"或"按招标文件的要求"；

工程质量标准："按招标文件的要求"；

保修期限："按《建设工程质量管理条例》规定"。

43.3 工程量清单报价表应使用符合广东省《建设工程造价文件数据交换标准（电子评标部分）》的XML文件，《广州建设工程施工招标投标书》使用广州公共资源交易中心提供的电子投标文件管理软件直接填写，投标文件的其他内容均以电子文件编制。扫描图片电子文件要求为从扫描原纸质文件所形成的电子图片。图片文件格式要求为JPG格式，文件名称要求与上述对应名称一致且唯一，文件内容（即扫描图片内容）要求与文件名称相符，电子图片要求清晰可辨，每个JPG文件可包含多张扫描图片，单个JPG文件大小要求在1M以下。

43.4 投标人为联合体投标时，应按以下规定填写。

投标人在编制工程量清单时应只填写主体单位全称，且要求填写的全称与广州公共资源交易中心企业库登记名称完全一致。

投 标 函

致：（招标人名称）________________

1. 根据已收到贵方的项目编号为________的________工程的招标文件，并已详细审核了全部招标文件及有关附件。

2. 遵照《中华人民共和国招标投标法》、《广东省实施〈中华人民共和国招标投标法〉办法》等有关规定，经考察现场和研究上述招标文件的投标须知、合同条款、标准和技术规范、图纸、工程量清单及其他有关文件后，我方承诺：

愿以经济标中的投标报价并按上述合同条款、标准和技术规范、图纸、工程量清单等的要求承包上述工程的施工、竣工并修补其任何缺陷。

3. 我方同意所递交的投标文件在投标须知规定的投标有效期内有效，在此期间内我方的投标有可能中标，我方将受此约束。如果在投标有效期内撤回投标或放弃中标资格，我方的投标担保将全部被没收，给贵方造成的损失超过我方投标担保金额的，贵方还有权要求我方对超过部分进行赔偿。

4. 我方理解贵方将不受必须接受你们所收到的最低标价或其它任何投标文件的约束。

5. 如果我方中标，我方保证按招标文件中规定的工期，在__日历天内完成并移交本工程，质量标准达到招标文件中的要求。

6. 如果我方中标，我方将按照规定递交由招标人认可的，并在招标文件中规定金额的履约保函。

7. 除非另外达成协议并生效，贵方的中标通知书和本投标文件将成为约束双方的合同文件的组成部分。

8. 如果我方中标，我方将实行项目经理负责制，并按投标文件配备项目管理班子。如未经招标人同意更换项目班子成员，招标人有权取消我公司的中标资格或单方面终止合同，由此造成的违约责任由我公司承担。

法定代表人：签名或盖章

投标人企业公章：　　　　　　　　　　日期：____年____月____日

广州建设工程施工招标投标书

投标日期：年　月　日

工程名称		
投标总报价（元）	大写：	
	小写：	
其中：人工费（元）	大写：	
	小写：	
其中：安全文明施工费（元）	大写：	
	小写：	
其中：余泥渣土运输与排放费（元）	大写：	
	小写：	
投标总工期		
工程质量标准		
保修期限		
委派的项目负责人	姓　　名	
	建造师的注册编号或小型项目负责人的证书编号	
委派的安全员	姓　　名	
	安全生产考核合格证（C类）编号	

注：1.本投标书适用于不要求编制技术标的项目。

2.本表所报委派的项目负责人、安全员的姓名及相关资料，须与本企业在广州公共资源交易中心企业库记录的相应信息一致，评审时，委派的项目负责人、安全员以投标人在广州公共资源交易中心企业库登记的信息为准。

3.本投标书由投标文件管理软件生成，投标人可直接在上面填写相关内容。

响应招标文件所附______承诺书

______（招标人）：

我方承诺，如中标承建______（项目名称），将按招标文件所附的本工程（施工组织设计要点或施工方案）______进行响应的基础上自行组织施工。并承诺在中标后按招标文件所附的（施工组织设计要点或施工方案）______基础上编制详细的施工组织设计，并报经监理单位和建设单位审批后实施。

投标人名称（盖法人公章）：______

法定代表人或被授权人（签字或盖章）：______

日期：____年__月__日

合同工期承诺书

致：广州市××绿化维护队

我公司已充分阅读了______________招标文件并充分了解本项目严格的工期要求。

我公司承诺响应招标文件关于施工工期的要求，如若中标，将严格按招标文件规定的施工工期签订合同，否则贵办有权取消我公司的中标资格。

我公司保证尽一切力量确保投标承诺的竣工日期，同时作为专业承包工程，承诺工期应完全配合和满足贵办对项目总进度目标的需要；并承诺严格按合同专用条款的内容执行，同时，关键节点工期一般不予调整，我公司应当采取合理有效的赶工措施予以消化。若我公司对贵办的要求有违反，我公司将无条件接受贵办的违约处罚。

我公司承诺执行上述内容而需赶工的费用已综合考虑到投标总报价中，不再向贵公司申请赶工费。

我公司也充分了解到合同条件专用条款工期延误方面的违约责任中的所有违约责任，我公司承诺若由于我公司原因造成的工期延误，将无条件地按合同中的违约条款执行。

另外，我公司还承诺不因有关政府批准手续未完成审批而向贵办拖延工期或索赔费用，并保证不因这些因素阻碍而影响投标承诺的竣工日期。

投标人：________________________________（盖章）

法定代表人或其委托代理人：___________（签字或盖章）

日期：_____年____月____日

经济标投标文件编制人员名单

投标单位名称				
姓名	职务	所承担工作	身份证号码	本人签名栏

注：参与编制标书所有人员名单应包括编制各种专业工程量清单投标总报价、负责清样校对、负责打印及复印等所有人员在内的人员名单。

附件一：

投标申请人声明

广州市林业和园林局、本招标项目招标人及招标监管机构：

本公司就参加_______________投标工作，作出郑重声明：

一、本公司保证投标资格审查材料及其后提供的一切材料都是真实的；在广州公共资源交易中心企业库登记的一切信息都是真实的、在有效期内的。

二、资格审查前，投标人须建立企业诚信档案（A类或B类IC卡）及拟担任本工程项目负责人须是本企业（IC卡）中的在册人员。

注：诚信档案（A类或B类IC卡）应在有效期内。

三、本公司保证在本项目投标中不与其他单位围标、串标，不出让投标资格，不向招标人或评标委员会成员行贿。

四、本公司没有处于被责令停业的状态；没有处于被建设行政主管部门取消投标资格的处罚期内；没有处于财产被接管、冻结、破产的状态；在投标资格审查截止日期前两年内没有建设行政主管部门、城市园林绿化行业主管部门已书面认定的重大工程质量问题；在广州市人民检察院行贿犯罪档案查询结果中，本公司没有在投标资格审查截止时间前两年内被人民法院判决犯有行贿罪的记录。

五、严格遵守建设工程余泥渣土运输与排放管理制度，执行“一不准进、三不准出”规定。选择合法的余泥渣土运输单位及排放点。承诺如违反建设工程余泥渣土运输与排放管理制度，将自愿接受：通报批评，记录不良行为，列入黑名单，并暂停责任企业投标报名一年，对责任项目负责人暂停投标报名二年。多次违规的，暂停投标报名二至三年，并提请资质审批部门降低或吊销企业资质、项目经理的建造师从业资格和专职安全员安全培训考核证书。

六、本公司及其有隶属关系的机构没有参加本项目的设计、前期工作、招标文件编写、监理工作；本公司与承担本招标项目监理业务的单位没有隶属关系或其他利害关系。

七、本公司保证本项目负责人本人凭身份证按招标文件规定亲自签到。

本公司违反上述保证，或本声明陈述与事实不符，经查实，本公司愿意接受公开通报，承担由此带来的法律后果，并自愿停止参加广州市行政辖区内的招标投标活动三个月。

特此声明　　　　　　　　　　　　　　　声明企业：

年　月　日

法定代表人签字：　　　　　　　　　　　（企业公章）

附件二：　　　　　　　　投标申请人在广州公共资源交易中心企业库登记的信息

一、资格审查合格条件第1条的对应信息包括：

企业资质证书信息。包括资质证书的编号、发证部门、发证日期、资质内容、资质等级。

二、资格审查合格条件第3条的对应信息包括：

1.注册建造师的注册证书或具备原项目经理资质的人员信息，包括姓名、身份证号码、注册等级、注册编号、发证机关、注册有效期、注册专业、注册类型（注册类型是指注册建造师、持建造师临时执业证书的人员、小型项目负责人）。

2.项目经理安全生产考核合格证（B类）信息，包括证号、有效期。

三、资格审查合格条件第4条的对应信息包括：

企业申报的业绩信息，包括以下信息及相应的证明材料的扫描件。

四、资格审查合格条件第5条的对应信息包括：

专职安全员的信息，包括姓名、身份证号码、安全生产考核合格证（C证）号、C证有效期、发证机关。

项目基本情况	项目编号	
	项目名称	
	建设单位	
	设计单位	
	监理单位	
	总承包单位	
	建设地点	

项目基本情况	项目属地	（省外/省内非广州/广州）	项目类别	（房建/市政）
	结构形式		中标价	
	合同价		结算价	
	中标通知书号		中标通知书颁发日期	
	施工许可证号		施工许可证颁发日期	
	监督意见书编号或竣工验收报告		监督意见书或竣工验收日期	
	项目经理（建造师）	（身份证号）	（姓名）	是否只属于项目经理业绩
	施工单位	（编号）	（名称）	

工程对应的企业资质	资质名称	资质等级

项目规模	工程类别	分部特征	规模指标	数量	计量单位

获奖情况	年度	奖项名称	颁奖时间	颁奖单位

第五章　技术条件（工程建设标准）

施工组织设计要点（编写要点）

如果中标，中标人应于收到中标通知书后15天内按要点要求，编制详细的施工组织设计，作为工程施工的指导性文件，向建设单位提交一式五份的《施工组织设计方案》，内容包括（不限于）以下：

（一）工程概况及特点

1.1工程概况

工程简述，工程规模，工程承包范围，地质及地貌状况，自然环境，交通情况等。

1.2工程特点

设计特点、工程特点、影响施工的主要和特殊环节分析等。

（二）施工现场组织机构

2.1组织机构关系图

2.2工程主要负责人简介

（三）施工现场总平面布置图

施工现场平面布置图：平面布置要求内容全面，充分利用现场条件，合理布置施工队、材料站、指挥部等。确定现场指挥部（工程处）和工区的驻地，材料站的设置，施工工区与施工班驻地，主要交通道路和通讯设施。平面布置图采用A3纸，图面要求线条清晰、标志明确。

（四）施工方案

4.1施工准备

简要叙述施工技术资料、材料、通讯、施工场地的准备，施工机械、施工力量的配置，以及生活设施等的准备情况。主要施工机械设备表。

4.2施工工序总体安排

4.3主要工序和特殊工序的施工方法和施工效率估计，潜在问题的分析。

4.4工程成本的控制措施为控制成本，提高效益，拟采取的措施。

（五）工期及施工进度计划

5.1工期规划及要求

用横道图反映各主要施工过程的计划进度，深度达到全面、准确、清楚地描述工程实施过程，从中可衍生出各种施工资源计划及其过程管理信息。

5.2施工进度计划网络图

施工网络图应明确工程开工、竣工日期，工程施工的关键路线，并针对关键工序，提出确保工期拟采取的措施。

5.3施工资源（人力、材料、机具、场地及进场道路、公共关系）计划

5.4施工进度计划分析

计划潜在问题，计划中的潜力及其开发途径等。

5.5计划控制

程序、方法及制度等。

（六）质量目标、质量保证体系及技术组织措施

6.1质量目标

本工程要求的质量目标：合格。

用单位工程和分项工程合格率、优良品率表示，欲达到的工程质量等级。

6.2质量管理组织机构及主要职责

用框图表示质量管理组织机构，并简要叙述各质量管理部门的主要职责。

6.3质量管理的措施

简要叙述质量管理的措施和关键工序的质量控制。

6.4质量管理及检验的标准

执行的主要质量标准、规范。

6.5质量保证技术措施

针对本工程特点，分析质量薄弱环节，拟将采取的技术措施。

（七）安全目标、安全保证体系及技术组织措施

7.1安全管理目标

7.2安全管理组织机构及主要职责

用框图表示安全管理组织机构，并简要叙述各安全管理部门及人员的主要职责。

7.3安全管理制度及办法

7.4安全组织技术措施

针对本工程特点，分析安全薄弱环节，拟将采取的技术措施。

7.5重要施工方案和特殊施工工序的安全过程控制

7.6严格执行《建筑施工安全检查标准》（JGJ59—1999）和省、市建设主管部门有关文明施工的规定。并按照甲方要求安排工作时间，在施工中尽量减少噪音，必要时采取有效的隔音措施，混凝土浇灌需连续不间断作业时，按有关规定申报夜间施工许可证。

安全生产目标：杜绝本项目施工人员重大伤亡事故，轻伤频率控制在2‰以内。

文明施工目标：标准化管理，争创广州市文明施工样板工地。

（八）环境保护及文明施工

8.1环境保护

分析因施工可能引起的环境保护方面的问题。

8.2加强施工管理、严格保护环境

提出环境保护的目标及采取的具体措施。

8.3文明施工的目标、组织机构和实施方案

8.4文明施工考核、管理办法

（九）计划、统计和信息管理

9.1计划、统计报表的编制与传递

9.2信息管理

提出信息管理的目标及拟将采取的措施。

第六章　图纸及勘测资料（略）

第七章　工程量清单

一、工程量清单报价要求

1.投标人的投标报价，应是按照投标须知前附表第8项的工期要求，在投标须知前附表第3项的建设地点，完成投标须知前附表第7项的招标范围内已由招标人制定的工程量清单列明工作的全部费用，包括但不限于完成工作的成本、利润、税金、技术措施费、大型机械进出场费、风险费以及政策性文件规定费用等，不得以任何理由予以重复计算。

2.投标人按招标人提供的工程量清单并结合工程实际情况和自身实力进行报价，并填报综合单价和合价。每一子目只允许有一个报价，而且每一个子目必须报价，且投标报价清单子项的综合单价不得超过子项综合单价最高限价。

3.工程量清单应结合投标人须知、设计要求、技术规范及招标图纸及构成本招标文件其他组成文件同时阅读。投标人在报价前应仔细阅读招标文件中相关部分的内容以获得对该工程项目的充分和正确的理解。

4.招标人提供的清单中的项目特征和工程内容应包括清单中的说明及招标图纸、主要材料、技术要求，工程量计算规则按本工程量清单说明的规定执行，如本工程量清单说明没明确规定的按现行相关定额计价办法的规定执行。

5.措施项目工程项目均为综合合价包干项目。对于措施项目费，投标人应根据本企业拟采用的施工方案，详细分析其所含的工程内容，自行报价，投标人没有计算或少计算的费用，视为此费用已包括在其他相关费用内，额外的费用除招标文件或合同另有约定外，不予支付。

投标人应充分考虑施工现场实际情况，考虑风险，发包人将不再另行支付由此而引起的费用增加。

6.“安全防护、文明施工措施费”：指为确保安全施工或按有关行政管理部门与业主布置而采取的保障措施所发生的相关费用。包括：环境保护费、文明施工费、安全施工费、临时设施费、硬地施工、洗车槽、食堂、厕所等文明施工必须设施而需发生的各项费用，如中标人未能按照粤建管[2007]39号文的规定和广州市建委穗建筑[1999]175号文及《建筑施工安全检查标准》（JGJ59—1999）的有关规定实施，则由招标人另行委托队伍施工，其费用由中标人自行负责。

7.投标人应考虑按照广州市建设委员会制定的《关于规范市政工程文明施工围蔽设施的通知》（穗建筑[2001]218号）文件的要求对施工现场采取必要的围蔽设施，保持施工现场的文明、有序，同时与周边环境进行必要的隔离，保证施工人员以及过往行人、车辆的安全，其为履行此项义务而需要的各项材料、设备和临时设施，其费用已包含在投标人的投标报价中。

8.预算包干费包括：预算包干内容一般包括施工雨（污）水的排除、因地形影响造成的场内料具二次运输、20米高以下的工程用水加压措施、施工材料堆放场地的整理、水电安装后的补洞工料费、工程成品保护费、施工中的临时停水停电、基础深埋2m以内挖土方的塌方、日间照明施工增加费（不包括地下室和特殊工程）、完工清场后垃圾外运等。

9.景观绿化工程需包成活养护期3个月。

10.承包人应主动与各监理标段的监理单位沟通，服从甲方现场和监理单位现场管理。

11.中标人应无条件配合发包人进行清标工作，具体要求按招标文件和合同要求。

12.发包人根据工程实际情况，有权对承包人的承包范围及内容进行适当调整，承包人必须无条件服从。

二、工程量清单（略）

第八章　招标控制价

注：施工招标工程的招标控制价应当在发出招标文件时发布。发布的招标控制价应当包括下列内容：

一、工程总价

二、编制说明

三、工程概况

四、工程项目招标控制价汇总表

五、单项工程招标控制价汇总表

六、单位工程招标控制价汇总表

七、分部分项工程计价表

八、措施项目计价表（一）

九、措施项目计价表（二）

十、其他项目计价表

十一、暂列金额明细表

十二、材料设备暂估价明细表

十三、专业工程暂估价明细表

十四、计日工计价表

十五、总承包服务费计价表

十六、规费和税金项目计算表

十七、人工、主要材料设备、机械台班价格表

（上述表格格式按广州市造价站的规定执行，其中安全文明施工费、余泥渣土运输与排放费等投标人不可竞争的固定报价另外单列）。

招标控制价备案机构：广州市建设工程造价管理站。

范本二

招标评标文件范本

招标编号：***

景观、绿化设计

招标文件

招标单位（章）：

法定代表人（章）：

发放时间：

目　录

第一部分　投标邀请

××建筑规划方案及建筑方案设计由____建筑设计有限公司完成。现对该项目景观及绿化工程进行设计招标，特邀请贵单位参加该项目的投标。

1.项目名称：__________

2.招标内容：项目景观及绿化工程设计。

3.招标文件的领取：

时间：截止到____年____月____日____时。

地点：______________

4.投标文件报送及开标时间

投标截止时间：____年____月____日____时

开标标时间：____年____月____日____时

地点：__________________

5.联系单位联系电话及联系人

单 位：____________________

地 址：____________________

联系人：____________________

联系电话：__________________

第二部分　投标须知

一、投标须知

1. 设计依据

1.1 规划要点和征地红线图、地形图等；

1.2 国家有关建筑设计规范、标准；

1.3 ××房地产开发有限公司的项目基本情况介绍及设计要求；

1.4 规划总平面图；

1.5 规划局规划要求；

1.6 地方标准《园林设计文件内容及深度规定》地方标准《园林设计文件内容及深度规定》。

2. 资质要求

2.1 参与投标的投标人必须具有独立法人资格、城市园林绿化工程专项设计三级（含三级）及以上资质。

2.2 如投标人代表不是法定代表人，须持有《法定代表人授权委托书》。

2.3 有关证明文件

2.3.1 营业执照、设计资质证书等；

2.3.2 投标人在过去3年完成的类似工程的情况和现在正在履行的合同情况等；

2.3.3 提供负责本项目的设计人员简历及资格证书。

3. 现场踏勘：由建设单位统一组织。

4. 招标及投标文件费用

4.1 投标人需自行购买招标文件，《景观及绿化设计招标文件》价格____元/套（可开财务收据）；

4.2 投标人应承担其编制投标文件与递交文件所涉及的一切费用。不管投标结果如何，招标人对上述费用不负任何责任。

二、投标文件的组成及有关说明

1. 商务部分应包括：

1.1 授权委托书（见附件）；

1.2 投标承诺书（见附件）；

1.3 优惠条件承诺书（见附件）；

1.4 投标单位营业执照及资质证书复印件；

1.5 项目设计负责人及主要设计人员的职称证明、简历、个人代表作品等相关资料；

1.6 投标报价单。

2. 技术部分应包括：

（1）方案设计图及各节点方案设计图；

（2）投标人能表达本项目设计理念的相关材料；

（3）电子版方案一套。

三、投标文件的形式、数量、装订和密封

1. 商务部分：文件一套，需装订成册，注明投标单位名称及设计者姓名，单独密封。密封处加盖投标单位印鉴、法人代表（或负责人）印章。

2. 技术部分：（纸质）相关材料不少于两套。

四、招标文件的解释

1. 对本招标文件或本招标项目情况要求澄清的投标单位，须在投标截止期前三日内，以书面形式（包括信函、传真）将问题提交给招标人。招标单位在投标截止日期前二日内，以书面形式（包括信函、传真）将回复传达给所有投标单位。

2. 招标单位或投标单位在收到对方书面形式（包括信函、传真）的函件后，应在两日内以书面形式（包括信函、传真）回函给对方，确认收件无误。

3. 以上所有书面资料应加盖公章和有投标人签名。

五、投标文件的递交

1. 如果因故推迟截标时间或开标时间，招标单位将以书面形式（包括信函、传真）或电话通知形式将顺延时间通知所有投标单位。

2. 投标截止时间后送达的投标文件，招标单位将拒收。

六、投标文件的修改或撤销投标文件；在投标文件递交后不得修改或撤销

七、有下列情况的投标文件无效。

1. 开标时，法定代表人或委托代理人不出席或核对身份不符的。

2. 规划设计文件内容不全，设计方案的图纸、资料未按招标文件规定出图、装订、密封的。

3. 商务部分所规定的文件未加盖单位公章的；投标文件逾期送达的。

4. 投标文件未按规定的格式、内容、要求填写的。

第三部分　开标、评标、定标

一、时间、地点

开标时间：____年____月____日____时。

开标地点：____________________。

二、开标、评标、定标

1. 评标小组组成：由招标单位代表组成，人数不少于五人。

2. 评标办法：评标小组对各投标单位提供的资料及方案进行评审、排序，由评标小组推荐两家单位作为中标候选单位，最终由招标单位 确定设计中标单位。

3. 评审依据

3.1 投标单位资质、设计师资质及证书；

3.2 投标报价；

3.3 投标单位以往业绩；

3.4 景观及绿化设计方案的优劣及与招标方设计要求的响应程度（可以提出合理化建议）。

三、对投标报价的要求

要求所报价格中包含以下内容：投标报价包括方案设计费、扩初设计费、施工图设计费、景观施工监督费、保育期指导费等全部费用。

四、其它

1. 招标单位在确定中标单位后，将通知所有投标单位，并向中标单位发出中标通知书。

2. 中标单位应根据招标单位要求，做详细规划方案，完成小区总体规划的全部设计任务，直至获得主管部门批准，并提供最终方案的文本。

第四部分　项目基本情况介绍及设计要求

一、项目概况

1. 工程名称：________________

2. 建设地点：________________

3. 工程结构类型：框架结构

4. 建筑面积：________m^2

5. 工程情况介绍：详见投标须知

二、设计要求

1. 设计类型的要求

1.1 简朴型：无明显风格特征，通过绿地简单铺装、少量灌乔木栽植，以实用性建筑小品、游憩区、健身区加以点缀的园景类别。

1.2 欧式园林景观：通过叠水瀑布、喷泉水池、柱廊、钟楼、尖顶、落地窗、建筑小品、植物等相关造景要素有序搭配，以形成具英伦特征的园林景观。其与中式园林景观主要区别在于几何特征突出、开放性较强，建筑的装饰性较强，具巴洛克建筑风格特点，有的甚至有哥特式建筑风格的特征。建筑小品具欧式特征，植物多为原生植物。

1.3 综合式景观类型：结合中式、韩式、欧式、日式特点的景观类型，结合当地民习民风取长补短综合考虑；××·江山墅定位为高档住宅小区项目由别墅、洋房、多层、小高层等多种建筑形态通过巧妙布局，结合项目所处位置的台地及绿化斜坡，艺术化的将公园意境与城市生活对接，形成公园式景观空间，使整个小区宛若都市里的绿洲，让人们在喧闹的都市中尽情享受的现代生活模式。小区规划亮点突出反映在小区道路畅通，大面积的集中绿地，强调组团的均好性，单体建筑日照通风良好，户型舒适健康，各种配套设施完善。建筑造型色调雅致，建筑肌理华贵尊崇，建筑质感细腻非凡。整体建筑群呈现一种富有人情味、生活化十足的空间秩序，呈现一种社会环境“江”“山”一体（海兰江与帽儿山）与自然环境互动辉映的建筑格调，符合人类现代居住生活的需求。自下而上空间过渡，石材、面砖、高级涂料互相结合，又互相呼应，使建筑稳重不乏灵动，典雅高贵不乏时代气息。错落有致的欧派建筑群形成变化丰富的唯美天际线，使项目跃升为龙延公路一颗熠熠生辉的异域明珠。景观设计要体现以人为本，突出高档小区品质，对建筑单体相呼应衬托与融合，独具特色。以植物造景和景观构筑物相互结合，加大乔灌木的种植量，营造高品质绿色家园。考虑到地下库上覆土深度对种植的影响，可适量加强微地形的运用。

2. 总体景观规划设计原则的要求（图略）

2.1 项目总体定位思路：欧式风情，临水小镇，高端人生的心灵港湾，成功人士的第一和最终居所。

2.2本小区以欧式别墅建筑为主，地理区位依山傍水，景观规划上不仅要和优美的自然景色相结合，与自然融为一体，更要体现高品质的欧式建筑文化和高端社区功能，给业主营造休闲、娱乐、交流、观赏的绿色空间，景观设计要结合各种构景要素，打造建筑文化与自然完美结合的境界。

2.3造景和融景是本小区景观设计的重点手法，在统筹规划上要与帽儿山、海兰江的山水文化统一起来，在外观上要与外界通透，以展示优美的小区环境。为减少外界干扰和起到一定的保护作用，在与城市道路结合部位，要采用常绿植物形成自然分隔带，以形成一个天然的绿化屏障。并配套考虑园区绿化的供、排水系统及小区的整体智能控制系统。

2.4遵守整体和谐统一原则。根据建筑方案所表达的欧式、低密建筑形式，仔细研究建筑与环境的关系，结合主体结构的主承重点进行整体布局，从而减少建设投资，提高经济效益。强调将建筑融入环境，建筑与环境相互衬托，和谐统一，交相呼应，相得益彰。环境小品要艺术生动、形式多样，体现欧式文化，成为环境的点缀和烘托。

2.5需要考虑____________项目的整体景观绿化设计的同时还要考虑小区外部公共绿化带及会所周边的绿色景观带。

3.种植设计要求

用地内绿化覆盖率为40.5%左右，环境景观设计要注意均享性。绿地统一规划，合理组织，使居民方便使用，使各项绿地的分布能形成分散与集中，重点与一般相结合的形式。绿地内的设施要符合该绿地的功能要求，布局紧凑，出入口位置考虑人流方向。树种选择、种植方式要求能投资少，效果好和便于管理，并要处理好与管线系统的关系。考虑到当地气候特点，植物配置在长势良好的条件下力求美观大方。景观设计要求符合实用性、人的融入性，硬景的量要适中，尽量增大绿化量，尽量种植大规格树木，能达到林中漫步的效果。不要求太名贵的树种，但要做到三季有花，冬天见绿，人在其中，满眼皆景。景观要求立体化，多采用垂直及坡地绿化。强调台地的起伏。大的绿化组团要和小的绿化组团相结合，用植物材料将空间隔开，增强空间的私密性。减少硬质铺装，细部要精致。通过景观提高社区品味。

4.铺装设计要求：步行景观带的设计要穿插有游憩观赏广场，以供不同年龄段的人群活动。

5.建筑小品

建筑小品主要有亭、廊、柱、拱门、石凳、石椅、石桌、桥、欧式雕塑等。

建筑小品在园景中具有供居者停驻休憩的实用功能和供居者玩赏的价值，在行进中、在凭窗眺望时，都能构成窗前画卷的一部分。因此，应注重塑造趣味性、文化品位和生动性较强的建筑小品。

建筑小品的布局应基于不同组团、院落主题景观、步道的差异布置于相应位置，使建筑小品与其它园景要素搭配，间距适当。

6.环境小品

环境小品主要有假山、园灯、置石、鸟浴盆、种植亭、宣传牌、标志、儿童游戏设施等。

环境小品在园景中主要起着点缀、升华及组织空间的作用，应具有一定的文化内涵，并具有一定的趣味性、生动性、观赏性。

7.其它景观

在园景的塑造中，不应遗忘或疏忽垃圾箱、单元/大门入口的信箱、物品暂存箱、配电房、垃圾转运站等公建设施。通过公建设施的外观塑造亦可使之成为小区园景中具有一定观赏功能的要素之一。

8.景观各组成部分设计要求

8.1植物配置：要丰富多彩，强调植物的造景功能和适用功能，突出生态效益和环境效益，创造春花烂漫、夏荫浓郁、秋色斑斓、冬景苍翠的四季美景。要求乔木和灌木、常绿和落叶、阔叶和针叶树相结合。精心打造池塘及周边水景，要利用好水生植物的造景功能和水质净化功能，建立自然生态的良好循环系统。

8.2步道及园径：社区内步道系统的设计要充分考虑行人的舒适要求、视觉要求等，处理好园路与建筑、植被、设施、座椅等之间的关系。园路是动态的景观观赏流线，园路宜选择自然石材饰面，与环境相协调，体现自然性。可在适当位置设计健身石子路，以便于居民休闲散步之用。

8.3照明：要考虑项目的夜间光效景观布置，景观照明要艺术化，可与室外小品设计风格统一，形成社区特有的设计符号。

8.4背景音乐：应烘托活动场地气氛，特色园径考虑加入背景音乐，营造轻松浪漫的散步空间。

8.5服务设计：设置邮箱、座椅、卫生箱位置及研究其样式色彩。尽量将检查井、通风井、地下车库出入口等突出地面的构筑物合理利用、巧妙装饰，以化解对整体环境的影响。

8.6信息设施：指示系统应该体现休闲、时尚、国际化风格。标志牌的设置及款式和色彩也要体现英美元素。

8.7景观设施：广场景观上形成对景，优化视线效果，功能上扩大活动空间，利于缓冲人流，提供休息、观景、活动的环境空间。娱乐活动区作为小区业主参与、娱乐、休闲的主要区域，营造浓厚文化艺术氛围。在调研过程当中，有朝鲜族客户反映，朝鲜族人有愿意集会、集会时喜爱唱歌跳舞的特点，因此本社区应设计出供人们休憩、聚会、歌舞的小型休闲广场。

生态休闲区应展示自然、生态的水景景观，营造安静、惬意的休闲空间。注重环境小品造型以及地面铺装的形式和色彩。小区出入口要美观大方，体现浓厚英伦风情。

8.8休息与健身场所：设置不同功能性质休憩场所，以满足不同年龄层次人休闲和活动的要求，例如儿童及老人活动场所。在临江边可设置出健身场所，便于居民晨练，也体现出本社区低碳、健康的文化理念和社区文化。

8.9光彩设施：总体设计把握现代、亲切、愉快的基调。通过夜景加深人们对这一小区的印象。以水景照明为基调，景观节点作重点布置，展示每一区域不同景观特点。沿小区绿地小路的照明主要满足人们休闲散步的需求；晚间气氛要求相对宁静，照明主要采用对树木的反射式间接照明。

第五部分　合同主要条款

一、服务内容

包括：方案设计、初步设计、施工图设计、景观施工监督、保育期指导。

二、投标方服务范围

1.小区内道路周边景观设计、人行区之景观布局及修饰布局；

2.地面坡度设计和排水系统设计；

3.园景结构包括景墙、围墙、梯阶、栏杆、标示牌和其它园景；

4.泄洪河道、小溪、喷泉、跌水之设计；

5.园林照明灯具的选择和建议灯具分布位置；

6.植物配置意向设计图、植物配置说明及植物品种；

7.景观运动设施如景石、长凳、垃圾桶、运动器材等的选择与配置；

8.拟定灌溉要求、准则及灌溉取水点的布置要求；

9.弱电系统；

10.音响广播系统；

11.整个小区园林景观工程造价概算。

三、中标方后期服务

1.在今后的方案实施过程中，中标单位的现场服务次数、时间及方式根据项目需要确定，费用包含在中标价中，对于招标方提出现场服务的要求不得由于自身理由而拒绝。中标人在投标文件中注明服务范围及服务方式。

2.中标单位应当按照合同约定履行义务，完成中标工程设计，不得将中标工程转让（转包）给他人设计。

3.对本项目的特殊、重要分项工程专业设计工作提供技术指导、交底和服务。施工图设计工作服务深度至少保证园林绿化景观工程承接单位能理解贯彻园林绿化景观设计意图和创作思想，保证工程在施工阶段顺利实施。

4.为保证设计的延续性、完整性和持续改进，中标方要配合施工阶段的施工图答疑、修改、完善和优化等工作，进行技术指导和服务。提供技术指导和服务时间涵盖从方案完善、设计报建、报审到工程实施、竣工的全过程，包括现场设计配合、设计指导、设计修改、设计优化、参与重大问题的会审、处理、派专人进行设计联络、图纸报审、图纸会审、图纸修改、完善和优化、设计指导、竣工验收等

四、双方责任

1.招标方责任

1.1招标方按本合同约定的内容，在规定的时间向中标方提交数据文件，并对其完整性、正确性及时限负责，招标方不得要求乙方违反国家有关标准进行设计。

1.2招标方提交有关资料及文件超过规定期限7天以内，中标方按合同规定交付设计文件时间顺延；超过规定时间7天以上时，投标方有权重新确定提交设计文件的时间。

1.3按合同规定支付各阶段的设计费。

1.4投标方所提交的每一设计阶段的设计成果的深度不能满足下一步工作或施工要求时，投标方应在招标方制定期限内进行修改或重新设计，指导达到合同约定标准，并由投标方承担逾期的违约责任，且在未经招标方确认前，招标方有权不支付设计费。

1.5招标方有权要求投标方根据招标方及当地省市有关政府部门的审图意见进行修改，投标方应当根据招标方的意见进行修改，并按期向招标方提交最后方案设计文件。如投标方不同意招标方意见或逾期未提交经修改的设计方案，招标方有权解除合同，投标方承担违约责任，且招标方无需为此支付费用。

2.投标方责任

2.1投标方应按招标方提出的设计要求、相关规划法令规定，进行环境景观设计工作，按合同规定的进度要求、设计成果形式和份数向招标方提交图纸、文件及相关数据等文件成果，并对提交的设计文件成果质量负责。

2.2投标方按本合同约定的内容、进度及份数向招标方交付设计图纸、数据机有关文件，完成招标方所委托的设计工作。由于投标方的原因，造成某一阶段设计工作拖延、影响工期、给招标方造成了经济损失，将按该阶段设计费总额的5‰每天从设计费中扣除违约金，该违约金总额不高于该阶段设计费总额的10%。

2.3投标方交付设计资料及文件后，根据招标方审查结果负责对不超出原定范围的内容做必要的调整补充；本项目开始施工时，负责向招标方及施工单位进行设计交底、处理有关设计问题和参加竣工验收及监督、指导。

2.4投标方应保护招标方的知识产权，不得向第三方泄露、转让招标方提交的产品图纸等技术经济数据，如发生以上情况并给招标方造成经济损失，招标方有权向乙方索赔。

2.5投标方应当按照国家、地方的相关规定、规范、规程、标准以及招标方提供的相关资料的要求，进行设计并按时提交设计成果，保证能够满足招标方设计要求并取得招标方认可，并保证投标方设计进行的后续性，能够通过市相关审批部门的审批。

2.6要保证设计的准确性、实用性，投标方应当自行安排设计人员到项目现场踏勘、拍照、考察。

2.7投标方应当严格执行招标方指令，但对于招标方发出的不符合国家强制性标准或规范的指令，投标方有义务向招标方指出并提供相应的标准、规范依据。并应尽专业设计单位的能力，就招标单位指令不符合设计规范或常规之处，向招标方指出并指明其可能的后果，并应当按招标方的再次指令执行。

2.8招标方向投标方付清相应比例的酬金后，投标方向招标方提交的所有图则、数据、报告、计算图纸和估算及一切有关知识产权均属招标方所有，投标方享有署名权以及保留副本的权利。投标方除履行本协议书内之责任外，不能动用、披露或允许他人使用上述资料，否则招标方有权索赔。除非得到招标方的书面同意，投标方不能擅自或与他人印刷、刊登、泄露任何与相关服务工作有关的资料、文章、相片或图则或投标方提供的任何私人及机密资料。

五、时间要求：方案及扩初12天（日历）天；施工图10（日历）天。

六、质量要求：满足龙井市规划局及吉林省地方标准《园林设计文件内容及深度规定》要求，并且能够满足施工要求。

七、其他

1.投标方应全程派员跟踪配合。

2.施工监督。

3.保育指导。

第六部分　设计成果要求

一、方案设计阶段

1.分析和评估现场环境，分析研究景观、坡度、日照、采光、通风、设计功能等，并预测其对设计的影响。

2.分析影响园林设计布局的场地现状；对现场进行勘察分析提出景观方案。

3.在方案设计阶段，投标方需咨询和收集并考虑建设单位意见。

4.与其它专业配合，就室外空间及各部分景观的设计布局和坡面、排水系统等园景进行协调配合。

5.制备解说图则及幻灯片，以阐释景观的概念。

6.就设计成果提交初步环境设计工程成本概算供参考。

7.制定工程计划，提出各个阶段景观工程分期实施进度计划、施工程序及其它要求等。

8.在此期间，投标单位须与建设单位进行展示会议，让建设单位检视其设计成果。

9.该阶段成果：总体及重要节点方案设计图（包括1∶500或以上彩图）

① 幻灯片讲解；

② 景观效果图；

③ 设计意向图片；

④ 平立剖面图；

⑤ 设计说明。

投标方提供以上图纸/图片各三份、电子版二套，最终方案阶段的设计成果至少包括：

① 方案设计说明；

② 现状景观资源分析图；

③ 景观功能空间分析图；

④ 交通流线分析图；

⑤ 景观资源视线分析图；

⑥ 修改之后总平面图（彩图）；

⑦ 景观竖向标高图；

⑧ 重要场景放大平面图及意向图片；

⑨ 主要场景景观效果图；

⑩ 主要区域主要节点的平、立、剖面图；

⑪ 植物功能分析及意向图片；

⑫ 照明分析及灯具意向图片；

⑬ 小品及运动设施意向图；

⑭ 给排水系统和弱电系统说明及标注；

⑮ 音响广播系统说明及方案设计应于甲方发出开指令后7日内完成。

二、初步设计阶段

1.按照建设单位同意之概念设计方案，投标方将进行扩初设计工作，该阶段将具体的阐释景观设计大意，供建设单位及其它专业做工程协调及统筹之用。

2.投标方将按工程进度，制备本阶段所需图纸。

3.提供景观设计发展详图，详细的表达设计意向，特征及与现场之环境关系。

4.与建筑设计单位联络，就有关政府规定投标方与建筑设计单位于工作范围上需衔接等事宜上进行商讨，并确保建筑风格与景观设计特色相互配合。

5.与其它专业协调，商讨园景元素和种植土层所需的结构要求和资料（如结构、人行步道、梯阶及坡道等）。

6.与其它专业协调，及时配合地下公用设施及排水管道等方面工作。

7.与机电工程协调，确定及配合机电元素与景观布局（如机械的通风设备、水景电机设备、管道及灌溉系统等）之间的关系。

8.检阅其它专业提出的要求，协调他们设计配套及机电设备所需用空间。

9.与其它专业协调，商讨处理有关室外灯光之事宜。

10.参与其所有其它设计单位的定期项目会议及设计协调会。

11.制定环境设计工程成本概算，并向甲方定时报告有关环境设计工程成本之调整情况。

12.设计成果包括：

① 扩初平面图；

② 标高图；

③ 灯光配置图；

④ 排水概念大纲图；

⑤ 灌溉给水点指南图；

⑥ 重点地区概念效果图；

⑦ 物料样板（仅提供图片说明，非实物样板）；

⑧ 物料供应商资料和施工承包商推荐名单（如有需要）；

⑨ 平、立、剖面图；

⑩ 园区内景观道路平面走向、道路宽度、竖向标高变化要求、路面材质及铺设要求等；

⑪ 初步工程成本概算；

⑫ 给排水系统和弱电系统说明及标注；

⑬ 音响广播系统说明及标注；

⑭ 扩初植物布置平面图（乔木位置、灌木位置、草坪位置）及栽植密度效果说明；

⑮ 植物目录表及生长特性；

⑯ 植物组合意向图片；

⑰ 土壤造型概念平面图，等高线平面图；

⑱ 植物样板照片，乙方提供以上图纸/图片/照片共一式两份和电子版一套，园景的扩初设计应于甲方发出此阶段的开工指令后__7__日内完成。

三、施工图绘制设计阶段

1.施工设计图

1.1配合其它专业协调确定园景元素所需的结构要求，配合机电工程协调确定机电元素与景观布局之间的关系。

1.2在其他专业的土建结构及机电工程设计完成后，根据其他专业的反馈意见修改完善详图一并提交以供招标单位之用。

1.3协助招标方制作成本概算及景观施工合同文件。

1.4向预算师及其他专业提供图纸及规范，以便预算师制定标书，作为景观施工招标之用。

1.5根据国家及当地政府要求，提供合同约定所有设计图纸、资料及报告等，以使此发展项目所需的批复、许可证等能按发展计划按时批出。

1.6与工程项目经理及其它设计单位、结构及机电工程、建筑师等协调好，制定无漏项工程量清单。

1.7参与所有与其它设计单位、结构及机电功工程师、建筑师等的定期项目会议及涉及协调会。

1.8本阶段的设计成果包括：

平面图（A2）：

① 详图及引导图；

② 物料图；

③ 竖向图及平面定位图；
④ 标高图；
⑤ 灌溉给水及排水图；
⑥ 园林灯具照明位置图；
⑦ 公共设施布置图包括灯具、座椅、垃圾箱、活动设施等。

细部图（A3）：
① 铺地、台阶设计图；
② 道牙、花槽、座椅设计详图；
③ 水景、喷泉、跌水设计详图；
④ 栏杆、花架详图；
⑤ 照明灯具及有关资料；
⑥ 围墙、大门设计详图；
⑦ 乔木种植图、定位图，并附植物名录及数量；
⑧ 灌木及地被植物种植图、定位图，并附植物名录及数量；
⑨ 苗木表（植物名录、规格、数量及种植形式）；
⑩ 土壤造型详图及效果意念图；
⑪ 种植施工、保养说明书。

2. 乙方提供以上图片/照片共一式三份和电子版二份，施工图纸8张/套。

3. 园景施工图绘制设计应于甲方发出此阶段的开工指令后10日内完成。

第七部分　附　件

附件1

授权委托书

本授权委托书声明：我系______________（投标人名称）的法定代表人，现授权委托__________（姓名）系____________（姓名）（在本单位职务）为我公司代理人，以本公司的名义参加（项目名称）的投标活动。被授权人在招投标及合同谈判过程中所签署的一切文件和处理与之有关的一切事务，我均予以承认。

代理人无转委托权。

特此委托。

委托代理人：

性别：　　年龄：　　身份证号：　　部门：　　职务：

投标人：（盖章）　　法定代表人：（签章）　　日期：　　年　　月　　日

附件2

承诺书

投标人：________________

1. 遵照招标文件（含补充文件）、技术规范和政府的有关规定，我方愿以总价人民币（大写）__________承担本工程的设计工作。

2. 如果贵方评定我方中标，我方保证根据招标文件和合同规定，按时完成全部设计任务。

3. 在正式合同订立之前，本投标文件以及贵方的招标文件、中标通知书、双方签订的补充和修正文件以及其它文件和附件成为约束双方的合同。____元的设计费总报价。

单位（公章）：　　法定代表人（签名）：　　年　　月　　日

附件3　　　　　　　　　　　　　　　　　　**优惠条件承诺书**

投标人：＿＿＿＿＿＿＿＿＿＿

一、如贵单位评定我单位为中标方，我方愿承诺优惠中标金额＿＿%

二、如我单位能承揽此项景观绿化工程，我方愿承诺＿＿＿＿＿＿＿＿＿＿

单位（公章）：　　　　　　　　　　　　法定代表人（签名）：　　　　　　　　　　　年　　月　　日

范本三

园林绿化工程施工招标文件

工程名称：

招标单位：　　　　　　　　（盖章）

法定代表人：　　　　　　　（盖章）

项目联系人：　　　　　　　联系电话：

联系人：　　　　　　　　　联系电话：

审核单位：

审核人：

发出时间：

第一部分　投标须知前附表

工程名称：

序号	项　　目	内　　容
1	合同名称	
2	工程地址	
3	建设资金来源	自筹
4	投标资格要求	具有园林工程施工三级及以上资质的独立法人
5	施工业绩要求	近几年承担过类似工程施工业务，信誉良好
6	投标文件份数	正本一份　　副本三份
7	投标保证金	人民币　　（现金）
8	履约保证金	合同总价的10%（现金、支票）
9	招标形式	公开招标
10	发放招标文件	年　月　日　（收取工本费　元）
11	现场踏勘	日期：　年　月　日 地点：
12	投标截止时间	年　月　日　午　时止
13	投标有效期	投标书递交后30天内有效
14	投标书递交至	单位：
15	开标	时间：　年　月　日　午　时整 地点：
16	询标	年　月　日　地点：
17	决标	年　月　日　地点：
18	合同签订、公证	时间地点：另定
19	备注	上述时间如有变动，招标单位另行通知

第二部分　投标通知书

____________________：

经资格预审，贵公司符合我公司的投标条件，请于　　年　　月　　日　　午　　时到____________________领取招标文件及相关资料，同时支付工本费____元。特邀请贵单位前来投标。

1.招标编号：

2.招标内容：____________________________绿化工程施工。

公司地址：　　　　　　　　联系人：

联系电话：　　　　　　　　传真：

年　月　日

第三部分　综合说明

第一条　工程概况

1.工程名称：

2.业主单位：

3.工程计划批准文号：

4.建设地点：

5.建设类别：单独绿化三类工程。

6.建筑面积：约____万平方米。

7.承包方式：包工包料、包工期、包质量、包安全、包成活。

8.设计单位：

9.施工条件：

（1）施工图完成情况：完成；

（2）建设资金落实情况：落实；

（3）施工现场环境：场地已符合施工条件。临时设施由施工方自行解决，要求施工方达到文明施工标准。

第二条　招标范围及质量工期要求

1.本工程招标范围：

2.质量要求：

（1）质量要求确保优良（以综合验收小组核验为准）。

（2）绿化质量要求

① 施工严格按照绿化种植、移植总平面图中的苗木表所列规格及设计图执行。

② 常绿树种要求带土球，所种苗木要求根系完整、枝杆健康、无病虫害、造型完好。观赏类树木花果鲜艳，物候期正常，生长期内黄叶、焦叶、卷叶、积尘叶的枝数在6%以下，无枯枝死叉，基本无交叉枝、并生枝和徒长枝。树木成活率100%以上。

③ 花卉生长繁荣，植枝整齐，同种花卉高度基本一致，群体效果较好。花卉植枝成活率达到95%。

④ 花丛式花坛花栽植株行距适中，整齐一致，不缺枝，四季有花。

⑤ 宿根花卉生长强健，叶色彩正常，性状基本稳定，无明显退化现象。

⑥ 要求包种包活，养护期二年。补种树木养护期计算以补种日起算、养护二年。

3.业主要求工期：日历天。

第三条　具体规定及要求如下：

1.凡参加本工程投标的单位，必须经业主初审合格，报市招标办核准，其资质必须是园林三级（含三级）以上的施工企业，并收到投标通知书的单位才能参加本工程的招标活动。

2.投标人需提供本项目施工的项目经理近两年完成的主要类似工程情况和现在正在履行合同的情况。

3.按规定提供承担本工程项目经理资质和简历（附件）以及在施工现场的主要施工管理人员情况。

4.按规定格式提供完成本工程合同拟采用的主要机械设备的配备情况。

5.按图纸要求提供拟用苗木照片（照片内附标尺）。

第四条　投标单位必须凭投标通知书按前附表中规定的时间到____________参加招标会议，领取招标文件和施工图纸，进行招标文件、施工图纸答疑和现场踏勘。

第五条　未中标单位的投标保证金，于确定中标单位后，在归还所有施工图纸的前提下于七日内返还（不计息）；中标单位的投标保证金在签订合同后转为履约保证金（不计息）。

第六条　投标单位在领取招标文件（包括施工图纸）后，应仔细审阅，检查招标文件与施工图纸是否齐全，有无缺张漏页。如发现此类情况，投标单位应在领取资料时向业主提出要求给予补全。

第七条　投标单位向业主提出的问题一般用书面形式，业主认为有必要解答时将用补充文件的形式作书面解答。业主一切口头介绍、解释只能视为提供投标参考，但书面提问和解答的截止时间为投标截止日期的48小时以前。如业主认为补充的内容会导致投标书提交时间推迟，业主将另发通知变更送标时间。

第八条　为了使招标文件更加完善，业主在投标截止日期以前，以补充文件的形式进行修改或补充，均属于招标文件的组成部分，对招投标双方都具有约束力。

第九条　投标单位参加本工程招标，就必须承诺认可招标文件的所有内容和条款，中标后提出任何修改招标文件的要求，将不被接受，由此而影响合同的签署，其责任由投标单位自负。

第四部分　招标、投标

第十条　投标报价依据

1.工程量按业主所提供的设计图纸由投标单位自行计算，由投标人根据企业内部情况，按实物工程量清单形式报价，考虑市场信息、管理技术水平、综合测定自主报价，中标后一概不予调整，属设计图纸不明确者，可在投标截止48小时前以书面形式提出。

2.投标报价应包含施工现有条件、场地平整等所发生的一切费用（不包括填方用土，但在填方过程中由绿化施工承建方把好填方土质关）。

3.投标报价时，投标单位所列的每个单项均需填写单价和合价，对投标人没有填写相应数量、单价和合价的项目费用，应视为已包含在其他工程量清单的单价或合价之中。

4.投标人未列出项目的费用应视为已分配到有关的项目单价或合价中。

5.报价中的任何算术性错误，业主将按下述原则予以调整：

（1）如果用数字表示的数额与文字表示的数额不一致时，以文字数额为准。

（2）当单价与数量的乘积与合价之间不一致时，以标出的合价为准，并修改单价。

6.报价要求

（1）根据编制依据，填报的单价应为综合单价，其单价除直接费外，还应包括投标单位认为必须计取的其他所有费用，并包含在单价和合价中。

（2）除填报单价和合价外，对招标时未发生的工程量，投标单位报价时还应明确今后调整的这部分价格的综合费率。如投标单位的综合费率未按人工费为基数取费的投标标函，一律视为废标。

（3）投标货币：投标报价中的单价和总价全部采用人民币表示。

7.价格调整

（1）施工过程中的设计变更、工程量增减，经业主单位现场代表和监理工程师核准，其价格按投标文件报价时相应项目的价格调整费用。若投标时无此项目工程量及单价的，投标单位应明确此项工程今后决算的计费率。

（2）施工过程中因设计变更及其它原因而产生的材料品种、规格型号改变，其材料价格按实调整，其余不得变动。

第十一条　有效报价的设置范围和废标的审定

经评标小组认定的合理报价，均为有效报价设置范围，如果经评标小组评审确认过高或过低的报价均视为无效标。

第十二条　投标书内容与要求

1.总报价书、工程预算书。

2.综合说明书：包括企业概况、所有制性质、专长及完成该项目的总体设想和编制说明。

3.投标函中对招标文件提出的条件与要求，必须以书面承诺为依据。

4.二年养护管理措施，专职养护管理人员数量、技术职称和养护机械设备配置。

5.施工组织设计：包括施工队伍[工程总负责人、项目经理（附项目经理近两年施工简历）、施工员、技术负责人（资格证书复印件）、施工机械的配备、主要的施工方法、保证质量、工期、安全施工的技术措施、组织措施、现场措施、现场总平面图、施工综合进度、主要材料供应计划表和施工组织设计网络图。施工组织设计需项目经理签字。

6.企业营业执照、资质证书复印件；企业法定代表人证明或委托书；近三年类似工程完成情况汇总表，重合同守信用的证书复印件等。

7.业主要求投标单位提供的其他有关资料。

8.其余相关资料参考评分方法。

第十三条　投标书经投标即为最终标函，不得任意修改，投标必须符合下列要求。

1.投标书必须按规定的格式、内容填写，字迹清楚，内容齐全，装订成册，并编码。

2. 投标书及总报价必须加盖单位公章和法人代表人印章。

3. 投标书必须密封、封口加盖单位公章和法人代表人印章。

4. 一个投标单位只能投一份标书，其中只能是一个报价。

5. 投标书必须在规定的投标截止时间前送达。

6. 投标单位（法定代表人或法人委托人）必须按规定时间参加开标会议，迟到或未参加会议的作自动放弃处理。

第十四条　如有下列情况时，投标保证金将不予退还。

1. 投标单位在投标期内撤销他的投标书；

2. 中标单位推翻原有承诺以致未能如期签订合同；

3. 投标单位发生串标、抬标、压标等违约、违纪行为。

第五部分　开标、定标

第十五条　开标地点定于_______________，并按惯例“先投后开，后投先开”的开标原则。开标由业主主持，___________进行督指导。

第十六条　开标程序

1. 介绍参加会议的有关单位及人员和招标工程概况。

2. 宣布评标领导小组成员的批复，评标、定标的办法。

3. 查阅招标单位、投标单位、参加会议人员资格、标函密封及送达情况并作出宣告，市招标办进行监督。

4. 开标，按送达时间先投后开启封标函，待投标单位对公布数据确认无误后，投标单位退场，评委评标。

5. 宣布开标结果。

6. 开标程序由____________________监督。

第十七条　审标、询标

开标以后由评标小组负责审标、评标，并邀请有关专家进行审标，如在审标、评标过程中发现投标书有疑问或错误（如附加条件和反要约内容），招标领导小组或评标小组可通过询标，要求投标人予以澄清。如投标人不予以澄清疑问和修正错误，他们的投标将被拒绝。

第十八条　评标、定标

由本工程评标小组依据____________________进行百分制计分评定，凡在有效价内的投标单位均属评标范围。评标小组根据商务、技术、企业情况评价汇总的评定分数，并按排序推荐得分最高的前2名为中标候选人，由招标领导小组决标，并确定中标人。

严禁挂靠行为，投标企业在投标期间发现有挂靠行为取消投标资格。投标企业在投标中发生违法、违纪行为取消投标资格。

第十九条　投标单位报价均为废标时，由招标领导小组决定另行组织招标。

第二十条　业主与_________________在确定中标单位后七日内联合发出中标通知书。收到中标通知书的单位才算中标单位，对未中标的原因不作任何解释。投标书一律不退回。

第六部分　合同签订及合同条款

第二十一条　中标单位在接到中标通知后，应按中标通知书上规定的日期和招标文件的条款签署合同。

第二十二条　在签订合同时，中标单位应交给业主中标金额的10%作为履约保证金，工程决算结束七日内返还（不计息）。

第二十三条　中标单位中标后违反招标文件和询标时承诺的内容，业主报经招标办同意后有权取消其中标资格，并没收全部履约保证金。

第二十四条　本招标文件（含补充条款）为施工合同附件，均与合同有同等效力。

第二十五条　合同格式按建设部及______省建设工程施工合同有关规定办理，合同文件的组成：

1. 中标通知书；

2.本工程招标文件及在招标期间经市招标办批准的补充文件；

3.投标书及附件；

4.总报价书；

5.合同主要条款；

6.施工图纸；

7.与本工程相应的施工验收技术规范。

第二十六条　工程承包方式

1.本工程由中标单位按中标实行总承包，包工包料、包质量、包工期、包安全、包成活。

2.中标单位在施工过程中不得转包，局部工程、特殊工程分包时其内容及单位应在投标书中说明，分包单位不得越级分包和再次转包，中标单位对分包单位的工程质量、造价、安全、工期负全部责任。

3.在投标书中明确的项目经理班子及施工机具、施工力量必须到位。

4.暂定价、业主指定的产品价、所发生的差价，结算按时调整。

第二十七条　工期与奖罚

1.业主要求工期____天，中标工期不论比要求提前多少天不计提前工期增加费。

2.中标工期即为合同工期，竣工工期比合同工期每延误一天罚500元。

3.由于业主原因及不可抗拒的原因延长工期，经业主确认后，工期可顺延。

第二十八条　中间验收与罚责

1.本工程绿化部分按国家现行《城市绿化工程施工及验收规范》进行检查验收，其它工程按相应国家规定标准验收。中标质量标准即合同质量标准，竣工验收如未能达到中标质量标准的，应处以工程造价5%的违约罚金。

2.因施工单位的原因造成质量和安全事故，由施工单位承担一切经济责任。

3.如承包单位施工力量、技术水平明显不能满足工程进度和质量的要求，业主有权要求承包单位撤换施工队伍或退出工程交其它单位承包。由此造成的一切经济损失及违约责任由承包单位负责。

4.承包单位必须严格按施工图、国家施工规范和附属设施有关专业验收标准精心施工，确保质量。各分项工程，隐蔽工程，尤其是中间验收必须严格按GJJT 82—1992规范要求规定进行逐项检查验收，并提前48小时通知业主、监理、设计等部门派员参加，质量不合格的承包单位无条件返工，直到合格为止。

5.由于施工单位质量造成工期延误，经济损失均由承包单位负责。

第二十九条　材料采购与材质试验

1.本工程中所有材料及苗木均为中标单位负责采办，若其中涉及的设备与特殊材料由业主提供，则按相应的中标价扣回。

2.用于本工程的全部材料，都应符合技术规范规定的要求，并具有材料质保单，在施工过程中，业主有权对承包单位使用的所有材料进行测试，并提交材质试验报告，合格后方可使用，所需试验费用由承包单位自理。

第三十条　图纸供应与修改

1.本工程施工图，由业主免费提供3份，在合同签订后由中标单位派员领取。

2.施工期间图纸的修改是合同与施工图的补充，承包单位不应拒绝，更不得以设计修改、工程量变化为理由解除或改变其对合同的承诺。

第三十一条　竣工清场、保养

1.工程竣工经业主初验合格后，承包单位应在五天内拆除施工时搭设的临时设施，搬迁施工机械设备，清理和平整施工现场地，疏通排水管道等清场工作，否则不予办理竣工验收结算。

2.在正式竣工验收交付使用前，承包单位应负责对已完工程进行全面维护、保养和管理。由于维护管理不当，造成局部工程损坏，承包单位必须认真修复，并承担修复费用和责任。

第三十二条　竣工资料

1.承包单位在施工过程中，应按施工规范要求填报各项资料，并由设计、监理、业主签证，竣工后必须绘制竣工图（两套），全部资料应在工程竣工后7天内提交。

2.如果由于竣工资料不齐而影响工程验收，承包单位应负全部责任。

第三十三条　竣工验收

满足下列条件时，承包单位可向业主提出竣工报告，要求验收。

1.全部工程建成，已按施工规范规定通过各单项工程的验收。

2.竣工资料及验收文件已按规定提交给业主与监理方，并经初验符合要求。

3.竣工日期按竣工验收签发验收证之日算起。

4.绿化验收标准（验收时间和存活率）。

（1）承包人在负责完成从植物初始种植到缺陷责任期终止这段时间内的养护和管理工作，向监理工程师提出绿化工程的竣工验收报告。

（2）承包人责任期终止之后的验收：所有栽植的树木和花草期栽植的位置、规格应符合图纸的要求其存活率为100%。

第三十四条　计量与支付

1.计量

计量应以图纸及设计变更联系单为依据，按实际成活数并经过验收的数量计算。

乔木、灌木和盆栽以株为单位计量，培植草皮和花卉以平方米为单位计量。

植物丢失、损坏或枯死的树木和花草不得重复计量，为使植物成活而进行的所有换土不单独计量（已视其进入各项目单价之中）。

2.支付

绿化工程按本节要求完成的工作，经验收合格后，以不同树种和草坪的种植方法按投标报价所列项目支付单位计价支付。这些支付单位应包括提供苗木或种子，提供水、肥料、表土农药等材料，种植（包括移植）树木、花卉、草皮、养护和管理及和上述工作有关的其它作业所需的全部费用。

凡超过图纸所示的植物数量均不予支付。

丢失、损坏或枯死的树木和花草均不予支付。

3.价格

不允许因材料价格对单价作任何调整。

4.付款办法

参照相关文件规定执行，具体条文、付款次数金额在合同中明确。

第三十五条　仲裁

合同执行过程中双方发生纠纷时，应协商解决，协商不成，可提请有关合同管理部门调解和仲裁，也可直接向法院起诉。

第三十六条　本招标文件由＿＿＿＿＿＿＿＿＿负责解释。

绿化工程招标评分办法

由本工程评标小组依据本招标文件评分标准进行百分制计分评定，凡在有效招标价内的投标单位均属评标范围。评标小组根据商务、技术、企业情况评价汇总的评定分数，并按排序推荐得分最高的前2名为中标候选人，由招标领导小组决标，并确定中标人。

计分方法：

1.工程总报价90分

工程总报价采用投标报价。去掉一个最高报价后，以各投标单位的报价平均值加次低标的算术平均值作为评标标底。

浮动率=（标函报价－评标标底）/评标标底×100%

计分：用表格计算分值，均用插入法计算得分（小数点后保留两位四舍五入），分值不产生负分，具体如下表：

浮动率	<−14	−14	−13	−12	−11	−10	−9	−8	−7	−6
得分	40	64	68	72	76	80	82	84	86	88
浮动率	−5	−4	−3	−2	−1	0	1	2	3	4	>4
得分	90	85	80	75	70	65	60	55	50	45	40

2.施工质量（5分）

（1）严格按甲方提供的设计图纸及要求进行施工，苗木规格齐全，提供图片满足设计要求。苗木规划必须符合设计的要求规格，确保设计的造型效果的，得0～4分。

（2）严格按甲方提供设计种植密度进行种植，得0.5分。

（3）包种包活二年，养护期间严格按照养护质量标准要求及时无偿更换死亡苗木，得0.5分。

3.施工组织设计（2分）

（1）工程总负责人、项目负责人、技术负责人、施工员均为本公司员工，并到现场组织施工，得1分。

（2）施工组织设计项目负责人签字，得0.5分。

（3）施工进度计划安排、质量安全保证措施、组织措施、苗木供应表，得0.5分。

4.施工工期（1分）

在保证质量的前提下，满足业主工期要求的得1分，达不到工期要求的，不得分。

5.企业信誉（2分）

（1）资料、标函清楚、齐全、整洁、装订成册并编码，投标单位资金活动情况，各有效资格人员印件齐全，得0.5分。

（2）承诺在施工场地设置警示标志，确保施工安全，加1分，反之扣1分。

（3）银行、工商及其它社会荣誉（证书），得0.5分。

6.分项得分最高不超过该项总分值，扣分不产生负分。

7.本办法计分均采取四舍五入，保留两位小数。

8.本办法由________________________负责解释。

第七部分　投标文件格式及附件

附件1： **投标书**

____________________：

我方已全面阅读和研究了____________工程招标文件包括招标补充文件，并经过对施工现场的踏勘，澄清疑问已充分理解并掌握了本工程招标的全部有关情况。同意接受招标文件的全部内容和条件，并按此确定本工程投标的要约内容，以本投标书向你方发包的________工程降价后的最终报价为_____元，负责本工程的项目经理是______、项目班子人数为_____人，施工期为_____日历天，施工质量控制目标为_______。

我方将严格按照有关建设工程招标法规及招标文件的规定参加投标，并理解贵方不一定接受最低标价，对决标也没有解释义务。如由我方中标，在接到你方发出的中标通知书起_____天内。按中标通知书、招标文件和本投标书的约定与你方签订施工承包合同，并递交_____元的履约保证金，履行规定的一切责任和义务。

本投标书自递交你方之日起_____天内有效，在此有效期间内，全部条款内容对我方具有约束力。我方如出现以下行为之一者，即无条件支付投标保证金人民币_____元。

（1）撤还投标书；

（2）擅自修改或拒绝接受已经承诺确认的条款；

（3）在规定地时间内拒签合同或拒付履约保证金。

本投标书包括以下内容：

（1）法定代表人签署的授权处理本工程投标事项的全权代表委托书；

（2）投标保证金单据复印件；

（3）投标说明：企业概况、业绩、特长（主要是计划进场的项目班子，并附有关证明和证件），承担本工程业务的总体设想、要求和建议，对招标文件的承诺意见；

（4）投标报名书、询标记录及其它提供的资料、文件。

投标单位（盖章）：　　　　　　　　　法定代表人或委托代表（签字或盖章）：

联系人：　　　　　　　　　　　　　　联系地址：

电话：　　　　　　　　　　　　　　　邮编：

开户银行：　　　　　　　　　　　　　账号：

年　月　日

附件2： **授权委托书**

____________________：

我以____________________（公司名称）法定代表人的身份授权__________（姓名）、身份证号____________________，为我单位的全权代表，以我单位的名义签署______________的投标文件及其它文件，参加开标、询标、商签合同以及处理与之有关的其它事务，我单位均予承认。

投标单位（盖章）：　　　　　　　　　法定代表人（签字）：

法定代表人身份证号：　　　　　　　　授权日期：　年　月　日

附件3： **承包人承揽工程项目一览表**

工程名称	建设单位	绿化面积	工程造价	项目经理	施工时间	施工质量	施工情况

投标单位（盖章）：　　　　　　　　　法定代表人（签字或盖章）：

日期：　年　月　日

附件4： **投标保证金单据（复印件）粘贴处**

附件5： **本工程项目班子人员汇总表**

工程名称：

姓　名	本工程拟任岗位	年龄	性别	专业	专业年限	职务和职称	安排上岗起止时间
说明：项目经理到位率承诺达到__%以上，即每个月不少于__天。							

注：列入本表人员如要更换需经发包单位同意。擅自更换或不到位属违约行为。

附件6： **投入本工程仪器、设备汇总表**

工程名称：

序号	仪器、设备名称	规格型号	数量	使用情况	投入时间	备注

投标单位（盖章）：　　　　　　　　　法定代表人（签字或盖章）：

日期：　年　月　日

附件7：　　　　　　　　　　本工程项目班子人员简介

工程名称：

姓名		性别		年龄	
职务		职称		学历	
参加工作时间			从事施工年限		
本工程中任职			累计到位时间		
个人简历（证明材料附后）					
姓名		性别		年龄	
职务		职称		学历	
参加工作时间			从事施工年限		
本工程中任职			累计到位时间		
个人简历（证明材料附后）					
备注	投标单位根据附件5所报人数复印填写				

投标单位（盖章）：　　　　　　　　　　　　法定代表人（签字或盖章）：

日期：　　年　　月　　日

附件8：　　　　　　　　　　苗木规格及报价一览表

序号	苗木名称	规格			数量	植株密度	综合报价	注
		D	H	P				
1								
2								
3								
⋮								

说明：1.综合报价是最终报价，包括所有税费及二年养护费用；

2.一览表应包括乔、灌木及地被植物；

3.表式不足，由投标单位自行增加。

附件9：　　　　　　　　拟提供各苗木图片（要求图片是有标尺）

图片

图片说明：

产地：　　　　　　　　　　　　　　　　　原生苗：

一年移植苗：　　　　　　　　　　　　　　优惠后报价：

注：各个不同种类的苗木均需提供图片。

范本四

园林绿化工程监理招标文件

参考本（2007年版）

招标编号：____________

工程名称：________________________________

招标人：________________________________（盖章）

法定代表人或其委托代理人：________________（签字或盖章）

招标代理机构：________________________________（盖章）

法定代表人或其委托代理人：________________（签字或盖章）

日期：__________年__________月__________日

目 录

投标邀请函

(投标人名称)：

1.______(招标人名称)根据《中华人民共和国招标投标法》就______工程的施工监理进行招标。

主要工程内容见工程说明及招标图纸。

2.本次监理招标采用公开(邀请)招标，业主希望具有良好信誉和实力的投标人对本工程的监理任务参加投标。

3.对于前来投标的投标人，必须遵守监理工程师的道德准则。为此，一旦认定投标人在有关投标竞争中带有腐败或欺诈行为，将被视为废标。

4.投标人请于______(时 间)在杭州市______(单位名称)领取招标文件。地址为：______；邮编：______；联系人：______；电话：______；手机：______；传真：______。

5.所有投标文件必须在规定的时间内送达投标须知前附表规定的地址。招标单位将在杭州市建设工程招标投标管理办公室的指导和监督下进行公开开标和按规定评标。

6.所有投标文件必须附有投标保证金或已交纳投标保证金凭证(复印件)，金额为__万元人民币。

7.______工程监理招标文件，每套售价为____元，图纸和勘察资料，押金为______元，在领取招标文件时一同递交。未中标的投标人在中标通知书发出一周内，将所有资料归还业主，同时业主将押金原额退还。

8.注意事项：

(1)投标单位中的本市外企业必须办理进杭备案手续，方可参加投标及签订合同。

(2)在收到业主发出的文件后，请立即予以确认；如你单位中途退出投标的，也请书面通知，谢谢合作。

招标人：______(盖章)
办公地址：______
邮政编码：______联系电话(手机)：______
传 真：______联系人：______

招标代理机构：______(盖章)
办公地址：______
邮政编码：______联系电话(手机)：______
传 真：______联系人：______
日 期：______

投标须知前附表

序号	项　　目	内　　容
1	工程名称	
2	招标编号	
3	建设资金来源	
4	投标资格要求	具备专业监理＿＿＿＿级及以上资质的独立法人
5	监理业绩要求	近年来承担过类似工程监理业务，信誉良好
6	招标答疑（标前会）	日期：　年　月　日　时　分 地点：
7	投标文件份数	正本1份、副本＿＿份
8	投标担保金额	人民币＿＿＿＿元（可采用现金、转账支票或汇票，在＿＿月＿＿日＿＿前递交）
9	履约担保金额	投标人提供的履约担保金额为监理合同价的　%或　万元 招标人提供的支付担保金额为监理合同价的　%或　万元
10	投标有效期	投标书递交后　天内有效
11	投标书递交至	单位：*** 市建设工程交易中心 地点：地址：*** 市建设工程交易中心第＿＿开标室 （** 路 *** 号和平家私城4楼）
12	标书递交时间	年　月　日　时　分前
13	投标截止时间	年　月　日　时　分
14	开　　标	时间：　年　月　日　时　分 地点：地址：*** 市建设工程交易中心第＿＿开标室 （** 路 *** 号和平家私城4楼）
15	评标办法	综合评估法

注：1.以上内容如有变化将另行通知，如通知其中某一内容发生变化，其余未提及的将不作变动；

2.本招标文件未尽事宜按国家、省市现行规定执行。

第一部分　工程综合说明

1.1工程概况

1.1.1工程名称：

1.1.2工程地点及周围环境：

1.1.3工程规模内容及建设项目概算投资额（建设项目概算投资额=建筑安装费+设备购置费+联合试运转费）：

1.2建设依据（计划批文、扩初设计批文、初步设计概算批文等）

1.3有关单位和机构

1.3.1建设单位（业主）：

1.3.2招标代理机构：

1.3.3设计单位：

1.3.4地质勘探单位：

1.3.5施工单位（如已明确）：

1.3.6质量监督机构：

1.3.7招标投标管理机构：

1.4 现场条件：

1.5 招标范围：

1.6 施工质量目标：

1.7 施工进度计划：

1.8 监理服务收费基准价

1.8.1 根据《建设工程监理与相关服务收费管理规定》及《建设工程监理与相关服务收费标准》，本工程施工监理服务收费计费额为：

1.8.2 本工程施工监理服务收费基价（根据《建设工程监理与相关服务收费标准》及其附表，采用内插法计算）为：

专业调整系数：园林绿化工程为0.8。

工程复杂程度调整系数：

高程调整系数：

1.8.3 施工监理服务收费基准价=施工监理服务收费基价×专业调整系数×工程复杂程度调整系数×高程调整系数=________万元。

备注：该标段委托的监理单位为监理服务总负责单位的，应按规定明确总体协调费费率。

1.9 监理服务期

本工程监理服务期为__________日历天。

1.10 监理服务内容和要求（包括但不限于）

1.10.1 协助业主审核施工图的设计和概（预）算，参与主持组织图纸会审，做好记录，写出会审纪要。

1.10.2 参与业主与承包商签订施工承包合同，审核施工进度计划，并在实施过程中检查、督促承包商严格按合同和施工规范、工程技术标准、设计要求进行施工，监督承包商现场施工管理。

1.10.3 协助业主做好开工前准备，审批开工报告，复核灰线，经业主同意下达开工令。

1.10.4 审批施工组织设计，审查和检查施工技术措施、质量保证体系及安全防护措施，提出合理的整改意见和建议。

1.10.5 审查承包商采购清单，检查工程使用材料、构件、设备的规格、质量与数量。督促承包商编制材料的供需计划，协助业主安排甲供材料的供应计划。

1.10.6 对施工变更的签证，主持施工图交底，参与设计变更的签证，复核施工变更。

1.10.7 主持召开工程协调会议及综合管线协调会议，主持召开工程协调会议并做好会议纪要，调解有关工程建设各种合同争议，处理索赔事项。

1.10.8 检查安全防护措施和文明施工，检查督促工程进度、施工质量。

1.10.9 督促施工单位及时整理技术资料及竣工验收资料。

1.10.10 协助业主对工程投资进行控制，对施工单位提出的付款申请进行审核。

1.10.11 参加审核工程结算，协助业主审核工程造价，努力降低工程费用。

1.10.12 及时提供完整的监理资料，定期编制监理简报。

1.10.13 履行其他法律、法规规定的监理职责义务，提供其他可免费提供的监理服务。

1.10.14 协助业主组织进行交工验收及竣工验收。

1.10.15 完成监理规范要求的其他工作内容。

第二部分　投标须知

2.1 工程综合说明

详见第一部分。

2.2 招标方式

为了加强对______________工程的管理，提高工程建设水平和工程质量，有效控制工程投资和建设工期，充分发挥投资效益，根据《中华人民共和国招标投标法》等有关规定。经杭州市建设工程招标投标管理办公室备案，采取________招标方式，按照“公平、公正、科学、择优”的原则选择工程监理单位。

2.3 本次招标范围、内容和概况

详见第一部分。

2.4 合格的投标人

2.4.1 具有________________级及以上资质和独立法人资格，承担过类似工程监理业务，并与施工承包人及材料、设备供应商没有经营性利益关系，业绩、信誉良好的监理单位。

2.4.2 应具有足够的资源和能力来有效地履行合同。

2.4.3 收到投标邀请函的投标报名单位。

2.5 招标文件

2.5.1 招标文件内容：

（1）投标邀请函；

（2）投标须知前附表；

（3）本文件第一至第七部分内容；

（4）招标补充文件（如有）。

除上述所列内容外，业主单位的任何工作人员对投标人所作的任何口头解释、介绍、答复，只能供投标人参考，对业主和投标人无任何约束力。

2.5.2 审阅招标文件

投标人应认真审阅招标文件中所有的须知、条件、格式、条款、规范和图纸，如果投标人的投标文件不能满足招标文件的要求，责任由投标人自负。不符合招标文件实质性要求的投标文件都将有可能被拒绝。凡获得招标文件者，无论投标与否，均应对招标文件保密。

2.5.3 招标文件的澄清

要求澄清招标文件的投标人应在投标截止时间____天以前按招标通告的地址以书面、电传、传真或电报的方式通知业主。业主将以书面、电传、传真或电报的方式在开标____天以前答复所有获招标文件的投标人。

业主的联系地址为：____________________ 邮编：____________________

联系人：____________________ 电话：____________________

2.6 招标文件的修改

2.6.1 业主在投标截止日前的任何时间，可因任何原因，对招标文件进行修改。这种修改可能是业主主动作出的，也可能是为了解答投标人要求澄清的问题而作出的。

2.6.2 修改书将以书面、电传、传真或电报的方式发给所有获得招标文件的投标人，并对他们起约束作用。投标人收到修改书后，应立即以书面、电传、传真或电报的方式通知业主，确认已经收到修改书。

2.6.3 为了给投标人合理的时间，使他们在准备投标文件时把修改书考虑进去，业主可以按规定酌情延长递交投标书的截止时间。

2.7 招标文件的效力

招标文件是工程招标和投标的有效依据，也是中标后签订监理合同的依据，对招投标双方均具有约束力。凡不遵守招标文件规定的投标或对招标文件的实质性内容不响应者，将可能被拒绝或以无效标处理。

2.8 投标前会议

2.8.1 业主将安排标前会议（时间、地址详见前附表），建议投标人尽可能参加，但是，对于不参加标前会的投标人，业主并不能以此作为拒绝其投标书的条件。

2.8.2 会议的目的是澄清疑问，解答该阶段可能提出的任何方面的问题，并允许投标人考察现场，了解情况。

2.8.3 投标人收到招标文件后，可在标前会上将有关的疑问以书面的形式向招标人提出，业主通过标前会的方式予以解答，标前会结束后，由业主整理会议记录和解答内容，并作为补充文件作为招标文件的一个组成部分。

2.8.4 所有问题和答复作为招标补充文件随后提供给所有获得招标文件的投标人。

2.9 投标书主要内容

2.9.1 投标书

2.9.2 授权委托书

2.9.3 投标综合说明

简述本工程概要，列出监理班子成员、计划配备的检测设备、办公和交通工具一览表。

简介本单位概况，开业时间、资质、资信情况、技术人员力量和技术设施、近三年监理工程业绩及奖惩情况一览表（应附必要的复印证明材料）、监理班子的组织机构和监理人员名单一览表（姓名、年龄、性别、专业、职称、监理培训、上岗证情况、监理业绩经历）何时可进场履行职责、检测设备、并确定驻地总监及主要监理工程师，总监及主要监理工程师的简历、资历证明等复印件。

2.9.4 监理大纲

2.9.4.1 监理工作概况。

2.9.4.2 监理工作内容和依据。

2.9.4.3 控制工程承包合同、质量、进度、安全文明施工、投资的主要手段和措施。

2.4.9.4 监理工作计划（应包括监理程序、职权、进场到岗计划等）。

2.9.4.5 监理人员工作守则。

2.9.4.6 对工程施工的难点、要点和关键部分的阐明及监理实施意见。

2.9.4.7 对本工程的其他建议、要求。

2.9.5 监理费报价及测算依据

投标人可根据监理工期、内容和要求，结合自身管理经验和技术水平，提出监理费总报价，并说明收费依据、优惠条件以及监理服务费调整的条件和方法。

2.9.6 总监理工程师授权书

2.9.7 投标保证金（如果本工程要求提供）

2.10 投标报价监理费调整

2.10.1 投标人应根据本招标文件和业主所提供的图纸、资料及监理范围、内容，按照国家有关取费标准，结合自身监理能力和监理力量的投入进行竞争报价。

2.10.2 本市行政区域内实行政府指导价的建设工程施工阶段监理收费，其基准价根据《建设工程监理与相关服务收费标准》计算，允许浮动范围为上下20%，政府投资项目上下浮动范围不超过10%。

2.10.3 监理费报价应包括为完成本监理工程服务内容可能发生的各项费用，如工作、生活、交通、通讯、设备（仪器）、劳力、利润、税收以及所有有关的管理成本。

2.10.4 投标人应认真填报（附件）中的所有内容，有关报价的详细说明可在投标书的相应条款中予以说明。对没有填报的费用，业主将不予支付，并认为此项费用已包含在报价表中的其他单价和合价中。

2.10.5　由于非监理单位原因造成的监理服务期延长的，延长期的费用按合同监理服务期内的监理收费额同比例计算。

2.10.6 由于监理单位原因造成监理工作量增加或监理服务期延长的，监理费不予调整。

2.10.7 监理费调整根据合同条款规定或相关法律法规规定。

2.10.8 监理费应按当月工作量，按月足额支付，合同监理服务期满后30个工作日内，监理费应结清。

2.11 投标保证金（投标保函）

2.11.1 投标人应按规定时间提供____元人民币投标保证金。

2.11.2 对于未能按要求提交保证金的投标文件，招标人可以视为不响应投标而予以拒绝。

2.11.3 未中标的投标人的保证金将尽快清退，最迟不超过招标人与中标人签订合同后五个工作日。

2.11.4 中标人的投标保证金，在签约并按要求提供履约保证金后，予以退还。

2.11.5 如有下列情况之一，将没收投标保证金：

2.11.5.1 投标人在投标有效期内撤回其投标文件；

2.11.5.2 中标未能在规定期限内签署合同或未能提供所要求的履约担保。

2.12 投标书的编制与递交

2.12.1 投标书应按招标文件的规定和要求进行编制，采用打印、复印或钢笔书写整理装订成册一式____份，其中正本壹份，副本____份，并注明“正本”、“副本”字样（正副本如有差异，以正本为准）。

2.12.2 投标书经法定代表人或授权代表人签字（盖章）确认并加盖公章后装袋密封，在封皮表面写明招标人名称、地址和工程名称并在封口封条处由法定代表人或委托代理人签字（盖章）和加盖公章。

2.12.3 投标人应派专人按投标须知前附表中所规定的时间将投标书送达投标须知前附表中所规定的地点。凡超过投标截止时间送达的投标书业主将不予受理，并按无效标进行处理。

2.13 投标书的效力

2.13.1 投标书自递交之日起____天内有效（中标签约者，有效期随合同）。在此有效期内，投标书中的全部承诺和条款对投标人具有约束力。投标人不得自行修改或拒绝接受已经确认的承诺和条款（即使是不该发生的差错），更不得撤回投标书。否则按违约处理，业主可立即扣罚投标保证金，并取消投标或中标资格。

2.13.2 在投标截止时间前投标人可对已递交的投标书进行适当修改和补充，投标书的修改补充函应按规定进行密封并加盖单位印章和法定代表人或其全权代表印章（签字），递交至投标须知前附表所指定地点。投标截止后递交的补充修改或声明一概不予受理。

2.13.3 有下列情况之一者，投标书无效：

2.13.3.1 投标文件袋未按规定密封和加盖公章；

2.13.3.2 投标文件未加盖公章和法人代表人印签；

2.13.3.3 投标文件未按期送达；

2.13.3.4 投标人法定代表人或委托代理人未参加开标会议；

2.13.3.5 监理费报价超过本招标文件规定基准价允许浮动范围的；

2.13.3.6 更换已通过资格审查的项目总监；

2.13.3.7 监理单位与业主被监理工程的承建单位以及建筑材料、建筑构件和设备供应单位存在隶属关系或有股份等经济利益关系。

2.13.3.8 国家、省另有规定属无效标范围的。

本工程需重新招标时，原投标无效的单位无资格再对该工程进行投标。

2.14 开标

2.14.1 业主将按投标须知前附表中所规定的时间和地点进行公开开标。开标会由业主主持，当众宣布评标办法、拆封投标书，宣读投标书中的主要内容。投标人的法定代表人或授权代表必须随带身份证，委托代理人尚应随带参加开标会议的授权委托书，并对投标书的密封情况和开标结果进行确认。

2.14.2 开标后，由业主按照有关规定组建的评标委员会，对所有投标书的内容进行符合性审核，凡不符合招标文件的有关规定或不响应招标文件实质性内容的投标书，将予以拒绝，不进入评标范围。并且不允许投标人通过修改或撤销投标书中不符合要求的内容，使之成为具有响应性或符合要求的投标。

2.15 评标

2.15.1 评标委员会在审核和审阅投标书的过程中，对需进一步澄清、明确的技术、资信、管理和报价等问题，可以书面方式要求投标人对投标文件中含义不明确，对同类问题表述不一致或者有明显文字和计算错误的内容作必要的澄清、补正和说明。

2.15.2 投标人可对评标委员会提出的问题作出澄清和答复，但不得借以修改投标书中的实质性内容。其记录经签字，作为投标书的补充，对投标单位具有约束力。

2.15.3 评标采用综合评估法。评标委员会按照客观、公正、科学、择优的原则，根据招标文件确定的评标标准、办法以监理大纲、项目监理机构、人员构成、业务技术水平、监测设备、企业资质情况和业绩等多个因素为评价指标，并将各指标量化记分。

2.15.4 评标委员会成员按规定的评标办法进行打分后，将各部分分值相加得到最终评分，然后将各评标委员会成员评定的最终评分去掉一个最高分和一个最低分，取余下分数的平均分即为投标单位的最终得分值。

2.15.5 凡超出招标文件规定的，在评标时将不予考虑。

2.16 决标

根据评标委员会评议、评分结果，得分最高的单位即被定为中标候选人，报送招标投标管理机构备案后，向中标人发放中标通知书并通知未中标人。

2.16.1 业主对决标结果不负责解释，也不保证最低报价者中标。

2.16.2　在招投标过程中，投标人对业主施加影响的任何行为，都将导致取消投标或中标资格。

2.17 合同签订（签约）

2.17.1 签订监理合同：

中标人自接到中标通知书起____天内，应与业主签订本工程监理合同。监理合同必须根据国家有关经济合同法、省、市工程监理有关条例及招标文件、投标书的要求、承诺及中标结果签订。投标人若不遵守招标文件和投标书的要约、承诺而拒签合同，业主可取消其中标权，扣罚全部投标保证金，给业主造成损失的还应承担赔偿责任。

2.17.2 合同业经项目法人和中标人法定代表人或双方授权代理人签字后生效。

2.17.3 签署监理承包合同协议书7天内，中标人应按合同规定向招标人提交履约保证金或者其他形式履约担保。

2.18 招标结束

2.18.1 中标人与招标人签订工程监理承包合同并按规定交纳了履约保证金或者其他形式履约担保后即为招标结束。

2.18.2 招标文件要求中标人提交履约保证金或者其他形式履约担保的，招标人也将同时向中标人提供同等数额的支付担保。

2.18.3 未中标人自接到决标通知书起7天内应归还招标人的全部招标图纸和资料，同时收回图纸押金，如有损坏、遗失图纸资料的，按____元/张赔偿。

2.18.4 招标人与中标人签订工程监理承包合同后____个工作日内，应当退还未中标人的投标保证金（在投标过程中所发生的一切费用，均由投标人自行承担，投标书恕不退还）。

2.18.5 中标人的投标保证金和招标图纸资料押金在签订工程委托监理合同，并按规定交纳了履约担保后退还。

第三部分　合同条款

合同格式参照建设部、国家工商局联合颁布的《建设工程委托监理合同（示范文本）》(GF—2000—0202)。

第四部分　技术说明

第五部分　施工图纸及勘察资料
（单独装订）

第六部分　投标文件格式

监理单位应按下列名称、顺序、格式，并依据“投标人须知”的要求编列投标文件：

1. 法定代表人资格证明书（详见格式）

2. 授权委托书（详见格式）

3. 投标书（详见格式）

4. 投标综合说明

4.1 企业概况

4.2 监理过类似工程的合同一览表（详见格式）以及目前正在监理的工程一览表（详见格式）；

4.3 派驻本工程的监理机构组织形式和人员，总监理工程师、各专业监理工程师的简历表（详见格式）；总监理工程师监理过类似工程、目前正在监理的工程一览表（详见格式）；

4.4 关于总监理工程师现场到位率的承诺（详见格式）；

5. 投入本工程办公检测仪器、设备汇总表

6. 监理规划和监理大纲

6.1 监理工作概况；

6.2 监理工作内容和依据；

6.3 控制工程合同、质量、进度、安全文明施工、投资的主要手段和措施；

6.4 监理工作计划；

6.5 监理人员工作守则；

6.6 对工程施工的难点、要点和关键部分的阐明及监理实施意见；

6.7 对本工程的其他建议、要求；

7. 监理费报价（详见格式）

8. 投标银行保函

9. 相关证明材料及复印件

法定代表人资格证明书

单位名称： 地址：

姓名：__________ 性别：____ 年龄：____ 职务：________________

系________________________________的法定代表人。为委托监理的工程，签署投标文件，进行合同谈判、签署合同和处理与之有关的一切事务。

特此证明。

投标人（盖公章）：________________________ 日期：____年____月____日

授权委托书

__________________________：

我以________________________（公司名称）法定代表人的身份授权________（姓名）、身份证号__________________，为我单位的全权代表，以我单位的名义签署___________________________的投标书及其它文件，参加开标、澄清、商签合同以及处理与之有关的其它事务，我单位均予承认。

投标单位（章）： 法定代表（签字或盖章）：

电话： 年 月 日

投标函

致：(招标人名称)

1. 我方已全面阅读和研究贵方的招标编号为______的________________工程监理招标文件和招标补充文件，并经过对施工现场的踏勘，澄清疑问，已充分理解并掌握了本工程招标的全部有关情况。同意接受招标文件的全部内容和条件，并按此确定本工程监理投标的全部内容，以本投标书向你方发包的全部内容进行投标。监理费合计为人民币____________元，降价后的最终报价为人民币______________元，负责本工程的总监是_________、监理人数为______人，监理服务期为______个月，施工质量控制目标为________。

2. 我方将严格按照有关建设工程招标投标法规及招标文件的规定参加投标，并理解贵方不一定接受最低标价的投标，对决标结果也没有解释义务。

3. 如由我方中标，在接到你方发出的中标通知书后在规定的时间内，按中标通知书、招标文件和本投标书的约定与你方签订监理合同，并递交招标文件中规定金额的履约保证金或银行保函，履行规定的一切责

任和义务。

4.我方承认该投标书格式为投标书的组成部分。

5.本投标书自递交你方之日起______天内有效，在此有效期内，全部条款内容对我方具有约束力，如中标将成为监理合同文件组成部分。

投标单位（章）：　　　　　　　　　　法定代表或授权代表（签字或盖章）：

联系人：　　　　　　　　　　　　　　联系地址：

电话：　　　　　　　　　　　　　　　邮编：

开户银行：　　　　　　　　　　　　　账号：

年　　月　　日

承诺书

致：(投标人名称)

如中标，参与__________工程的施工监理，我公司将派具有类似监理经验的___（填写项目总监名称、监理资格证书编号）为本工程的项目总监，并保证项目总监到位率在__%（填百分比）以上即每月不少于__日历天。如违反此承诺，愿按合同有关规定接受处罚。

投标人名称（盖章）：　　　　　　　　法定代表人（签字）：

年　　月　　日

表1　企业已完成类似工程监理合同一览表

工程名称			
项目地点			
工程规模			
工程等级		工程造价	
开竣工日期		监理服务费	
项目总监理工程师		监理人员总数	
结构形式			
受奖罚情况			
监理主要内容：			
设计单位			
施工单位			
业主	单位名称		
	单位地址		
	联系人及电话		

表2　企业目前正在监理的类似工程合同一览表

工程名称			
项目地点			
工程规模			
工程等级		工程造价	
开工日期		预计完工时间	
项目总监理工程师		监理人员总数	
结构形式			
监理主要内容：			
设计单位			
施工单位			
业主	单位名称		
	单位地址		
	联系人及电话		

表3　派驻本工程监理人员汇总表

工程名称：

姓名	本工程拟任岗位	年龄	性别	专业	专业年限	职称	安排上岗起止时间

注：列入本表人员如要更换，需经业主单位同意。擅自更换或不到位属违约行为。

表4　派驻现场监理人员简历表

工程名称：

姓名		出生年月	
文化程度		技术职称	
毕业院校、专业		毕业时间	
现任职务		从事监理工作时间	
监理培训证书号		监理工程师证书号	
工作简历：			

注：每表一人。

表5　总监理工程师目前正在监理的工程一览表

<table>
<tr><td colspan="2">工程名称</td><td colspan="3"></td></tr>
<tr><td colspan="2">项目地点</td><td colspan="3"></td></tr>
<tr><td colspan="2">工程规模</td><td colspan="3"></td></tr>
<tr><td colspan="2">工程等级</td><td></td><td>工程造价</td><td></td></tr>
<tr><td colspan="2">开工日期</td><td></td><td>预计完工时间</td><td></td></tr>
<tr><td colspan="2">结构形式</td><td></td><td>监理人员总数</td><td></td></tr>
<tr><td colspan="5">监理主要内容：</td></tr>
<tr><td colspan="2">设计单位</td><td colspan="3"></td></tr>
<tr><td colspan="2">施工单位</td><td colspan="3"></td></tr>
<tr><td rowspan="5">业主</td><td>单位名称</td><td colspan="3"></td></tr>
<tr><td>单位地址</td><td colspan="3"></td></tr>
<tr><td>联 系 人</td><td colspan="3"></td></tr>
<tr><td>联系电话</td><td colspan="3"></td></tr>
<tr><td>传真号码</td><td colspan="3"></td></tr>
</table>

表6　投入本工程检测仪器、设备汇总表

招标人名称：

工程名称：

序号	仪器、设备名称	规格型号	数量	使用情况	投入时间	备注

表7　监理费报价分析汇总表

工程名称：

<table>
<tr><th>序号</th><th>费用名称</th><th>单位</th><th>计算依据</th><th>单价（元）</th><th>数 量</th><th>合价（元）</th></tr>
<tr><td></td><td></td><td></td><td></td><td></td><td></td><td></td></tr>
<tr><td></td><td></td><td></td><td></td><td></td><td></td><td></td></tr>
<tr><td></td><td></td><td></td><td></td><td></td><td></td><td></td></tr>
<tr><td colspan="3">监理费合计</td><td colspan="4">万元</td></tr>
<tr><td colspan="7">监理费相对施工监理服务收费基准价浮动比率：</td></tr>
<tr><td colspan="7">监理费浮动说明：(可另附页)</td></tr>
</table>

投标单位（盖章）：　　　　　　法定代表或授权代表（签字）：

年　　月　　日

投标银行保函（如本工程要求提供）

____________________（招标单位）：

____________________________________在我银行开立结算账户。鉴于该单位参加你单位招标的____________________________工程监理投标，递交了投标书，我银行为其出具人民币（大写）______________________元的投标保证金。若接到你单位陈述下列任何一种情况（不必提供详情和证件）的书面通知，立即将此保证金支付给你单位。

（1）投标单位在投标有效期内撤还投标书；

（2）投标单位修改或拒绝接受已经确认的条款；

（3）投标单位在接到中标通知书后____天内拒签合同或拒交 规定的履约保证金。

此投标保证函有效期为投标书有效期再加延____天。

担保银行（章）：　　　　　　　　　　担保银行代表（签字或盖章）：

地址：　　　　　　　　　　　　　　　邮编：

电话：　　　　　　　　　　　　　　　　年　　月　　日

园林绿化工程监理招标评标办法

（供招标人参考）

根据《中华人民共和国招标投标法》、建设部《工程建设监理规定》及《杭州市工程建设监理管理规定》等有关规定，为规范监理招标的评标工作，特制定本办法。

一、评标原则

评标、决标应遵循公开、公平、公正、择优的原则推荐备选中标人和选择中标人。

二、评标、组织

评标工作由招标人按有关规定组建的评标委员会负责。评标委员会组成后报杭州市建设工程招标投标管理办公室（以下简称市招标办）备案。其成员不少于五人，其中招标人（含招标代理人）的专业人员占三分之一，其余三分之二应从市建设行政主管部门设立的评标专家库中随机选聘。

评标委员会负责人由评标委员会成员推举产生或者由招标人确定。

评标全过程接受市招标办指导监督。

三、评标方法和内容

评标采用百分制综合评估法。

开标后，评标委员会首先对投标书进行符合性审查。凡投标书中的实质性内容不响应招标文件的要求或格式严重不符合招标文件规定的，经评标委员会认定，作为无效投标，予以废除。

评标委员会对所有有效的投标书及投标人按以下三部分内容分别进行分析评分。

1.资信业绩及能力（6～25分）

主要根据投标资料对投标人及拟派总监的能力和业绩进行评分，此项由评标委员会全体成员对照评分细则和评标资料，经充分分析、研究后，按规定进行评分。

2.监理组织、措施、手段（13～65分）

在认真审阅、分析投标书及监理大纲主要内容的基础上，按照评分细则的要求和规定由各评分专家自行判定评分。

3.商务（0～10分）

监理费报价分为10分，由评标委员会指定专人按照评分细则计算并复核。

四、评分细则

1.资信业绩及能力（6～25分）

① 监理企业三年内（招标前三个年度）未受处罚或曝光的加3分；两年内未受处罚或曝光的加2分；一年内未受处罚或曝光的加1分。

② 拟派项目总监近三年以来以总监身份负责的类似工程获得国家级质量奖的得4分；获得省部级质量奖的得2分；地（市）级质量奖的得1分。以最高奖项为准，不得累加。

③ 拟派项目总监获得监理工程师岗位资格5年以上的得3分；3年以上的得2分；1年以上（不含）的得1分。

④ 拟派项目总监以总监身份负责类似工程5个以上的得3分；3个以上的得2分，1个以上的得1分。

⑤ 拟派项目总监高级职称加4分、中级加3分；身体健康较好，50岁以下加3分（含50岁）、50岁以上加2分。

⑥ 拟派项目总监到位率承诺达到70%以上得5分；达到50%以上得2分；低于50%得1分。

2.监理组织、措施、手段（13～65分）。

（1）监理大纲的内容是否全面（1～5分）。

按照招标书要求内容全面地进行了阐述，对本工程的各分项工程，从准备、实施、竣工到保修的每一道工序都能较详尽的阐述监理工作计划采取的手段、方法、措施和作用。

一般情况的加1分；较好的加3分；细致详尽的加5分。

（2）监理大纲中对相关协调管理职能是否明确（1～3分）。

一般情况的加1分；较好的加2分；细致详尽的加3分。

（3）项目监理、总监代表、监理工程师、监理员的权利和责任是否明确（1～3分）。

一般情况的加1分；较好的加2分；细致详尽的加3分。

（4）监理力量的投入是否能满足工程的需要（2～5分）。

基本分2分，驻地监理人员年富力强，有50%监理人员具有中级（含中级）以上职称加3分。

（5）监理人员的专业配置是否符合工程需要（1～4分）。

根据本项目分项专业需要，驻场监理人员中，专业配备（园林、给排水、强弱电、造价、暖通）有一项的加1分（满分为4分）。

（6）质量控制的保证措施手段是否科学、可靠（1～7分）。

对各分项工程，从准备、实施、竣工到项目的保修阶段的每一道工序，监理所采取的质量控制措施、方法。质量控制计划与实际质量产生较大差距时，从措施的可行和效果上进行分析、评分。

一般情况的加1分；较好的加4分；细致详尽的加7分。

（7）检测仪器和工具是否能满足工程要求（0～7分）。

根据所提供的工程检测仪器和工具的完整性，一般情况的加1分；较完整的加4分；很完整的加7分。

（8）施工进度控制手段是否细致详尽（1～6分）。

对各分项工程，从准备、实施、竣工到项目的保修阶段的每一道工序，监理所采取的进度控制措施、方法。进度控制计划与实际进度产生较大差距时，从措施的可行和效果上进行分析、评分。

一般情况的加1分；较好的加4分；细致详尽的加6分。

（9）投资控制方法是否合理、可行（1～5分）。

监理所采取的投资控制措施、方法的合理性。一般情况的加1分；较好的加3分；细致详尽的加5分。

现场安全、文明施工的管理措施是否全面（1～7分）。

一般情况的加1分；较好的加4分；细致详尽的加7分。

（10）对工程施工的难点、要点和关键部分是否阐明及监理实施意见的可行性（2～8分）。

内容全面性，一般情况的加1分；较好的加2.5分；细致详尽的加4分。

监理实施意见的可行性，一般情况的加1分；较好的加2.5分；细致详尽的加4分。

（11）对设计、施工、监理的合理化建议（0～5分）。

以上内容评分时保留一位小数，计算评分值时保留两位小数。

3.报价（0～10分）

（1）监理费最终报价的评分应在报价口径统一的基础（即评标价）上进行。凡属招标文件交代不清而引起口径不统一的，应按有关规定调整到统一的口径。如因投标人的差错、失误或其他原因造成口径不统一的，不得调整。

（2）监理服务收费的浮动下限为最佳报价值。

（3）根据投标人的评标价与最佳报价值的比值，计算出报价的评分值，即：

评标价等于最佳报价值，得满分10分；

评标价每高于最佳报价值一个百分点，扣0.5分；

最低得分为0分。

五、决标

评标委员会完成评标后，应当向招标人提出书面评标报告，阐明评标委员会对各投标文件的评审和比较意见，并按照得分排列优劣顺序，推荐不超过3名有排序的中标候选人。招标人根据评标委员会提出的书面评标报告和推荐的中标候选人确定中标人，招标人也可以授权评标委员会直接确定中标人。

招标人应当确定排名第一的中标候选人为中标人。排名第一的中标候选人放弃中标、因不可抗力提出不能履行合同，招标人可以依序确定其他中标候选人为中标人。

决标后，招标人应将决标结果报送建设工程招标投标管理机构备案后向中标人发出中标通知书并告知未中标人。

注：各招标人根据招标工程特点，可有针对性进行调整并随招标文件发给所有投标人作为评标依据。

范本五

GF—2000—0210

建设工程设计合同

（专业建设工程设计合同）

工程名称：________________

工程地点：________________

合同编号：________________

（由设计人编填）

设计证书等级：________________

发包人：________________

设计人：________________

签订日期：________________

中华人民共和国建设部　监制

国家工商行政管理局

发包人：________________

设计人：________________

发包人委托设计人承担____工程设计，工程地点为_________________________________，经双方协商一致，签订本合同，共同执行。

第一条　本合同签订论据

1.1《中华人民共和国合同法》、《中华人民共和国建筑法》和《建设工程勘察设计市场管理规定》。

1.2 国家及地方有关建设工程勘察设计管理法规和规章。

1.3 建设工程批准文件。

第二条　设计依据

2.1 发包人给设计人的委托书或设计中标文件

2.2 发包人提交的基础资料

2.3 设计人采用的主要技术标准是：____
____

第三条　合同文件的优先次序

构成本合同的文件可视为是能互相说明的，如果合同文件存在歧义或不一致，则根据如下优先次序来判断：

3.1 合同书

3.2 中标函（文件）

3.3 发包人要求及委托书

3.4 投标书

第四条　本合同项目的名称、规模、阶段、投资及设计内容（根据行业特点填写）

第五条　发包人向设计人提交的有关资料、文件及时间

第六条　设计人向发包人交付的设计文件、份数、地点及时间

第七条　费用

7.1 双方商定，本合同的设计费为__________万元。收费依据和计算方法按国家和地方有关规定执行，国家和地方没有规定的，由双方商定。

7.2 如果上述费用为估算设计费，则双方在初步设计审批后，按批准的初步设计概算核算设计费。工程建设期间如遇概算调整，则设计费也应做相应调整。

第八条　支付方式

8.1 本合同生效后三天内，发包人支付设计费总额的20%，计________万元作为定金（合同结算时，定金抵作设计费）。

8.2 设计人提交____________设计文件后三天内，发包人支付设计费总额的30%，计__________万元；之后，发包人应按设计人所完成的施工图工作量比例，分期分批向设计人支付总设计费的50%，计__________万元，施工图完成后，发包人结清设计费，不留尾款。

8.3 双方委托银行代付代收有关费用。

第九条　双方责任

9.1 发包人责任

9.1.1 发包人按本合同第五条规定的内容，在规定的时间内向设计人提交基础资料及文件，并对其完整性、正确性及时限负责。发包人不得要求设计人违反国家有关标准进行设计。

发包人提交上述资料及文件超过规定期限15天以内，设计人按本合同第六条规定的交付设计文件时间顺延；发包人交付上述资料及文件超过规定期限15天以上时，设计人有权重新确定提交设计文件的时间。

9.1.2 发包人变更委托设计项目、规模、条件或因提交的资料错误，或所提交资料作较大修改，以致造成设计人设计返工时，双方除另行协商签订补充协议（或另订合同）、重新明确有关条款外，发包人应按设计人所耗工作量向设计人支付返工费。

在未签订合同前发包人已同意，设计人为发包人所做的各项设计工作，发包人应支付相应设计费。

9.1.3 在合同履行期间，发包人要求终止或解除合同，设计人未开始设计工作的，不退还发包人已付的

定金；已开始设计工作的，发包人应根据设计人已进行的实际工作量，不足一半时，按该阶段设计费的一半支付；超过一半时，按该阶段设计费的全部支付。

9.1.4 发包人必须按合同规定支付定金，收到定金作为设计人设计开工的标志。未收到定金，设计人有权推迟设计工作的开工时间，且交付文件的时间顺延。

9.1.5 发包人应按本合同规定的金额和日期向设计人支付设计费，每逾期支付一天，应承担应支付金额千分之二的逾期违约金，且设计人提交设计文件的时间顺延。逾期超过30天以上时，设计人有权暂停履行下阶段工作，并书面通知发包人。发包人的上级或设计审批部门对设计文件不审批或本合同项目停缓建，发包人均应支付应付的设计费。

9.1.6 发包人要求设计人比合同规定时间提前交付设计文件时，须征得设计人同意，不得严重背离合理设计周期，且发包人应支付赶工费。

9.1.7 发包人应为设计人派驻现场的工作人员提供工作、生活及交通等方面的便利条件及必要的劳动保护装备。

9.1.8 设计文件中选用的国家标准图、部标准图及地方标准图由发包人负责解决。

9.1.9 承担本项目外国专家来设计人办公室工作的接待费（包括传真、电话、复印、办公等费用）。

9.2 设计人责任

9.2.1 设计人应按国家规定和合同约定的技术规范、标准进行设计，按本合同第六条规定的内容、时间及份数向发包人交付设计文件（出现9.1.1、9.1.2、9.1.4、9.1.5规定有关交付设计文件顺延的情况除外）。并对提交的设计文件的质量负责。

9.2.2 设计合理使用年限为________年。

9.2.3 负责对外商的设计资料进行审查，负责该合同项目的设计联络工作。

9.2.4 设计人对设计文件出现的遗漏或错误负责修改或补充。由于设计人设计错误造成工程质量事故损失，设计人除负责采取补救措施外，应免收受损失部分的设计费，并根据损失程度向发包人支付赔偿金，赔偿金数额由双方商定为实际损失的____%。

9.2.5 由于设计人原因，延误了设计文件交付时间，每延误一天，应减收该项目应收设计费的千分之二。

9.2.6 合同生效后，设计人要求终止或解除合同，设计人应双倍返还发包人已支付的定金。

9.2.7 设计人交付设计文件后，按规定参加有关上级的设计审查，并根据审查结论负责不超出原定范围的内容做必要调整补充。设计人按合同规定时限交付设计文件一年内项目开始施工，负责向发包人及施工单位进行设计交底、处理有关设计问题和参加竣工验收。在一年内项目尚未开始施工，设计人仍负责上述工作，可按所需工作量向发包人适当收取咨询服务费，收费额由双方商定。

第十条　保密

双方均应保护对方的知识产权，未经对方同意，任何一方均不得对对方的资料及文件擅自修改、复制或向第三人转让或用于本合同项目外的项目。如发生以上情况，泄密方承担一切由此引起的后果并承担赔偿责任。

第十一条　仲裁

本建设工程设计合同发生争议，发包人与设计人应及时协商解决。也可由当地建设行政主管部门调解，调解不成时，双方当事人同意由________________仲裁委员会仲裁。双方当事人未在合同中约定仲裁机构，当事人又未达成仲裁书面协议的，可向人民法院起诉。

第十二条　合同生效及其他

12.1 发包人要求设计人派专人长期驻施工现场进行配合与解决有关问题时，双方应另行签订技术咨询服务合同。

12.2 设计人为本合同项目的服务至施工安装结束为止。

12.3 本工程项目中，设计人不得指定建筑材料、设备的生产厂或供货商。发包人需要设计人配合建筑材料。设备的加工订货时，所需费用由发包人承担。

12.4 发包人委托设计人配合引进项目的设计任务，从询价、对外谈判、国内外技术考察直至建成投产的各个阶段，应吸收承担有关设计任务的设计人员参加。出国费用，除制装费外，其他费用由发包人支付。

12.5 发包人委托设计人承担本合同内容以外的工作服务，另行签订协议并支付费用。

12.6 由于不可抗力因素致使合同无法履行时，双方应及时协商解决。

12.7 本合同双方签字盖章即生效，一式__________份，发包人_________份，设计人__________份。

12.8 本合同生效后，按规定应到项目所在地省级建设行政主管部门规定的审查部门备案；双方认为必要时，到工商行政管理部门鉴证。双方履行完合同规定的义务后，本合同即行终止。

12.9 双方认可的来往传真、电报、会议纪要等，均为合同的组成部分，与本合同具有同等法律效力。

12.10 未尽事宜，经双方协商一致，签订补充协议，补充协议与本合同具有同等效力。

发包人名称（盖章）：	设计人名称（盖章）：
法定代表人：（签字）	法定代表人：（签字）
委托代理人：（签字）	委托代理人：（签字）
项目经理：（签字）	项目经理：（签字）
住　　所：	住　　所：
邮政编码：	邮政编码：
电　　话：	电　　话：
传　　真：	传　　真：
开户银行：	开户银行：
银行账号：	银行账号：
建设行政主管部门备案（盖章）：	鉴证意见（盖章）：
备案号：	经办人：
备案日期：　　年　　月　　日	鉴证日期：　　年　　月　　日

附录1

中华人民共和国招标投标法

中华人民共和国招标投标法

第九届全国人民代表大会常务委员会第十一次会议通过　中华人民共和国主席令第二十一号
颁布时间：1999-8-30 发文单位：全国人民代表大会

第一章　总　则

第一条　为了规范招标投标活动，保护国家利益、社会公共利益和招标投标活动当事人的合法权益，提高经济效益，保证项目质量，制定本法。

第二条　在中华人民共和国境内进行招标投标活动，适用本法。

第三条　在中华人民共和国境内进行下列工程建设项目包括项目的勘察、设计、施工、监理以及与工程建设有关的重要设备、材料等的采购，必须进行招标：

（一）大型基础设施、公用事业等关系社会公共利益、公众安全的项目；

（二）全部或者部分使用国有资金投资或者国家融资的项目；

（三）使用国际组织或者外国政府贷款、援助资金的项目。

前款所列项目的具体范围和规模标准，由国务院发展计划部门会同国务院有关部门制订，报国务院批准。

法律或者国务院对必须进行招标的其他项目的范围有规定的，依照其规定。

第四条　任何单位和个人不得将依法必须进行招标的项目化整为零或者以其他任何方式规避招标。

第五条　招标投标活动应当遵循公开、公平、公正和诚实信用的原则。

第六条　依法必须进行招标的项目，其招标投标活动不受地区或者部门的限制。任何单位和个人不得违法限制或者排斥本地区、本系统以外的法人或者其他组织参加投标，不得以任何方式非法干涉招标投标活动。

第七条　招标投标活动及其当事人应当接受依法实施的监督。

有关行政监督部门依法对招标投标活动实施监督，依法查处招标投标活动中的违法行为。

对招标投标活动的行政监督及有关部门的具体职权划分，由国务院规定。

第二章　招　标

第八条　招标人是依照本法规定提出招标项目、进行招标的法人或者其他组织。

第九条　招标项目按照国家有关规定需要履行项目审批手续的，应当先履行审批手续，取得批准。

招标人应当有进行招标项目的相应资金或者资金来源已经落实，并应当在招标文件中如实载明。

第十条　招标分为公开招标和邀请招标。

公开招标，是指招标人以招标公告的方式邀请不特定的法人或者其他组织投标。

邀请招标，是指招标人以投标邀请书的方式邀请特定的法人或者其他组织投标。

第十一条　国务院发展计划部门确定的国家重点项目和省、自治区、直辖市人民政府确定的地方重点项目不适宜公开招标的，经国务院发展计划部门或者省、自治区、直辖市人民政府批准，可以进行邀请招标。

第十二条　招标人有权自行选择招标代理机构，委托其办理招标事宜。任何单位和个人不得以任何方式为招标人指定招标代理机构。

招标人具有编制招标文件和组织评标能力的，可以自行办理招标事宜。任何单位和个人不得强制其委托招标代理机构办理招标事宜。

依法必须进行招标的项目，招标人自行办理招标事宜的，应当向有关行政监督部门备案。

第十三条　招标代理机构是依法设立、从事招标代理业务并提供相关服务的社会中介组织。

招标代理机构应当具备下列条件：

（一）有从事招标代理业务的营业场所和相应资金；

（二）有能够编制招标文件和组织评标的相应专业力量；

（三）有符合本法第三十七条第三款规定条件、可以作为评标委员会成员人选的技术、经济等方面的专家库。

第十四条　从事工程建设项目招标代理业务的招标代理机构，其资格由国务院或者省、自治区、直辖市人民政府的建设行政主管部门认定。具体办法由国务院建设行政主管部门会同国务院有关部门制定。从事其他招标代理业务的招标代理机构，其资格认定的主管部门由国务院规定。

招标代理机构与行政机关和其他国家机关不得存在隶属关系或者其他利益关系。

第十五条　招标代理机构应当在招标人委托的范围内办理招标事宜，并遵守本法关于招标人的规定。

第十六条　招标人采用公开招标方式的，应当发布招标公告。依法必须进行招标的项目的招标公告，应当通过国家指定的报刊、信息网络或者其他媒介发布。

招标公告应当载明招标人的名称和地址、招标项目的性质、数量、实施地点和时间以及获取招标文件的办法等事项。

第十七条　招标人采用邀请招标方式的，应当向三个以上具备承担招标项目的能力、资信良好的特定的法人或者其他组织发出投标邀请书。

投标邀请书应当载明本法第十六条第二款规定的事项。

第十八条　招标人可以根据招标项目本身的要求，在招标公告或者投标邀请书中，要求潜在投标人提供有关资质证明文件和业绩情况，并对潜在投标人进行资格审查；国家对投标人的资格条件有规定的，依照其规定。

招标人不得以不合理的条件限制或者排斥潜在投标人，不得对潜在投标人实行歧视待遇。

第十九条　招标人应当根据招标项目的特点和需要编制招标文件。招标文件应当包括招标项目的技术要求、对投标人资格审查的标准、投标报价要求和评标标准等所有实质性要求和条件以及拟签订合同的主要条款。

国家对招标项目的技术、标准有规定的，招标人应当按照其规定在招标文件中提出相应要求。

招标项目需要划分标段、确定工期的，招标人应当合理划分标段、确定工期，并在招标文件中载明。

第二十条　招标文件不得要求或者标明特定的生产供应者以及含有倾向或者排斥潜在投标人的其他内容。

第二十一条　招标人根据招标项目的具体情况，可以组织潜在投标人踏勘项目现场。

第二十二条　招标人不得向他人透露已获取招标文件的潜在投标人的名称、数量以及可能影响公平竞争的有关招标投标的其他情况。

招标人设有标底的，标底必须保密。

第二十三条　招标人对已发出的招标文件进行必要的澄清或者修改的，应当在招标文件要求提交投标文件截止时间至少十五日前，以书面形式通知所有招标文件收受人。该澄清或者修改的内容为招标文件的组成部分。

第二十四条　招标人应当确定投标人编制投标文件所需要的合理时间；但是，依法必须进行招标的项目，自招标文件开始发出之日起至投标人提交投标文件截止之日止，最短不得少于二十日。

第三章　投　标

第二十五条　投标人是响应招标、参加投标竞争的法人或者其他组织。

依法招标的科研项目允许个人参加投标的，投标的个人适用本法有关投标人的规定。

第二十六条　投标人应当具备承担招标项目的能力；国家有关规定对投标人资格条件或者招标文件对投标人资格条件有规定的，投标人应当具备规定的资格条件。

第二十七条　投标人应当按照招标文件的要求编制投标文件。投标文件应当对招标文件提出的实质性要求和条件作出响应。

招标项目属于建设施工的，投标文件的内容应当包括拟派出的项目负责人与主要技术人员的简历、业绩和拟用于完成招标项目的机械设备等。

第二十八条　投标人应当在招标文件要求提交投标文件的截止时间前，将投标文件送达投标地点。招标人收到投标文件后，应当签收保存，不得开启。投标人少于三个的，招标人应当依照本法重新招标。

在招标文件要求提交投标文件的截止时间后送达的投标文件，招标人应当拒收。

第二十九条　投标人在招标文件要求提交投标文件的截止时间前，可以补充、修改或者撤回已提交的投标文件，并书面通知招标人。补充、修改的内容为投标文件的组成部分。

第三十条　投标人根据招标文件载明的项目实际情况，拟在中标后将中标项目的部分非主体、非关键性工作进行分包的，应当在投标文件中载明。

第三十一条　两个以上法人或者其他组织可以组成一个联合体，以一个投标人的身份共同投标。

联合体各方均应当具备承担招标项目的相应能力；国家有关规定或者招标文件对投标人资格条件有规定的，联合体各方均应当具备规定的相应资格条件。由同一专业的单位组成的联合体，按照资质等级较低的单位确定资质等级。

联合体各方应当签订共同投标协议，明确约定各方拟承担的工作和责任，并将共同投标协议连同投标文件一并提交招标人。联合体中标的，联合体各方应当共同与招标人签订合同，就中标项目向招标人承担连带责任。

招标人不得强制投标人组成联合体共同投标，不得限制投标人之间的竞争。

第三十二条　投标人不得相互串通投标报价，不得排挤其他投标人的公平竞争，损害招标人或者其他投标人的合法权益。

投标人不得与招标人串通投标，损害国家利益、社会公共利益或者他人的合法权益。

禁止投标人以向招标人或者评标委员会成员行贿的手段谋取中标。

第三十三条　投标人不得以低于成本的报价竞标，也不得以他人名义投标或者以其他方式弄虚作假，骗取中标。

第四章　开标、评标和中标

第三十四条　开标应当在招标文件确定的提交投标文件截止时间的同一时间公开进行；开标地点应当为招标文件中预先确定的地点。

第三十五条　开标由招标人主持，邀请所有投标人参加。

第三十六条　开标时，由投标人或者其推选的代表检查投标文件的密封情况，也可以由招标人委托的公证机构检查并公证；经确认无误后，由工作人员当众拆封，宣读投标人名称、投标价格和投标文件的其他主要内容。

招标人在招标文件要求提交投标文件的截止时间前收到的所有投标文件，开标时都应当当众予以拆封、宣读。

开标过程应当记录，并存档备查。

第三十七条　评标由招标人依法组建的评标委员会负责。

依法必须进行招标的项目，其评标委员会由招标人的代表和有关技术、经济等方面的专家组成，成员人数为五人以上单数，其中技术、经济等方面的专家不得少于成员总数的三分之二。

前款专家应当从事相关领域工作满八年并具有高级职称或者具有同等专业水平，由招标人从国务院有关部门或者省、自治区、直辖市人民政府有关部门提供的专家名册或者招标代理机构的专家库内的相关专业的专家名单中确定；一般招标项目可以采取随机抽取方式，特殊招标项目可以由招标人直接确定。

与投标人有利害关系的人不得进入相关项目的评标委员会；已经进入的应当更换。

评标委员会成员的名单在中标结果确定前应当保密。

第三十八条　招标人应当采取必要的措施，保证评标在严格保密的情况下进行。

任何单位和个人不得非法干预、影响评标的过程和结果。

第三十九条　评标委员会可以要求投标人对投标文件中含义不明确的内容作必要的澄清或者说明，但是澄清或者说明不得超出投标文件的范围或者改变投标文件的实质性内容。

第四十条　评标委员会应当按照招标文件确定的评标标准和方法，对投标文件进行评审和比较；设有标底的，应当参考标底。评标委员会完成评标后，应当向招标人提出书面评标报告，并推荐合格的中标候选人。

招标人根据评标委员会提出的书面评标报告和推荐的中标候选人确定中标人。招标人也可以授权评标委员会直接确定中标人。

国务院对特定招标项目的评标有特别规定的，从其规定。

第四十一条　中标人的投标应当符合下列条件之一：

（一）能够最大限度地满足招标文件中规定的各项综合评价标准；

（二）能够满足招标文件的实质性要求，并且经评审的投标价格最低；但是投标价格低于成本的除外。

第四十二条　评标委员会经评审，认为所有投标都不符合招标文件要求的，可以否决所有投标。

依法必须进行招标的项目的所有投标被否决的，招标人应当依照本法重新招标。

第四十三条　在确定中标人前，招标人不得与投标人就投标价格、投标方案等实质性内容进行谈判。

第四十四条　评标委员会成员应当客观、公正地履行职务，遵守职业道德，对所提出的评审意见承担个人责任。

评标委员会成员不得私下接触投标人，不得收受投标人的财物或者其他好处。

评标委员会成员和参与评标的有关工作人员不得透露对投标文件的评审和比较、中标候选人的推荐情况以及与评标有关的其他情况。

第四十五条　中标人确定后，招标人应当向中标人发出中标通知书，并同时将中标结果通知所有未中标的投标人。

中标通知书对招标人和中标人具有法律效力。中标通知书发出后，招标人改变中标结果的，或者中标人放弃中标项目的，应当依法承担法律责任。

第四十六条　招标人和中标人应当自中标通知书发出之日起三十日内，按照招标文件和中标人的投标文件订立书面合同。招标人和中标人不得再行订立背离合同实质性内容的其他协议。

招标文件要求中标人提交履约保证金的，中标人应当提交。

第四十七条　依法必须进行招标的项目，招标人应当自确定中标人之日起十五日内，向有关行政监督部门提交招标投标情况的书面报告。

第四十八条　中标人应当按照合同约定履行义务，完成中标项目。中标人不得向他人转让中标项目，也不得将中标项目肢解后分别向他人转让。

中标人按照合同约定或者经招标人同意，可以将中标项目的部分非主体、非关键性工作分包给他人完成。接受分包的人应当具备相应的资格条件，并不得再次分包。

中标人应当就分包项目向招标人负责，接受分包的人就分包项目承担连带责任。

第五章　法律责任

第四十九条　违反本法规定，必须进行招标的项目而不招标的，将必须进行招标的项目化整为零或者以其他任何方式规避招标的，责令限期改正，可以处项目合同金额千分之五以上千分之十以下的罚款；对全部或者部分使用国有资金的项目，可以暂停项目执行或者暂停资金拨付；对单位直接负责的主管人员和其他直接责任人员依法给予处分。

第五十条　招标代理机构违反本法规定，泄露应当保密的与招标投标活动有关的情况和资料的，或者与招标人、投标人串通损害国家利益、社会公共利益或者他人合法权益的，处五万元以上二十五万元以下的罚款，对单位直接负责的主管人员和其他直接责任人员处单位罚款数额百分之五以上百分之十以下的罚款；有违法所得的，并处没收违法所得；情节严重的，暂停直至取消招标代理资格；构成犯罪的，依法追究刑事责任。给他人造成损失的，依法承担赔偿责任。

前款所列行为影响中标结果的，中标无效。

第五十一条　招标人以不合理的条件限制或者排斥潜在投标人的，对潜在投标人实行歧视待遇的，强制要求投标人组成联合体共同投标的，或者限制投标人之间竞争的，责令改正，可以处一万元以上五万元以下的罚款。

第五十二条　依法必须进行招标的项目的招标人向他人透露已获取招标文件的潜在投标人的名称、数量或者可能影响公平竞争的有关招标投标的其他情况的，或者泄露标底的，给予警告，可以并处一万元以上十万元以下的罚款；对单位直接负责的主管人员和其他直接责任人员依法给予处分；构成犯罪的，依法追究刑事责任。

前款所列行为影响中标结果的，中标无效。

第五十三条　投标人相互串通投标或者与招标人串通投标的，投标人以向招标人或者评标委员会成员行贿的手段谋取中标的，中标无效，处中标项目金额千分之五以上千分之十以下的罚款，对单位直接负责的主管人员和其他直接责任人员处单位罚款数额百分之五以上百分之十以下的罚款；有违法所得的，并处没收违法所得；情节严重的，取消其一年至二年内参加依法必须进行招标的项目的投标资格并予以公告，直至由工商行政管理机关吊销营业执照；构成犯罪的，依法追究刑事责任。给他人造成损失的，依法承担赔偿责任。

第五十四条　投标人以他人名义投标或者以其他方式弄虚作假，骗取中标的，中标无效，给招标人造成损失的，依法承担赔偿责任；构成犯罪的，依法追究刑事责任。

依法必须进行招标的项目的投标人有前款所列行为尚未构成犯罪的，处中标项目金额千分之五以上千分之十以下的罚款，对单位直接负责的主管人员和其他直接责任人员处单位罚款数额百分之五以上百分之十以下的罚款；有违法所得的，并处没收违法所得；情节严重的，取消其一年至三年内参加依法必须进行招标的项目的投标资格并予以公告，直至由工商行政管理机关吊销营业执照。

第五十五条　依法必须进行招标的项目，招标人违反本法规定，与投标人就投标价格、投标方案等实质性内容进行谈判的，给予警告，对单位直接负责的主管人员和其他直接责任人员依法给予处分。

前款所列行为影响中标结果的，中标无效。

第五十六条　评标委员会成员收受投标人的财物或者其他好处的，评标委员会成员或者参加评标的有关工作人员向他人透露对投标文件的评审和比较、中标候选人的推荐以及与评标有关的其他情况的，给予警告，没收收受的财物，可以并处三千元以上五万元以下的罚款，对有所列违法行为的评标委员会成员取消担任评标委员会成员的资格，不得再参加任何依法必须进行招标的项目的评标；构成犯罪的，依法追究刑事责任。

第五十七条　招标人在评标委员会依法推荐的中标候选人以外确定中标人的，依法必须进行招标的项目在所有投标被评标委员会否决后自行确定中标人的，中标无效。责令改正，可以处中标项目金额千分之五以上千分之十以下的罚款；对单位直接负责的主管人员和其他直接责任人员依法给予处分。

第五十八条　中标人将中标项目转让给他人的，将中标项目肢解后分别转让给他人的，违反本法规定将中标项目的部分主体、关键性工作分包给他人的，或者分包人再次分包的，转让、分包无效，处转让、分包项目金额千分之五以上千分之十以下的罚款；有违法所得的，并处没收违法所得；可以责令停业整顿；情节严重的，由工商行政管理机关吊销营业执照。

第五十九条　招标人与中标人不按照招标文件和中标人的投标文件订立合同的，或者招标人、中标人订立背离合同实质性内容的协议的，责令改正；可以处中标项目金额千分之五以上千分之十以下的罚款。

第六十条　中标人不履行与招标人订立的合同的，履约保证金不予退还，给招标人造成的损失超过履约保证金数额的，还应当对超过部分予以赔偿；没有提交履约保证金的，应当对招标人的损失承担赔偿责任。

中标人不按照与招标人订立的合同履行义务，情节严重的，取消其二年至五年内参加依法必须进行招标的项目的投标资格并予以公告，直至由工商行政管理机关吊销营业执照。

因不可抗力不能履行合同的，不适用前两款规定。

第六十一条　本章规定的行政处罚，由国务院规定的有关行政监督部门决定。本法已对实施行政处罚的机关作出规定的除外。

第六十二条　任何单位违反本法规定，限制或者排斥本地区、本系统以外的法人或者其他组织参加投标的，为招标人指定招标代理机构的，强制招标人委托招标代理机构办理招标事宜的，或者以其他方式干涉招标投标活动的，责令改正；对单位直接负责的主管人员和其他直接责任人员依法给予警告、记过、记大过的处分，情节较重的，依法给予降级、撤职、开除的处分。

个人利用职权进行前款违法行为的，依照前款规定追究责任。

第六十三条　对招标投标活动依法负有行政监督职责的国家机关工作人员徇私舞弊、滥用职权或者玩忽职守，构成犯罪的，依法追究刑事责任；不构成犯罪的，依法给予行政处分。

第六十四条　依法必须进行招标的项目违反本法规定，中标无效的，应当依照本法规定的中标条件从其余投标人中重新确定中标人或者依照本法重新进行招标。

第六章　附　则

第六十五条　投标人和其他利害关系人认为招标投标活动不符合本法有关规定的，有权向招标人提出异议或者依法向有关行政监督部门投诉。

第六十六条　涉及国家安全、国家秘密、抢险救灾或者属于利用扶贫资金实行以工代赈、需要使用农民工等特殊情况，不适宜进行招标的项目，按照国家有关规定可以不进行招标。

第六十七条　使用国际组织或者外国政府贷款、援助资金的项目进行招标，贷款方、资金提供方对招标投标的具体条件和程序有不同规定的，可以适用其规定，但违背中华人民共和国的社会公共利益的除外。

第六十八条　本法自2000年1月1日起施行。

附录2

中华人民共和国招标投标法实施条例

中华人民共和国国务院令

第613号

《中华人民共和国招标投标法实施条例》已经2011年11月30日国务院第183次常务会议通过，现予公布，自2012年2月1日起施行。

总　理　温家宝

二〇一一年十二月二十日

中华人民共和国招标投标法实施条例

第一章　总　则

第一条　为了规范招标投标活动，根据《中华人民共和国招标投标法》（以下简称招标投标法），制定本条例。

第二条　招标投标法第三条所称工程建设项目，是指工程以及与工程建设有关的货物、服务。

前款所称工程，是指建设工程，包括建筑物和构筑物的新建、改建、扩建及其相关的装修、拆除、修缮等；所称与工程建设有关的货物，是指构成工程不可分割的组成部分，且为实现工程基本功能所必需的设备、材料等；所称与工程建设有关的服务，是指为完成工程所需的勘察、设计、监理等服务。

第三条　依法必须进行招标的工程建设项目的具体范围和规模标准，由国务院发展改革部门会同国务院有关部门制订，报国务院批准后公布施行。

第四条　国务院发展改革部门指导和协调全国招标投标工作，对国家重大建设项目的工程招标投标活动实施监督检查。国务院工业和信息化、住房城乡建设、交通运输、铁道、水利、商务等部门，按照规定的职责分工对有关招标投标活动实施监督。

县级以上地方人民政府发展改革部门指导和协调本行政区域的招标投标工作。县级以上地方人民政府有关部门按照规定的职责分工，对招标投标活动实施监督，依法查处招标投标活动中的违法行为。县级以上地方人民政府对其所属部门有关招标投标活动的监督职责分工另有规定的，从其规定。

财政部门依法对实行招标投标的政府采购工程建设项目的预算执行情况和政府采购政策执行情况实施监督。

监察机关依法对与招标投标活动有关的监察对象实施监察。

第五条　设区的市级以上地方人民政府可以根据实际需要，建立统一规范的招标投标交易场所，为招标投标活动提供服务。招标投标交易场所不得与行政监督部门存在隶属关系，不得以营利为目的。

国家鼓励利用信息网络进行电子招标投标。

第六条　禁止国家工作人员以任何方式非法干涉招标投标活动。

第二章　招　标

第七条　按照国家有关规定需要履行项目审批、核准手续的依法必须进行招标的项目，其招标范围、招标方式、招标组织形式应当报项目审批、核准部门审批、核准。项目审批、核准部门应当及时将审批、核准确定的招标范围、招标方式、招标组织形式通报有关行政监督部门。

第八条　国有资金占控股或者主导地位的依法必须进行招标的项目，应当公开招标；但有下列情形之一的，可以邀请招标：

（一）技术复杂、有特殊要求或者受自然环境限制，只有少量潜在投标人可供选择；

（二）采用公开招标方式的费用占项目合同金额的比例过大。

有前款第二项所列情形，属于本条例第七条规定的项目，由项目审批、核准部门在审批、核准项目时作出认定；其他项目由招标人申请有关行政监督部门作出认定。

第九条　除招标投标法第六十六条规定的可以不进行招标的特殊情况外，有下列情形之一的，可以不进行招标：

（一）需要采用不可替代的专利或者专有技术；

（二）采购人依法能够自行建设、生产或者提供；

（三）已通过招标方式选定的特许经营项目投资人依法能够自行建设、生产或者提供；

（四）需要向原中标人采购工程、货物或者服务，否则将影响施工或者功能配套要求；

（五）国家规定的其他特殊情形。

招标人为适用前款规定弄虚作假的，属于招标投标法第四条规定的规避招标。

第十条　招标投标法第十二条第二款规定的招标人具有编制招标文件和组织评标能力，是指招标人具有与招标项目规模和复杂程度相适应的技术、经济等方面的专业人员。

第十一条　招标代理机构的资格依照法律和国务院的规定由有关部门认定。

国务院住房城乡建设、商务、发展改革、工业和信息化等部门，按照规定的职责分工对招标代理机构依法实施监督管理。

第十二条　招标代理机构应当拥有一定数量的取得招标职业资格的专业人员。取得招标职业资格的具体办法由国务院人力资源社会保障部门会同国务院发展改革部门制定。

第十三条　招标代理机构在其资格许可和招标人委托的范围内开展招标代理业务，任何单位和个人不得非法干涉。

招标代理机构代理招标业务，应当遵守招标投标法和本条例关于招标人的规定。招标代理机构不得在所代理的招标项目中投标或者代理投标，也不得为所代理的招标项目的投标人提供咨询。

招标代理机构不得涂改、出租、出借、转让资格证书。

第十四条　招标人应当与被委托的招标代理机构签订书面委托合同，合同约定的收费标准应当符合国家有关规定。

第十五条　公开招标的项目，应当依照招标投标法和本条例的规定发布招标公告、编制招标文件。

招标人采用资格预审办法对潜在投标人进行资格审查的，应当发布资格预审公告、编制资格预审文件。

依法必须进行招标的项目的资格预审公告和招标公告，应当在国务院发展改革部门依法指定的媒介发布。在不同媒介发布的同一招标项目的资格预审公告或者招标公告的内容应当一致。指定媒介发布依法必须进行招标的项目的境内资格预审公告、招标公告，不得收取费用。

编制依法必须进行招标的项目的资格预审文件和招标文件，应当使用国务院发展改革部门会同有关行政监督部门制定的标准文本。

第十六条　招标人应当按照资格预审公告、招标公告或者投标邀请书规定的时间、地点发售资格预审文件或者招标文件。资格预审文件或者招标文件的发售期不得少于5日。

招标人发售资格预审文件、招标文件收取的费用应当限于补偿印刷、邮寄的成本支出，不得以营利为目的。

第十七条　招标人应当合理确定提交资格预审申请文件的时间。依法必须进行招标的项目提交资格预审申请文件的时间，自资格预审文件停止发售之日起不得少于5日。

第十八条　资格预审应当按照资格预审文件载明的标准和方法进行。

国有资金占控股或者主导地位的依法必须进行招标的项目，招标人应当组建资格审查委员会审查资格预审申请文件。资格审查委员会及其成员应当遵守招标投标法和本条例有关评标委员会及其成员的规定。

第十九条　资格预审结束后，招标人应当及时向资格预审申请人发出资格预审结果通知书。未通过资格预审的申请人不具有投标资格。

通过资格预审的申请人少于3个的，应当重新招标。

第二十条　招标人采用资格后审办法对投标人进行资格审查的，应当在开标后由评标委员会按照招标文件规定的标准和方法对投标人的资格进行审查。

第二十一条　招标人可以对已发出的资格预审文件或者招标文件进行必要的澄清或者修改。澄清或者修改的内容可能影响资格预审申请文件或者投标文件编制的，招标人应当在提交资格预审申请文件截止时间至少3日前，或者投标截止时间至少15日前，以书面形式通知所有获取资格预审文件或者招标文件的潜在投标人；不足3日或者15日的，招标人应当顺延提交资格预审申请文件或者投标文件的截止时间。

第二十二条　潜在投标人或者其他利害关系人对资格预审文件有异议的，应当在提交资格预审申请文件截止时间2日前提出；对招标文件有异议的，应当在投标截止时间10日前提出。招标人应当自收到异议之日起3日内作出答复；作出答复前，应当暂停招标投标活动。

第二十三条　招标人编制的资格预审文件、招标文件的内容违反法律、行政法规的强制性规定，违反公开、公平、公正和诚实信用原则，影响资格预审结果或者潜在投标人投标的，依法必须进行招标的项目的招标人应当在修改资格预审文件或者招标文件后重新招标。

第二十四条　招标人对招标项目划分标段的，应当遵守招标投标法的有关规定，不得利用划分标段限制或者排斥潜在投标人。依法必须进行招标的项目的招标人不得利用划分标段规避招标。

第二十五条　招标人应当在招标文件中载明投标有效期。投标有效期从提交投标文件的截止之日起算。

第二十六条　招标人在招标文件中要求投标人提交投标保证金的，投标保证金不得超过招标项目估算价的2%。投标保证金有效期应当与投标有效期一致。

依法必须进行招标的项目的境内投标单位，以现金或者支票形式提交的投标保证金应当从其基本账户转出。

招标人不得挪用投标保证金。

第二十七条　招标人可以自行决定是否编制标底。一个招标项目只能有一个标底。标底必须保密。

接受委托编制标底的中介机构不得参加受托编制标底项目的投标，也不得为该项目的投标人编制投标文件或者提供咨询。

招标人设有最高投标限价的，应当在招标文件中明确最高投标限价或者最高投标限价的计算方法。招标人不得规定最低投标限价。

第二十八条　招标人不得组织单个或者部分潜在投标人踏勘项目现场。

第二十九条　招标人可以依法对工程以及与工程建设有关的货物、服务全部或者部分实行总承包招标。以暂估价形式包括在总承包范围内的工程、货物、服务属于依法必须进行招标的项目范围且达到国家规定规模标准的，应当依法进行招标。

前款所称暂估价，是指总承包招标时不能确定价格而由招标人在招标文件中暂时估定的工程、货物、服务的金额。

第三十条　对技术复杂或者无法精确拟定技术规格的项目，招标人可以分两阶段进行招标。

第一阶段，投标人按照招标公告或者投标邀请书的要求提交不带报价的技术建议，招标人根据投标人提交的技术建议确定技术标准和要求，编制招标文件。

第二阶段，招标人向在第一阶段提交技术建议的投标人提供招标文件，投标人按照招标文件的要求提交包括最终技术方案和投标报价的投标文件。

招标人要求投标人提交投标保证金的，应当在第二阶段提出。

第三十一条　招标人终止招标的，应当及时发布公告，或者以书面形式通知被邀请的或者已经获取资格预审文件、招标文件的潜在投标人。已经发售资格预审文件、招标文件或者已经收取投标保证金的，招标人应当及时退还所收取的资格预审文件、招标文件的费用，以及所收取的投标保证金及银行同期存款利息。

第三十二条　招标人不得以不合理的条件限制、排斥潜在投标人或者投标人。

招标人有下列行为之一的，属于以不合理条件限制、排斥潜在投标人或者投标人：

（一）就同一招标项目向潜在投标人或者投标人提供有差别的项目信息；

（二）设定的资格、技术、商务条件与招标项目的具体特点和实际需要不相适应或者与合同履行无关；

（三）依法必须进行招标的项目以特定行政区域或者特定行业的业绩、奖项作为加分条件或者中标条件；

（四）对潜在投标人或者投标人采取不同的资格审查或者评标标准；

（五）限定或者指定特定的专利、商标、品牌、原产地或者供应商；

（六）依法必须进行招标的项目非法限定潜在投标人或者投标人的所有制形式或者组织形式；

（七）以其他不合理条件限制、排斥潜在投标人或者投标人。

第三章　投　标

第三十三条　投标人参加依法必须进行招标的项目的投标，不受地区或者部门的限制，任何单位和个人不得非法干涉。

第三十四条　与招标人存在利害关系可能影响招标公正性的法人、其他组织或者个人，不得参加投标。

单位负责人为同一人或者存在控股、管理关系的不同单位，不得参加同一标段投标或者未划分标段的同一招标项目投标。

违反前两款规定的，相关投标均无效。

第三十五条　投标人撤回已提交的投标文件，应当在投标截止时间前书面通知招标人。招标人已收取投标保证金的，应当自收到投标人书面撤回通知之日起5日内退还。

投标截止后投标人撤销投标文件的，招标人可以不退还投标保证金。

第三十六条　未通过资格预审的申请人提交的投标文件，以及逾期送达或者不按照招标文件要求密封的投标文件，招标人应当拒收。

招标人应当如实记载投标文件的送达时间和密封情况，并存档备查。

第三十七条　招标人应当在资格预审公告、招标公告或者投标邀请书中载明是否接受联合体投标。

招标人接受联合体投标并进行资格预审的，联合体应当在提交资格预审申请文件前组成。资格预审后联合体增减、更换成员的，其投标无效。

联合体各方在同一招标项目中以自己名义单独投标或者参加其他联合体投标的，相关投标均无效。

第三十八条　投标人发生合并、分立、破产等重大变化的，应当及时书面 告知招标人。投标人不再具备资格预审文件、招标文件规定的资格条件或者其投标影响招标公正性的，其投标无效。

第三十九条　禁止投标人相互串通投标。

有下列情形之一的，属于投标人相互串通投标：

（一）投标人之间协商投标报价等投标文件的实质性内容；

（二）投标人之间约定中标人；

（三）投标人之间约定部分投标人放弃投标或者中标；

（四）属于同一集团、协会、商会等组织成员的投标人按照该组织要求协同投标；

（五）投标人之间为谋取中标或者排斥特定投标人而采取的其他联合行动。

第四十条　有下列情形之一的，视为投标人相互串通投标：

（一）不同投标人的投标文件由同一单位或者个人编制；

（二）不同投标人委托同一单位或者个人办理投标事宜；

（三）不同投标人的投标文件载明的项目管理成员为同一人；

（四）不同投标人的投标文件异常一致或者投标报价呈规律性差异；

（五）不同投标人的投标文件相互混装；

（六）不同投标人的投标保证金从同一单位或者个人的账户转出。

第四十一条　禁止招标人与投标人串通投标。

有下列情形之一的，属于招标人与投标人串通投标：

（一）招标人在开标前开启投标文件并将有关信息泄露给其他投标人；

（二）招标人直接或者间接向投标人泄露标底、评标委员会成员等信息；

（三）招标人明示或者暗示投标人压低或者抬高投标报价；

（四）招标人授意投标人撤换、修改投标文件；

（五）招标人明示或者暗示投标人为特定投标人中标提供方便；

（六）招标人与投标人为谋求特定投标人中标而采取的其他串通行为。

第四十二条　使用通过受让或者租借等方式获取的资格、资质证书投标的，属于招标投标法第三十三条规定的以他人名义投标。

投标人有下列情形之一的，属于招标投标法第三十三条规定的以其他方式弄虚作假的行为：

（一）使用伪造、变造的许可证件；

（二）提供虚假的财务状况或者业绩；

（三）提供虚假的项目负责人或者主要技术人员简历、劳动关系证明；

（四）提供虚假的信用状况；

（五）其他弄虚作假的行为。

第四十三条　提交资格预审申请文件的申请人应当遵守招标投标法和本条例有关投标人的规定。

第四章　开标、评标和中标

第四十四条　招标人应当按照招标文件规定的时间、地点开标。

投标人少于3个的，不得开标；招标人应当重新招标。

投标人对开标有异议的，应当在开标现场提出，招标人应当当场作出答复，并制作记录。

第四十五条　国家实行统一的评标专家专业分类标准和管理办法。具体标准和办法由国务院发展改革部门会同国务院有关部门制定。

省级人民政府和国务院有关部门应当组建综合评标专家库。

第四十六条　除招标投标法第三十七条第三款规定的特殊招标项目外，依法必须进行招标的项目，其评标委员会的专家成员应当从评标专家库内相关专业的专家名单中以随机抽取方式确定。任何单位和个人不得以明示、暗示等任何方式指定或者变相指定参加评标委员会的专家成员。

依法必须进行招标的项目的招标人非因招标投标法和本条例规定的事由，不得更换依法确定的评标委员会成员。更换评标委员会的专家成员应当依照前款规定进行。

评标委员会成员与投标人有利害关系的，应当主动回避。

有关行政监督部门应当按照规定的职责分工，对评标委员会成员的确定方式、评标专家的抽取和评标活动进行监督。行政监督部门的工作人员不得担任本部门负责监督项目的评标委员会成员。

第四十七条　招标投标法第三十七条第三款所称特殊招标项目，是指技术复杂、专业性强或者国家有特殊要求，采取随机抽取方式确定的专家难以保证胜任评标工作的项目。

第四十八条　招标人应当向评标委员会提供评标所必需的信息，但不得明示或者暗示其倾向或者排斥特定投标人。

招标人应当根据项目规模和技术复杂程度等因素合理确定评标时间。超过三分之一的评标委员会成员认为评标时间不够的，招标人应当适当延长。评标过程中，评标委员会成员有回避事由、擅离职守或者因健康等原因不能继续评标的，应当及时更换。被更换的评标委员会成员作出的评审结论无效，由更换后的评标委员会成员重新进行评审。

第四十九条　评标委员会成员应当依照招标投标法和本条例的规定，按照招标文件规定的评标标准和方法，客观、公正地对投标文件提出评审意见。招标文件没有规定的评标标准和方法不得作为评标的依据。

评标委员会成员不得私下接触投标人，不得收受投标人给予的财物或者其他好处，不得向招标人征询确定中标人的意向，不得接受任何单位或者个人明示或者暗示提出的倾向或者排斥特定投标人的要求，不得有其他不客观、不公正履行职务的行为。

第五十条　招标项目设有标底的，招标人应当在开标时公布。标底只能作为评标的参考，不得以投标报价是否接近标底作为中标条件，也不得以投标报价超过标底上下浮动范围作为否决投标的条件。

第五十一条　有下列情形之一的，评标委员会应当否决其投标：

（一）投标文件未经投标单位盖章和单位负责人签字；

（二）投标联合体没有提交共同投标协议；

（三）投标人不符合国家或者招标文件规定的资格条件；

（四）同一投标人提交两个以上不同的投标文件或者投标报价，但招标文件要求提交备选投标的除外；

（五）投标报价低于成本或者高于招标文件设定的最高投标限价；

（六）投标文件没有对招标文件的实质性要求和条件作出响应；

（七）投标人有串通投标、弄虚作假、行贿等违法行为。

第五十二条　投标文件中有含义不明确的内容、明显文字或者计算错误，评标委员会认为需要投标人作出必要澄清、说明的，应当书面通知该投标人。投标人的澄清、说明应当采用书面形式，并不得超出投标文件的范围或者改变投标文件的实质性内容。

评标委员会不得暗示或者诱导投标人作出澄清、说明，不得接受投标人主动提出的澄清、说明。

第五十三条　评标完成后，评标委员会应当向招标人提交书面评标报告和中标候选人名单。中标候选人应当不超过3个，并标明排序。

评标报告应当由评标委员会全体成员签字。对评标结果有不同意见的评标委员会成员应当以书面形式说明其不同意见和理由，评标报告应当注明该不同意见。评标委员会成员拒绝在评标报告上签字又不书面说明其不同意见和理由的，视为同意评标结果。

第五十四条　依法必须进行招标的项目，招标人应当自收到评标报告之日起3日内公示中标候选人，公示期不得少于3日。

投标人或者其他利害关系人对依法必须进行招标的项目的评标结果有异议的，应当在中标候选人公示期间提出。招标人应当自收到异议之日起3日内作出答复；作出答复前，应当暂停招标投标活动。

第五十五条　国有资金占控股或者主导地位的依法必须进行招标的项目，招标人应当确定排名第一的中标候选人为中标人。排名第一的中标候选人放弃中标、因不可抗力不能履行合同、不按照招标文件要求提交履约保证金，或者被查实存在影响中标结果的违法行为等情形，不符合中标条件的，招标人可以按照评标委员会提出的中标候选人名单排序依次确定其他中标候选人为中标人，也可以重新招标。

第五十六条　中标候选人的经营、财务状况发生较大变化或者存在违法行为，招标人认为可能影响其履约能力的，应当在发出中标通知书前由原评标委员会按照招标文件规定的标准和方法审查确认。

第五十七条　招标人和中标人应当依照招标投标法和本条例的规定签订书面合同，合同的标的、价款、质量、履行期限等主要条款应当与招标文件和中标人的投标文件的内容一致。招标人和中标人不得再行订立背离合同实质性内容的其他协议。

招标人最迟应当在书面合同签订后5日内向中标人和未中标的投标人退还投标保证金及银行同期存款利息。

第五十八条　招标文件要求中标人提交履约保证金的，中标人应当按照招标文件的要求提交。履约保证金不得超过中标合同金额的10%。

第五十九条　中标人应当按照合同约定履行义务，完成中标项目。中标人不得向他人转让中标项目，也不得将中标项目肢解后分别向他人转让。

中标人按照合同约定或者经招标人同意，可以将中标项目的部分非主体、非关键性工作分包给他人完成。接受分包的人应当具备相应的资格条件，并不得再次分包。

中标人应当就分包项目向招标人负责，接受分包的人就分包项目承担连带责任。

第五章　投诉与处理

第六十条　投标人或者其他利害关系人认为招标投标活动不符合法律、行政法规规定的，可以自知道或者应当知道之日起10日内向有关行政监督部门投诉。投诉应当有明确的请求和必要的证明材料。

就本条例第二十二条、第四十四条、第五十四条规定事项投诉的，应当先向招标人提出异议，异议答复期间不计算在前款规定的期限内。

第六十一条　投诉人就同一事项向两个以上有权受理的行政监督部门投诉的，由最先收到投诉的行政监督部门负责处理。

行政监督部门应当自收到投诉之日起3个工作日内决定是否受理投诉，并自受理投诉之日起30个工作日内作出书面处理决定；需要检验、检测、鉴定、专家评审的，所需时间不计算在内。

投诉人捏造事实、伪造材料或者以非法手段取得证明材料进行投诉的，行政监督部门应当予以驳回。

第六十二条　行政监督部门处理投诉，有权查阅、复制有关文件、资料，调查有关情况，相关单位和人员应当予以配合。必要时，行政监督部门可以责令暂停招标投标活动。

行政监督部门的工作人员对监督检查过程中知悉的国家秘密、商业秘密，应当依法予以保密。

第六章　法律责任

第六十三条　招标人有下列限制或者排斥潜在投标人行为之一的，由有关行政监督部门依照招标投标法第五十一条的规定处罚：

（一）依法应当公开招标的项目不按照规定在指定媒介发布资格预审公告或者招标公告；

（二）在不同媒介发布的同一招标项目的资格预审公告或者招标公告的内容不一致，影响潜在投标人申请资格预审或者投标。

依法必须进行招标的项目的招标人不按照规定发布资格预审公告或者招标公告，构成规避招标的，依照招标投标法第四十九条的规定处罚。

第六十四条　招标人有下列情形之一的，由有关行政监督部门责令改正，可以处10万元以下的罚款：

（一）依法应当公开招标而采用邀请招标；

（二）招标文件、资格预审文件的发售、澄清、修改的时限，或者确定的提交资格预审申请文件、投标文件的时限不符合招标投标法和本条例规定；

（三）接受未通过资格预审的单位或者个人参加投标；

（四）接受应当拒收的投标文件。

招标人有前款第一项、第三项、第四项所列行为之一的，对单位直接负责的主管人员和其他直接责任人员依法给予处分。

第六十五条　招标代理机构在所代理的招标项目中投标、代理投标或者向该项目投标人提供咨询的，接受委托编制标底的中介机构参加受托编制标底项目的投标或者为该项目的投标人编制投标文件、提供咨询的，依照招标投标法第五十条的规定追究法律责任。

第六十六条　招标人超过本条例规定的比例收取投标保证金、履约保证金或者不按照规定退还投标保证金及银行同期存款利息的，由有关行政监督部门责令改正，可以处5万元以下的罚款；给他人造成损失的，依法承担赔偿责任。

第六十七条　投标人相互串通投标或者与招标人串通投标的，投标人向招标人或者评标委员会成员行贿谋取中标的，中标无效；构成犯罪的，依法追究刑事责任；尚不构成犯罪的，依照招标投标法第五十三条的规定处罚。投标人未中标的，对单位的罚款金额按照招标项目合同金额依照招标投标法规定的比例计算。

投标人有下列行为之一的，属于招标投标法第五十三条规定的情节严重行为，由有关行政监督部门取消其1年至2年内参加依法必须进行招标的项目的投标资格：

（一）以行贿谋取中标；

（二）3年内2次以上串通投标；

（三）串通投标行为损害招标人、其他投标人或者国家、集体、公民的合法利益，造成直接经济损失30万元以上；

（四）其他串通投标情节严重的行为。

投标人自本条第二款规定的处罚执行期限届满之日起3年内又有该款所列违法行为之一的，或者串通投标、以行贿谋取中标情节特别严重的，由工商行政管理机关吊销营业执照。

法律、行政法规对串通投标报价行为的处罚另有规定的，从其规定。

第六十八条　投标人以他人名义投标或者以其他方式弄虚作假骗取中标的，中标无效；构成犯罪的，依法追究刑事责任；尚不构成犯罪的，依照招标投标法第五十四条的规定处罚。依法必须进行招标的项目的投标人未中标的，对单位的罚款金额按照招标项目合同金额依照招标投标法规定的比例计算。

投标人有下列行为之一的，属于招标投标法第五十四条规定的情节严重行为，由有关行政监督部门取消其1年至3年内参加依法必须进行招标的项目的投标资格：

（一）伪造、变造资格、资质证书或者其他许可证件骗取中标；

（二）3年内2次以上使用他人名义投标；

（三）弄虚作假骗取中标给招标人造成直接经济损失30万元以上；

（四）其他弄虚作假骗取中标情节严重的行为。

投标人自本条第二款规定的处罚执行期限届满之日起3年内又有该款所列违法行为之一的，或者弄虚作假骗取中标情节特别严重的，由工商行政管理机关吊销营业执照。

第六十九条　出让或者出租资格、资质证书供他人投标的，依照法律、行政法规的规定给予行政处罚；构成犯罪的，依法追究刑事责任。

第七十条　依法必须进行招标的项目的招标人不按照规定组建评标委员会，或者确定、更换评标委员会成员违反招标投标法和本条例规定的，由有关行政监督部门责令改正，可以处10万元以下的罚款，对单位直接负责的主管人员和其他直接责任人员依法给予处分；违法确定或者更换的评标委员会成员作出的评审结论无效，依法重新进行评审。

国家工作人员以任何方式非法干涉选取评标委员会成员的，依照本条例第八十一条的规定追究法律责任。

第七十一条　评标委员会成员有下列行为之一的，由有关行政监督部门责令改正；情节严重的，禁止其在一定期限内参加依法必须进行招标的项目的评标；情节特别严重的，取消其担任评标委员会成员的资格：

（一）应当回避而不回避；

（二）擅离职守；

（三）不按照招标文件规定的评标标准和方法评标；

（四）私下接触投标人；

（五）向招标人征询确定中标人的意向或者接受任何单位或者个人明示或者暗示提出的倾向或者排斥特定投标人的要求；

（六）对依法应当否决的投标不提出否决意见；

（七）暗示或者诱导投标人作出澄清、说明或者接受投标人主动提出的澄清、说明；

（八）其他不客观、不公正履行职务的行为。

第七十二条　评标委员会成员收受投标人的财物或者其他好处的，没收收受的财物，处3000元以上5万元以下的罚款，取消担任评标委员会成员的资格，不得再参加依法必须进行招标的项目的评标；构成犯罪的，依法追究刑事责任。

第七十三条　依法必须进行招标的项目的招标人有下列情形之一的，由有关行政监督部门责令改正，可以处中标项目金额10‰以下的罚款；给他人造成损失的，依法承担赔偿责任；对单位直接负责的主管人员和其他直接责任人员依法给予处分：

（一）无正当理由不发出中标通知书；

（二）不按照规定确定中标人；

（三）中标通知书发出后无正当理由改变中标结果；

（四）无正当理由不与中标人订立合同；

（五）在订立合同时向中标人提出附加条件。

第七十四条　中标人无正当理由不与招标人订立合同，在签订合同时向招标人提出附加条件，或者不按照招标文件要求提交履约保证金的，取消其中标资格，投标保证金不予退还。对依法必须进行招标的项目的中标人，由有关行政监督部门责令改正，可以处中标项目金额10‰以下的罚款。

第七十五条　招标人和中标人不按照招标文件和中标人的投标文件订立合同，合同的主要条款与招标文件、中标人的投标文件的内容不一致，或者招标人、中标人订立背离合同实质性内容的协议的，由有关行政监督部门责令改正，可以处中标项目金额5‰以上10‰以下的罚款。

第七十六条　中标人将中标项目转让给他人的，将中标项目肢解后分别转让给他人的，违反招标投标法和本条例规定将中标项目的部分主体、关键性工作分包给他人的，或者分包人再次分包的，转让、分包无效，处转让、分包项目金额5‰以上10‰以下的罚款；有违法所得的，并处没收违法所得；可以责令停业整顿；情节严重的，由工商行政管理机关吊销营业执照。

第七十七条　投标人或者其他利害关系人捏造事实、伪造材料或者以非法手段取得证明材料进行投诉，给他人造成损失的，依法承担赔偿责任。

招标人不按照规定对异议作出答复，继续进行招标投标活动的，由有关行政监督部门责令改正，拒不改正或者不能改正并影响中标结果的，依照本条例第八十二条的规定处理。

第七十八条　取得招标职业资格的专业人员违反国家有关规定办理招标业务的，责令改正，给予警告；情节严重的，暂停一定期限内从事招标业务；情节特别严重的，取消招标职业资格。

第七十九条　国家建立招标投标信用制度。有关行政监督部门应当依法公告对招标人、招标代理机构、投标人、评标委员会成员等当事人违法行为的行政处理决定。

第八十条　项目审批、核准部门不依法审批、核准项目招标范围、招标方式、招标组织形式的，对单位直接负责的主管人员和其他直接责任人员依法给予处分。

有关行政监督部门不依法履行职责，对违反招标投标法和本条例规定的行为不依法查处，或者不按照规定处理投诉、不依法公告对招标投标当事人违法行为的行政处理决定的，对直接负责的主管人员和其他直接责任人员依法给予处分。

项目审批、核准部门和有关行政监督部门的工作人员徇私舞弊、滥用职权、玩忽职守，构成犯罪的，依法追究刑事责任。

第八十一条　国家工作人员利用职务便利，以直接或者间接、明示或者暗示等任何方式非法干涉招标投标活动，有下列情形之一的，依法给予记过或者记大过处分；情节严重的，依法给予降级或者撤职处分；情节特别严重的，依法给予开除处分；构成犯罪的，依法追究刑事责任：

（一）要求对依法必须进行招标的项目不招标，或者要求对依法应当公开招标的项目不公开招标；

（二）要求评标委员会成员或者招标人以其指定的投标人作为中标候选人或者中标人，或者以其他方式非法干涉评标活动，影响中标结果；

（三）以其他方式非法干涉招标投标活动。

第八十二条　依法必须进行招标的项目的招标投标活动违反招标投标法和本条例的规定，对中标结果造成实质性影响，且不能采取补救措施予以纠正的，招标、投标、中标无效，应当依法重新招标或者评标。

第七章　附　则

第八十三条　招标投标协会按照依法制定的章程开展活动，加强行业自律和服务。

第八十四条　政府采购的法律、行政法规对政府采购货物、服务的招标投标另有规定的，从其规定。

第八十五条　本条例自2012年2月1日起施行。

附录3

工程建设项目施工招标投标办法

工程建设项目施工招标投标办法

中华人民共和国国家发展计划委员会；中华人民共和国建设部；中华人民共和国铁道部；中华人民共和国交通部；中华人民共和国信息产业部；中华人民共和国水利部；中国民用航空总局（七部委30号令）（2013年4月修订）

第一章　总　则

第一条　为规范工程建设项目施工（以下简称工程施工）招标投标活动，根据《中华人民共和国招标投标法》、《中华人民共和国招标投标法实施条例》和国务院有关部门的职责分工，制定本办法。

第二条　在中华人民共和国境内进行工程施工招标投标活动，适用本办法。

第三条　工程建设项目符合《工程建设项目招标范围和规模标准规定》（国家计委令第3号）规定的范围和标准的，必须通过招标选择施工单位。

任何单位和个人不得将依法必须进行招标的项目化整为零或者以其他任何方式规避招标。

第四条　工程施工招标投标活动应当遵循公开、公平、公正和诚实信用的原则。

第五条　工程施工招标投标活动，依法由招标人负责。任何单位和个人不得以任何方式非法干涉工程施工招标投标活动。

施工招标投标活动不受地区或者部门的限制。

第六条　各级发展改革、工业和信息化、住房城乡建设、交通运输、铁道、水利、商务、民航等部门依照《国务院办公厅印发国务院有关部门实施招标投标活动行政监督的职责分工意见的通知》（国办发[2000]34号）和各地规定的职责分工，对工程施工招标投标活动实施监督，依法查处工程施工招标投标活动中的违法行为。

第二章　招　标

第七条　工程施工招标人是依法提出施工招标项目、进行招标的法人或者其他组织。

第八条　依法必须招标的工程建设项目，应当具备下列条件才能进行施工招标：

（一）招标人已经依法成立；

（二）初步设计及概算应当履行审批手续的，已经批准；

（三）有相应资金或资金来源已经落实；

（四）有招标所需的设计图纸及技术资料。

第九条　工程施工招标分为公开招标和邀请招标。

第十条　按照国家有关规定需要履行项目审批、核准手续的依法必须进行施工招标的工程建设项目，其招标范围、招标方式、招标组织形式应当报项目审批部门审批、核准。项目审批、核准部门应当及时将审批、核准确定的招标内容通报有关行政监督部门。

第十一条　依法必须进行公开招标的项目，有下列情形之一的，可以邀请招标：

（一）项目技术复杂或有特殊要求，或者受自然地域环境限制，只有少量潜在投标人可供选择；

（二）涉及国家安全、国家秘密或者抢险救灾，适宜招标但不宜公开招标；

（三）采用公开招标方式的费用占项目合同金额的比例过大。

有前款第二项所列情形，属于本办法第十条规定的项目，由项目审批、核准部门在审批、核准项目时作出认定；其他项目由招标人申请有关行政监督部门作出认定。

全部使用国有资金投资或者国有资金投资占控股或者主导地位的并需要审批的工程建设项目的邀请招标，应当经项目审批部门批准，但项目审批部门只审批立项的，由有关行政监督部门批准。

第十二条　依法必须进行施工招标的工程建设项目有下列情形之一的，可以不进行施工招标：

（一）涉及国家安全、国家秘密、抢险救灾或者属于利用扶贫资金实行以工代赈需要使用农民工等特殊情况，不适宜进行招标；

（二）施工主要技术采用不可替代的专利或者专有技术；

（三）已通过招标方式选定的特许经营项目投资人依法能够自行建设；

（四）采购人依法能够自行建设；

（五）在建工程追加的附属小型工程或者主体加层工程，原中标人仍具备承包能力，并且其他人承担将影响施工或者功能配套要求；

（六）国家规定的其他情形。

第十三条　采用公开招标方式的，招标人应当发布招标公告，邀请不特定的法人或者其他组织投标。依法必须进行施工招标项目的招标公告，应当在国家指定的报刊和信息网络上发布。

采用邀请招标方式的，招标人应当向三家以上具备承担施工招标项目的能力、资信良好的特定的法人或者其他组织发出投标邀请书。

第十四条　招标公告或者投标邀请书应当至少载明下列内容：

（一）招标人的名称和地址；

（二）招标项目的内容、规模、资金来源；

（三）招标项目的实施地点和工期；

（四）获取招标文件或者资格预审文件的地点和时间；

（五）对招标文件或者资格预审文件收取的费用；

（六）对招标人的资质等级的要求。

第十五条　招标人应当按招标公告或者投标邀请书规定的时间、地点出售招标文件或资格预审文件。自招标文件或者资格预审文件出售之日起至停止出售之日止，最短不得少于五日。

招标人可以通过信息网络或者其他媒介发布招标文件，通过信息网络或者其他媒介发布的招标文件与书面招标文件具有同等法律效力，出现不一致时以书面招标文件为准，国家另有规定的除外。

对招标文件或者资格预审文件的收费应当限于补偿印刷、邮寄的成本支出，不得以营利为目的。对于所附的设计文件，招标人可以向投标人酌收押金；对于开标后投标人退还设计文件的，招标人应当向投标人退还押金。

招标文件或者资格预审文件售出后，不予退还。除不可抗力原因外，招标人在发布招标公告、发出投标邀请书后或者售出招标文件或资格预审文件后不得终止招标。

第十六条　招标人可以根据招标项目本身的特点和需要，要求潜在投标人或者投标人提供满足其资格要求的文件，对潜在投标人或者投标人进行资格审查；国家对潜在投标人或者投标人的资格条件有规定的，依照其规定。

第十七条　资格审查分为资格预审和资格后审。

资格预审，是指在投标前对潜在投标人进行的资格审查。

资格后审，是指在开标后对投标人进行的资格审查。

进行资格预审的，一般不再进行资格后审，但招标文件另有规定的除外。

第十八条　采取资格预审的，招标人应当发布资格预审公告。资格预审公告适用本办法第十三条、第十四条有关招标公告的规定。

采取资格预审的，招标人应当在资格预审文件中载明资格预审的条件、标准和方法；采取资格后审的，招标人应当在招标文件中载明对投标人资格要求的条件、标准和方法。

招标人不得改变载明的资格条件或者以没有载明的资格条件对潜在投标人或者投标人进行资格审查。

第十九条　经资格预审后，招标人应当向资格预审合格的潜在投标人发出资格预审合格通知书，告知获取招标文件的时间、地点和方法，并同时向资格预审不合格的潜在投标人告知资格预审结果。资格预审不合格的潜在投标人不得参加投标。

经资格后审不合格的投标人的投标应予否决。

第二十条　资格审查应主要审查潜在投标人或者投标人是否符合下列条件：

（一）具有独立订立合同的权利；

（二）具有履行合同的能力，包括专业、技术资格和能力，资金、设备和其他物质设施状况，管理能力，经验、信誉和相应的从业人员；

（三）没有处于被责令停业，投标资格被取消，财产被接管、冻结，破产状态；

（四）在最近三年内没有骗取中标和严重违约及重大工程质量问题；

（五）国家规定的其他资格条件。

资格审查时，招标人不得以不合理的条件限制、排斥潜在投标人或者投标人，不得对潜在投标人或者投标人实行歧视待遇。任何单位和个人不得以行政手段或者其他不合理方式限制投标人的数量。

第二十一条　招标人符合法律规定的自行招标条件的，可以自行办理招标事宜。任何单位和个人不得强制其委托招标代理机构办理招标事宜。

第二十二条　招标代理机构应当在招标人委托的范围内承担招标事宜。招标代理机构可以在其资格等级范围内承担下列招标事宜：

（一）拟订招标方案，编制和出售招标文件、资格预审文件；

（二）审查投标人资格；

（三）编制标底；

（四）组织投标人踏勘现场；

（五）组织开标、评标，协助招标人定标；

（六）草拟合同；

（七）招标人委托的其他事项。

招标代理机构不得无权代理、越权代理，不得明知委托事项违法而进行代理。

招标代理机构不得在所代理的招标项目中投标或者代理投标，也不得为所代理的招标项目的投标人提供咨询；未经招标人同意，不得转让招标代理业务。

第二十三条　工程招标代理机构与招标人应当签订书面委托合同，并按双方约定的标准收取代理费；国家对收费标准有规定的，依照其规定。

第二十四条　招标人根据施工招标项目的特点和需要编制招标文件。招标文件一般包括下列内容：

（一）招标公告或投标邀请书；

（二）投标人须知；

（三）合同主要条款；

（四）投标文件格式；

（五）采用工程量清单招标的，应当提供工程量清单；

（六）技术条款；

（七）设计图纸；

（八）评标标准和方法；

（九）投标辅助材料。

招标人应当在招标文件中规定实质性要求和条件，并用醒目的方式标明。

第二十五条　招标人可以要求投标人在提交符合招标文件规定要求的投标文件外，提交备选投标方案，但应当在招标文件中做出说明，并提出相应的评审和比较办法。

第二十六条　招标文件规定的各项技术标准应符合国家强制性标准。

招标文件中规定的各项技术标准均不得要求或标明某一特定的专利、商标、名称、设计、原产地或生产供应者，不得含有倾向或者排斥潜在投标人的其他内容。如果必须引用某一生产供应者的技术标准才能准确或清楚地说明拟招标项目的技术标准时，则应当在参照后面加上“或相当于”的字样。

第二十七条　施工招标项目需要划分标段、确定工期的，招标人应当合理划分标段、确定工期，并在招标文件中载明。对工程技术上紧密相连、不可分割的单位工程不得分割标段。

招标人不得以不合理的标段或工期限制或者排斥潜在投标人或者投标人。依法必须进行施工招标的项目的招标人不得利用划分标段规避招标。

第二十八条　招标文件应当明确规定的所有评标因素，以及如何将这些因素量化或者据以进行评估。

在评标过程中，不得改变招标文件中规定的评标标准、方法和中标条件。

第二十九条　招标文件应当规定一个适当的投标有效期，以保证招标人有足够的时间完成评标和与中标人签订合同。投标有效期从投标人提交投标文件截止之日起计算。

在原投标有效期结束前，出现特殊情况的，招标人可以书面形式要求所有投标人延长投标有效期。投标人同意延长的，不得要求或被允许修改其投标文件的实质性内容，但应当相应延长其投标保证金的有效期；投标人拒绝延长的，其投标失效，但投标人有权收回其投标保证金。因延长投标有效期造成投标人损失的，招标人应当给予补偿，但因不可抗力需要延长投标有效期的除外。

第三十条　施工招标项目工期较长的，招标文件中可以规定工程造价指数体系、价格调整因素和调整方法。

第三十一条　招标人应当确定投标人编制投标文件所需要的合理时间；但是，依法必须进行招标的项目，自招标文件开始发出之日起至投标人提交投标文件截止之日止，最短不得少于二十日。

第三十二条　招标人根据招标项目的具体情况，可以组织潜在投标人踏勘项目现场，向其介绍工程场地和相关环境的有关情况。潜在投标人依据招标人介绍情况作出的判断和决策，由投标人自行负责。

招标人不得单独或者分别组织任何一个投标人进行现场踏勘。

第三十三条　对于潜在投标人在阅读招标文件和现场踏勘中提出的疑问，招标人可以书面形式或召开投标预备会的方式解答，但需同时将解答以书面方式通知所有购买招标文件的潜在投标人。该解答的内容为招标文件的组成部分。

第三十四条　招标人可根据项目特点决定是否编制标底。编制标底的，标底编制过程和标底在开标前必须保密。

招标项目编制标底的，应根据批准的初步设计、投资概算，依据有关计价办法，参照有关工程定额，结合市场供求状况，综合考虑投资、工期和质量等方面的因素合理确定。

标底由招标人自行编制或委托中介机构编制。一个工程只能编制一个标底。

任何单位和个人不得强制招标人编制或报审标底，或干预其确定标底。

招标项目可以不设标底，进行无标底招标。

招标人设有最高投标限价的，应当在招标文件中明确最高投标限价或者最高投标限价的计算方法。招标人不得规定最低投标限价。

第三章　投　标

第三十五条　投标人是响应招标、参加投标竞争的法人或者其他组织。招标人的任何不具独立法人资格的附属机构（单位），或者为招标项目的前期准备或者监理工作提供设计、咨询服务的任何法人及其任何附属机构（单位），都无资格参加该招标项目的投标。

第三十六条　投标人应当按照招标文件的要求编制投标文件。投标文件应当对招标文件提出的实质性要求和条件作出响应。

投标文件一般包括下列内容：

（一）投标函；

（二）投标报价；

（三）施工组织设计；

（四）商务和技术偏差表。

投标人根据招标文件载明的项目实际情况，拟在中标后将中标项目的部分非主体、非关键性工作进行分包的，应当在投标文件中载明。

第三十七条　招标人可以在招标文件中要求投标人提交投标保证金。投标保证金除现金外，可以是银行出具的银行保函、保兑支票、银行汇票或现金支票。

投标保证金不得超过项目估算价的百分之二，但最高不得超过八十万元人民币。投标保证金有效期应当与投标有效期一致。

投标人应当按照招标文件要求的方式和金额，将投标保证金随投标文件提交给招标人或其委托的招标代理机构。

“依法必须进行施工招标的项目的境内投标单位，以现金或者支票形式提交的投标保证金应当从其基本账户转出。

第三十八条　投标人应当在招标文件要求提交投标文件的截止时间前，将投标文件密封送达投标地点。招标人收到投标文件后，应当向投标人出具标明签收人和签收时间的凭证，在开标前任何单位和个人不得开启投标文件。

在招标文件要求提交投标文件的截止时间后送达的投标文件，招标人应当拒收。

依法必须进行施工招标的项目提交投标文件的投标人人少于三个的，招标人在分析招标失败的原因并采取相应措施后，应当依法重新招标。重新招标后投标人仍少于三个的，属于必须审批、核准的工程建设项目，报经原审批、核准部门审批、核准后可以不再进行招标；其他工程建设项目，招标人可自行决定不再进行招标。

第三十九条　投标人在招标文件要求提交投标文件的截止时间前，可以补充、修改、替代或者撤回已提交的投标文件，并书面通知招标人。补充、修改的内容为投标文件的组成部分。

第四十条　在提交投标文件截止时间后到招标文件规定的投标有效期终止之前，投标人不得撤销其投标文件，否则招标人可以不退还其投标保证金。

第四十一条　在开标前，招标人应妥善保管好已接收的投标文件、修改或撤回通知、备选投标方案等投标资料。

第四十二条　两个以上法人或者其他组织可以组成一个联合体，以一个投标人的身份共同投标。

联合体各方签订共同投标协议后，不得再以自己名义单独投标，也不得组成新的联合体或参加其他联合体在同一项目中投标。

第四十三条　招标人接受联合体投标并进行资格预审的，联合体应当在提交资格预审申请文件前组成。资格预审后联合体增减、更换成员的，其投标无效。

第四十四条　联合体各方应当指定牵头人，授权其代表所有联合体成员负责投标和合同实施阶段的主办、协调工作，并应当向招标人提交由所有联合体成员法定代表人签署的授权书。

第四十五条　联合体投标的，应当以联合体各方或者联合体中牵头人的名义提交投标保证金。以联合体中牵头人名义提交的投标保证金，对联合体各成员具有约束力。

第四十六条　下列行为均属投标人串通投标报价：

（一）投标人之间相互约定抬高或压低投标报价；

（二）投标人之间相互约定，在招标项目中分别以高、中、低价位报价；

（三）投标人之间先进行内部竞价，内定中标人，然后再参加投标；

（四）投标人之间其他串通投标报价的行为。

第四十七条　下列行为均属招标人与投标人串通投标：

（一）招标人在开标前开启投标文件并将有关信息泄露给其他投标人，或者授意投标人撤换、修改投标文件；

（二）招标人向投标人泄露标底、评标委员会成员等信息；

（三）招标人明示或者暗示投标人压低或抬高投标报价；

（四）招标人明示或者暗示投标人为特定投标人中标提供方便；

（五）招标人与投标人为谋求特定中标人中标而采取的其他串通行为。

第四十八条　投标人不得以他人名义投标。

前款所称以他人名义投标，指投标人挂靠其他施工单位，或从其他单位通过受让或租借的方式获取资格或资质证书，或者由其他单位及其法定代表人在自己编制的投标文件上加盖印章和签字等行为。

第四章　开标、评标和定标

第四十九条　开标应当在招标文件确定的提交投标文件截止时间的同一时间公开进行；开标地点应当为招标文件中确定的地点。

投标人对开标有异议的，应当在开标现场提出，招标人应当当场作出答复，并制作记录。

第五十条　投标文件有下列情形之一的，招标人应当拒收：

（一）逾期送达；

（二）未按招标文件要求密封。

有下列情形之一的，评标委员会应当否决其投标：

（一）投标文件未经投标单位盖章和单位负责人签字；

（二）投 标联合体没有提交共同投标协议；

（三）投标人不符合国家或者招标文件规定的资格条件；

（四）同一投标人提交两个以上不同的投标文件或者投标报价，但招标文件要求提交备选投标的除外；

（五）投标报价低于成本或者高于招标文件设定的最高投标限价；

（六）投标文件没有对招标文件的实质性要求和条件作出响应；

（七）投标人有串通投标、弄虚作假、行贿等违法行为。

第五十一条　评标委员会可以书面方式要求投标人对投标文件中含义不明确、对同类问题表述不一致或者有明显文字和计算错误的内容作必要的澄清、说明或补正。评标委员会不得向投标人提出带有暗示性或诱导性的问题，或向其明确投标文件中的遗漏和错误。

第五十二条　投标文件不响应招标文件的实质性要求和条件的，评标委员会不得允许投标人通过修正或撤销其不符合要求的差异或保留，使之成为具有响应性的投标。

第五十三条　评标委员会在对实质上响应招标文件要求的投标进行报价评估时，除招标文件另有约定外，应当按下述原则进行修正：

（一）用数字表示的数额与用文字表示的数额不一致时，以文字数额为准；

（二）单价与工程量的乘积与总价之间不一致时，以单价为准。若单价有明显的小数点错位，应以总价为准，并修改单价。

按前款规定调整后的报价经投标人确认后产生约束力。

投标文件中没有列入的价格和优惠条件在评标时不予考虑。

第五十四条　对于投标人提交的优越于招标文件中技术标准的备选投标方案所产生的附加收益，不得考虑进评标价中。符合招标文件的基本技术要求且评标价最低或综合评分最高的投标人，其所提交的备选方案方可予以考虑。

第五十五条　招标人设有标底的，标底在评标中应当作为参考，但不得作为评标的唯一依据。

第五十六条　评标委员会完成评标后，应向招标人提出书面评标报告。评标报告由评标委员会全体成员签字。

依法必须进行招标的项目，招标人应当自收到评标报告之日起三日内公示中标候选人，公示期不得少于三日。

中标通知书由招标人发出。

第五十七条　评标委员会推荐的中标候选人应当限定在一至三人，并标明排列顺序。招标人应当接受评标委员会推荐的中标候选人，不得在评标委员会推荐的中标候选人之外确定中标人。

第五十八条　国有资金占控股或者主导地位的依法必须进行招标的项目，招标人应当确定排名第一的中标候选人为中标人。排名第一的中标候选人放弃中标、因不可抗力提出不能履行合同、不按照招标文件的要求提交履约保证金，或者被查实存在影响中标结果的违法行为等情形，不符合中标条件的，招标人可以按照评标委员会提出的中标候选人名单排序依次确定其他中标候选人为中标人。依次确定其他中标候选人与招标人预期差距较大，或者对招标人明显不利的，招标人可以重新招标。

招标人可以授权评标委员会直接确定中标人。

国务院对中标人的确定另有规定的，从其规定。

第五十九条　招标人不得向中标人提出压低报价、增加工作量、缩短工期或其他违背中标人意愿的要求，以此作为发出中标通知书和签订合同的条件。

第六十条　中标通知书对招标人和中标人具有法律效力。中标通知书发出后，招标人改变中标结果的，或者中标人放弃中标项目的，应当依法承担法律责任。

第六十一条　招标人全部或者部分使用非中标单位投标文件中的技术成果或技术方案时，需征得其书面同意，并给予一定的经济补偿。

第六十二条　招标人和中标人应当在投标有效期内并在自中标通知书发出之日起三十日内，按照招标文件和中标人的投标文件订立书面合同。招标人和中标人不得再行订立背离合同实质性内容的其他协议。

招标人要求中标人提供履约保证金或其他形式履约担保的，招标人应当同时向中标人提供工程款支付担保。

招标人不得擅自提高履约保证金，不得强制要求中标人垫付中标项目建设资金。

第六十三条　招标人最迟应当在与中标人签订合同后五日内，向中标人和未中标的投标人退还投标保证金及银行同期存款利息。

第六十四条　合同中确定的建设规模、建设标准、建设内容、合同价格应当控制在批准的初步设计及概算文件范围内；确需超出规定范围的，应当在中标合同签订前，报原项目审批部门审查同意。凡应报经审查而未报的，在初步设计及概算调整时，原项目审批部门一律不予承认。

第六十五条　依法必须进行施工招标的项目，招标人应当自发出中标通知书之日起十五日内，向有关行政监督部门提交招标投标情况的书面报告。

前款所称书面报告至少应包括下列内容：

（一）招标范围；

（二）招标方式和发布招标公告的媒介；

（三）招标文件中投标人须知、技术条款、评标标准和方法、合同主要条款等内容；

（四）评标委员会的组成和评标报告；

（五）中标结果。

第六十六条　招标人不得直接指定分包人。

第六十七条　对于不具备分包条件或者不符合分包规定的，招标人有权在签订合同或者中标人提出分包要求时予以拒绝。发现中标人转包或违法分包时，可要求其改正；拒不改正的，可终止合同，并报请有关行政监督部门查处。

监理人员和有关行政部门发现中标人违反合同约定进行转包或违法分包的，应当要求中标人改正，或者告知招标人要求其改正；对于拒不改正的，应当报请有关行政监督部门查处。

第五章　法律责任

第六十八条　依法必须进行招标的项目而不招标的，将必须进行招标的项目化整为零或者以其他任何方式规避招标的，有关行政监督部门责令限期改正，可以处项目合同金额千分之五以上千分之十以下的罚款；对全部或者部分使用国有资金的项目，项目审批部门可以暂停项目执行或者暂停资金拨付；对单位直接负责的主管人员和其他直接责任人员依法给予处分。

第六十九条　招标代理机构违法泄露应当保密的与招标投标活动有关的情况和资料的，或者与招标人、投标人串通损害国家利益、社会公共利益或者他人合法权益的，由有关行政监督部门处五万元以上二十五万元以下罚款，对单位直接负责的主管人员和其他直接责任人员处单位罚款数额百分之五以上百分之十以下罚款；有违法所得的，并处没收违法所得；情节严重的，有关行政监督部门可停止其一定时期内参与相关领域的招标代理业务，资格认定部门可暂停直至取消招标代理资格；构成犯罪的，由司法部门依法追究刑事责任。给他人造成损失的，依法承担赔偿责任。

前款所列行为影响中标结果，并且中标人为前款所列行为的受益人的，中标无效。

第七十条　招标人以不合理的条件限制或者排斥潜在投标人的，对潜在投标人实行歧视待遇的，强制要求投标人组成联合体共同投标的，或者限制投标人之间竞争的，有关行政监督部门责令改正，可处一万元以上五万元以下罚款。

第七十一条　依法必须进行招标项目的招标人向他人透露已获取招标文件的潜在投标人的名称、数量或者可能影响公平竞争的有关招标投标的其他情况的，或者泄露标底的，有关行政监督部门给予警告，可以并处一万元以上十万元以下的罚款；对单位直接负责的主管人员和其他直接责任人员依法给予处分；构成犯罪的，依法追究刑事责任。

前款所列行为影响中标结果的，中标无效。

第七十二条　招标人在发布招标公告、发出投标邀请书或者售出招标文件或资格预审文件后终止招标的，应当及时退还所收取的资格预审文件、招标文件的费用，以及所收取的投标保证金及银行同期存款利息。给潜在投标人或者投标人造成损失的，应当赔偿损失。

第七十三条　招标人有下列限制或者排斥潜在投标人行为之一的，由有关行政监督部门依照招标投标法第五十一条的规定处罚；其中，构成依法必须进行施工招标的项目的招标人规避招标的，依照招标投标法第四十九条的规定处罚。

招标人有前款第一项、第三项、第四项所列行为之一的，对单位直接负责的主管人员和其他直接责任人员依法给予处分。

（一）依法应当公开招标的项目不按照规定在指定媒介发布资格预审公告或者招标公告；

（二）在不同媒介发布的同一招标项目的资格预审公告或者招标公告的内容不一致，影响潜在投标人申请资格预审或者投标。

招标人有下列情形之一的，由有关行政监督部门责令改正，可以处10万元以下的罚款：

（一）依法应当公开招标而采用邀请招标；

（二）招标文件、资格预审文件的发售、澄清、修改的时限，或者确定的提交资格预审申请文件、投标文件的时限不符合招标投标法和招标投标法实施条例规定；

（三）接受未通过资格预审的单位或者个人参加投标；

（四）接受应当拒收的投标文件。

第七十四条　投标人相互串通投标或者与招标人串通投标的，投标人以向招标人或者评标委员会成员行贿的手段谋取中标的，中标无效，由有关行政监督部门处中标项目金额千分之五以上千分之十以下的罚款，对单位直接负责的主管人员和其他直接责任人员处单位罚款数额百分之五以上百分之十以下的罚款；有违法所得的，并处没收违法所得；情节严重的，取消其一至二年的投标资格，并予以公告，直至由工商行政管理机关吊销营业执照；构成犯罪的，依法追究刑事责任。给他人造成损失的，依法承担赔偿责任。投标人未中标的，对单位的罚款金额按照招标项目合同金额依照招标投标法规定的比例计算。

第七十五条　投标人以他人名义投标或者以其他方式弄虚作假，骗取中标的，中标无效，给招标人造成损失的，依法承担赔偿责任；构成犯罪的，依法追究刑事责任。

依法必须进行招标项目的投标人有前款所列行为尚未构成犯罪的，有关行政监督部门处中标项目金额千分之五以上千分之十以下的罚款，对单位直接负责的主管人员和其他直接责任人员处单位罚款数额百分之五以上百分之十以下的罚款；有违法所得的，并处没收违法所得；情节严重的，取消其一至三年投标资格，并予以公告，直至由工商行政管理机关吊销营业执照。投标人未中标的，对单位的罚款金额按照招标项目合同金额依照招标投标法规定的比例计算。

第七十六条　依法必须进行招标的项目，招标人违法与投标人就投标价格、投标方案等实质性内容进行谈判的，有关行政监督部门给予警告，对单位直接负责的主管人员和其他直接责任人员依法给予处分。

前款所列行为影响中标结果的，中标无效。

第七十七条　评标委员会成员收受投标人的财物或者其他好处的，没收收受的财物，可以并处三千元以上五万元以下的罚款，取消担任评标委员会成员的资格并予以公告，不得再参加依法必须进行招标的项目的评标；构成犯罪的，依法追究刑事责任。

第七十八条　评标委员会成员应当回避而不回避，擅离职守，不按照招标文件规定的评标标准和方法评标，私下接触投标人，向招标人征询确定中标人的意向或者接受任何单位或者个人明示或者暗示提出的倾向或者排斥特定投标人的要求，对依法应当否决的投标不提出否决意见，暗示或者诱导投标人作出澄清、说明或者接受投标人主动提出的澄清、说明，或者有其他不能客观公正地履行职责行为的，有关行政监督部门责令改正；情节严重的，禁止其在一定期限内参加依法必须进行招标的项目的评标；情节特别严重的，取消其担任评标委员会成员的资格。

第七十九条　依法必须进行招标的项目的招标人不按照规定组建评标委员会，或者确定、更换评标委员会成员违反招标投标法和招标投标法实施条例规定的，由有关行政监督部门责令改正，可以处10万元以下的罚款，对单位直接负责的主管人员和其他直接责任人员依法给予处分；违法确定或者更换的评标委员会成员作出的评审决定无效，依法重新进行评审”。

第八十条　依法必须进行招标的项目的招标人有下列情形之一的，由有关行政监督部门责令改正，可以处中标项目金额千分之十以下的罚款；给他人造成损失的，依法承担赔偿责任；对单位直接负责的主管人员和其他直接责任人员依法给予处分：

（一）无正当理由不发出中标通知书；

（二）不按照规定确定中标人；

（三）中标通知书发出后无正当理由改变中标结果；

（四）无正当理由不与中标人订立合同；

（五）在订立合同时向中标人提出附加条件。

第八十一条　中标通知书发出后，中标人放弃中标项目的，无正当理由不与招标人签订合同的，在签订合同时向招标人提出附加条件或者更改合同实质性内容的，或者拒不提交所要求的履约保证金的，取消其中标资格，投标保证金不予退还；给招标人的损失超过投标保证金数额的，中标人应当对超过部分予以赔偿；没有提交投标保证金的，应当对招标人的损失承担赔偿责任。对依法必须进行施工招标的项目的中标人，由有关行政监督部门责令改正，可以处中标金额千分之十以下罚款。

第八十二条　中标人将中标项目转让给他人的，将中标项目肢解后分别转让给他人的，违法将中标项目的部分主体、关键性工作分包给他人的，或者分包人再次分包的，转让、分包无效，有关行政监督部门处转让、分包项目金额千分之五以上千分之十以下的罚款；有违法所得的，并处没收违法所得；可以责令停业整顿；情节严重的，由工商行政管理机关吊销营业执照。

第八十三条　招标人与中标人不按照招标文件和中标人的投标文件订立合同的，合同的主要条款与招标文件、中标人的投标文件的内容不一致，或者招标人、中标人订立背离合同实质性内容的协议的，或者招标人擅自提高履约保证金或强制要求中标人垫付中标项目建设资金的，有关行政监督部门责令改正；可以处中标项目金额千分之五以上千分之十以下的罚款。

第八十四条　中标人不履行与招标人订立的合同的，履约保证金不予退还，给招标人造成的损失超过履约保证金数额的，还应当对超过部分予以赔偿；没有提交履约保证金的，应当对招标人的损失承担赔偿责任。

中标人不按照与招标人订立的合同履行义务，情节严重的，有关行政监督部门取消其二至五年参加招标项目的投标资格并予以公告，直至由工商行政管理机关吊销营业执照。

因不可抗力不能履行合同的，不适用前两款规定。

第八十五条　招标人不履行与中标人订立的合同的，应当返还中标人的履约保证金，并承担相应的赔偿责任；没有提交履约保证金的，应当对中标人的损失承担赔偿责任。

因不可抗力不能履行合同的，不适用前款规定。

第八十六条　依法必须进行施工招标的项目违反法律规定，中标无效的，应当依照法律规定的中标条件从其余投标人中重新确定中标人或者依法重新进行招标。

中标无效的，发出的中标通知书和签订的合同自始没有法律约束力，但不影响合同中独立存在的有关解决争议方法的条款的效力。

第八十七条　任何单位违法限制或者排斥本地区、本系统以外的法人或者其他组织参加投标的，为招标人指定招标代理机构的，强制招标人委托招标代理机构办理招标事宜的，或者以其他方式干涉招标投标活动的，有关行政监督部门责令改正；对单位直接负责的主管人员和其他直接责任人员依法给予警告、记过、记大过的处分，情节较重的，依法给予降级、撤职、开除的处分。

个人利用职权进行前款违法行为的，依照前款规定追究责任。

第八十八条　对招标投标活动依法负有行政监督职责的国家机关工作人员徇私舞弊、滥用职权或者玩忽职守，构成犯罪的，依法追究刑事责任；不构成犯罪的，依法给予行政处分。

第八十九条　投标人或者其他利害关系人认为工程建设项目施工招标投标活动不符合国家规定的，可以自知道或者应当知道之日起10日内向有关行政监督部门投诉。投诉应当有明确的请求和必要的证明材料。

第六章　附　则

第九十条　使用国际组织或者外国政府贷款、援助资金的项目进行招标，贷款方、资金提供方对工程施工招标投标活动的条件和程序有不同规定的，可以适用其规定，但违背中华人民共和国社会公共利益的除外。

第九十一条　本办法由国家发展改革委员会会同有关部门负责解释。

第九十二条　本办法自2013年5月1日起施行。

附录4

工程建设项目招标范围和规模标准规定

工程建设项目招标范围和规模标准规定

国家发展计划委员会第3号令发布　2000年5月1日

第一条　为了确定必须进行招标的工程建设项目的具体范围和规模标准，规范招标投标活动，根据《中华人民共和国招标投标法》第三条的规定，制定本规定。

第二条　关系社会公共利益、公众安全的基础设施项目的范围包括：

（一）煤炭、石油、天然气、电力、新能源等能源项目；

（二）铁路、公路、管道、水运、航空以及其他交通运输等交通运输项目；

（三）邮政、电信枢纽、通信、信息网络等邮电项目；

（四）防洪、灌溉、排涝、引（供）水、滩涂治理、水土保持、水利枢纽等水利项目；

（五）道路、桥梁、地铁和轻轨交通、污水排放及处理、垃圾处理、地下管道、公共停车场等城市设施项目；

（六）生态环境保护项目；

（七）其他基础设施项目。

第三条　关系社会公共利益、公众安全的公用事业项目的范围包括：

（一）供水、供电、供气、供热等市政工程项目；

（二）科技、教育、文化等项目；

（三）体育、旅游等项目；

（四）卫生、社会福利等项目；

（五）商品住宅、包括经济适用住房；

（六）其他公用事业项目。

第四条　使用国有资金投资项目的范围包括：

（一）使用各级财政预算资金的项目；

（二）使用纳入财政管理的各种政府性专项建设基金的项目；

（三）使用国有企业事业单位自有资金，并且国有投资者实际拥有控制权的项目。

第五条　国家融资项目的范围包括：

（一）使用国家发行债卷所筹资金的项目；

（二）使用国家对外借款或者担保所筹资金的项目；

（三）使用国家政策性贷款的项目；

（四）国家授权投资主体融资的项目；

（五）国家特许的融资项目。

第六条　使用国际组织或者外国政府资金的项目的范围包括：

（一）使用世界银行、亚洲开发银行等国际组织贷款资金的项目；

（二）使用外国政府及其机构贷款资金的项目；

（三）使用国际组织或者外国政府援助资金的项目。

第七条　本规定第二条至第六条规定范围内的各类建设项目，包括勘察、设计、施工、监理以及与工程建设有关的重要设备、材料的采购，达到下列标准之一的，必须进行招标：

（一）施工单项合同估算价在200万元人民币以上的；

（二）重要设备、材料的采购，单项合同估算价在100万元人民币以上的；

（三）勘察、设计、监理等服务的采购，单项合同估算价在50万元人民币以上的；

（四）单项合同估算价低于第（一）、（二）、（三）项规定的标准，但项目总投资在3000万元人民币以上的。

第八条　建设项目勘察、设计，采用特定专利或者专有技术的，或者其建设艺术造型有特殊要求的，经项目主管部门批准，可以不进行招标。

第九条　依法必须进行招标的项目，全部使用国有资金或者国有资金投资占控股或者主导地位的，应当公开招标。

招标投标活动不受地区、部门的限制，不得对潜在投标人实行歧视待遇。

第十条　省、自治区、直辖市人民政府根据实际情况，可以规定本地区必须进行招标的具体范围和规模标准，但不得缩小本规定确定的必须招标进行招标的范围。

第十一条　国家发展计划委员会可以根据实际需要，会同国务院有关部门对本规定确定的必须进行招标的具体范围和规模标准进行部分调整。

第十二条　本规定自发布之日起施行。

附录5

中华人民共和国政府采购法

中华人民共和国主席令第六十八号

《中华人民共和国政府采购法》已由中华人民共和国第九届全国人民代表大会常务委员会第二十八次会议于2002年6月29日通过，现予公布，自2003年1月1日起施行。

中华人民共和国主席　　江泽民　　2002年6月29日

中华人民共和国政府采购法

（2002年6月29日第九届全国人民代表大会常务委员会第二十八次会议通过）

第一章　总　则

第一条　为了规范政府采购行为，提高政府采购资金的使用效益，维护国家利益和社会公共利益，保护政府采购当事人的合法权益，促进廉政建设，制定本法。

第二条　在中华人民共和国境内进行的政府采购适用本法。

本法所称政府采购，是指各级国家机关、事业单位和团体组织，使用财政性资金采购依法制定的集中采购目录以内的或者采购限额标准以上的货物、工程和服务的行为。

政府集中采购目录和采购限额标准依照本法规定的权限制定。

本法所称采购，是指以合同方式有偿取得货物、工程和服务的行为，包括购买、租赁、委托、雇用等。

本法所称货物，是指各种形态和种类的物品，包括原材料、燃料、设备、产品等。

本法所称工程，是指建设工程，包括建筑物和构筑物的新建、改建、扩建、装修、拆除、修缮等。

本法所称服务，是指除货物和工程以外的其他政府采购对象。

第三条　政府采购应当遵循公开透明原则、公平竞争原则、公正原则和诚实信用原则。

第四条　政府采购工程进行招标投标的，适用招标投标法。

第五条　任何单位和个人不得采用任何方式，阻挠和限制供应商自由进入本地区和本行业的政府采购市场。

第六条　政府采购应当严格按照批准的预算执行。

第七条　政府采购实行集中采购和分散采购相结合。集中采购的范围由省级以上人民政府公布的集中采购目录确定。

属于中央预算的政府采购项目，其集中采购目录由国务院确定并公布；属于地方预算的政府采购项目，其集中采购目录由省、自治区、直辖市人民政府或者其授权的机构确定并公布。

纳入集中采购目录的政府采购项目，应当实行集中采购。

第八条　政府采购限额标准，属于中央预算的政府采购项目，由国务院确定并公布；属于地方预算的政府采购项目，由省、自治区、直辖市人民政府或者其授权的机构确定并公布。

第九条　政府采购应当有助于实现国家的经济和社会发展政策目标，包括保护环境，扶持不发达地区和少数民族地区，促进中小企业发展等。

第十条　政府采购应当采购本国货物、工程和服务。但有下列情形之一的除外：

（一）需要采购的货物、工程或者服务在中国境内无法获取或者无法以合理的商业条件获取的；

（二）为在中国境外使用而进行采购的；

（三）其他法律、行政法规另有规定的。

前款所称本国货物、工程和服务的界定，依照国务院有关规定执行。

第十一条　政府采购的信息应当在政府采购监督管理部门指定的媒体上及时向社会公开发布，但涉及商业秘密的除外。

第十二条　在政府采购活动中，采购人员及相关人员与供应商有利害关系的，必须回避。供应商认为采购人员及相关人员与其他供应商有利害关系的，可以申请其回避。

前款所称相关人员，包括招标采购中评标委员会的组成人员，竞争性谈判采购中谈判小组的组成人员，询价采购中询价小组的组成人员等。

第十三条　各级人民政府财政部门是负责政府采购监督管理的部门，依法履行对政府采购活动的监督管理职责。

各级人民政府其他有关部门依法履行与政府采购活动有关的监督管理职责。

第二章　政府采购当事人

第十四条　政府采购当事人是指在政府采购活动中享有权利和承担义务的各类主体，包括采购人、供应商和采购代理机构等。

第十五条　采购人是指依法进行政府采购的国家机关、事业单位、团体组织。

第十六条　集中采购机构为采购代理机构。设区的市、自治州以上人民政府根据本级政府采购项目组织集中采购的需要设立集中采购机构。

集中采购机构是非营利事业法人，根据采购人的委托办理采购事宜。

第十七条　集中采购机构进行政府采购活动，应当符合采购价格低于市场平均价格、采购效率更高、采购质量优良和服务良好的要求。

第十八条　采购人采购纳入集中采购目录的政府采购项目，必须委托集中采购机构代理采购；采购未纳入集中采购目录的政府采购项目，可以自行采购，也可以委托集中采购机构在委托的范围内代理采购。

纳入集中采购目录属于通用的政府采购项目的，应当委托集中采购机构代理采购；属于本部门、本系统有特殊要求的项目，应当实行部门集中采购；属于本单位有特殊要求的项目，经省级以上人民政府批准，可以自行采购。

第十九条　采购人可以委托经国务院有关部门或者省级人民政府有关部门认定资格的采购代理机构，在委托的范围内办理政府采购事宜。

采购人有权自行选择采购代理机构，任何单位和个人不得以任何方式为采购人指定采购代理机构。

第二十条　采购人依法委托采购代理机构办理采购事宜的，应当由采购人与采购代理机构签订委托代理协议，依法确定委托代理的事项，约定双方的权利义务。

第二十一条　供应商是指向采购人提供货物、工程或者服务的法人、其他组织或者自然人。

第二十二条　供应商参加政府采购活动应当具备下列条件：

（一）具有独立承担民事责任的能力；

（二）具有良好的商业信誉和健全的财务会计制度；

（三）具有履行合同所必需的设备和专业技术能力；

（四）有依法缴纳税收和社会保障资金的良好记录；

（五）参加政府采购活动前三年内，在经营活动中没有重大违法记录；

（六）法律、行政法规规定的其他条件。

采购人可以根据采购项目的特殊要求，规定供应商的特定条件，但不得以不合理的条件对供应商实行差别待遇或者歧视待遇。

第二十三条　采购人可以要求参加政府采购的供应商提供有关资质证明文件和业绩情况，并根据本法规定的供应商条件和采购项目对供应商的特定要求，对供应商的资格进行审查。

第二十四条　两个以上的自然人、法人或者其他组织可以组成一个联合体，以一个供应商的身份共同参加政府采购。

以联合体形式进行政府采购的，参加联合体的供应商均应当具备本法第二十二条规定的条件，并应当向采购人提交联合协议，载明联合体各方承担的工作和义务。联合体各方应当共同与采购人签订采购合同，就采购合同约定的事项对采购人承担连带责任。

第二十五条　政府采购当事人不得相互串通损害国家利益、社会公共利益和其他当事人的合法权益；不得以任何手段排斥其他供应商参与竞争。

供应商不得以向采购人、采购代理机构、评标委员会的组成人员、竞争性谈判小组的组成人员、询价小组的组成人员行贿或者采取其他不正当手段谋取中标或者成交。

采购代理机构不得以向采购人行贿或者采取其他不正当手段谋取非法利益。

第三章　政府采购方式

第二十六条　政府采购采用以下方式：

（一）公开招标；

（二）邀请招标；

（三）竞争性谈判；

（四）单一来源采购；

（五）询价；

（六）国务院政府采购监督管理部门认定的其他采购方式。

公开招标应作为政府采购的主要采购方式。

第二十七条　采购人采购货物或者服务应当采用公开招标方式的，其具体数额标准，属于中央预算的政府采购项目，由国务院规定；属于地方预算的政府采购项目，由省、自治区、直辖市人民政府规定；因特殊情况需要采用公开招标以外的采购方式的，应当在采购活动开始前获得设区的市、自治州以上人民政府采购监督管理部门的批准。

第二十八条　采购人不得将应当以公开招标方式采购的货物或者服务化整为零或者以其他任何方式规避公开招标采购。

第二十九条　符合下列情形之一的货物或者服务，可以依照本法采用邀请招标方式采购：

（一）具有特殊性，只能从有限范围的供应商处采购的；

（二）采用公开招标方式的费用占政府采购项目总价值的比例过大的。

第三十条　符合下列情形之一的货物或者服务，可以依照本法采用竞争性谈判方式采购：

（一）招标后没有供应商投标或者没有合格标的或者重新招标未能成立的；

（二）技术复杂或者性质特殊，不能确定详细规格或者具体要求的；

（三）采用招标所需时间不能满足用户紧急需要的；

（四）不能事先计算出价格总额的。

第三十一条　符合下列情形之一的货物或者服务，可以依照本法采用单一来源方式采购：

（一）只能从唯一供应商处采购的；

（二）发生了不可预见的紧急情况不能从其他供应商处采购的；

（三）必须保证原有采购项目一致性或者服务配套的要求，需要继续从原供应商处添购，且添购资金总额不超过原合同采购金额百分之十的。

第三十二条　采购的货物规格、标准统一、现货货源充足且价格变化幅度小的政府采购项目，可以依照本法采用询价方式采购。

第四章　政府采购程序

第三十三条　负有编制部门预算职责的部门在编制下一财政年度部门预算时，应当将该财政年度政府采购的项目及资金预算列出，报本级财政部门汇总。部门预算的审批，按预算管理权限和程序进行。

第三十四条　货物或者服务项目采取邀请招标方式采购的，采购人应当从符合相应资格条件的供应商中，通过随机方式选择三家以上的供应商，并向其发出投标邀请书。

第三十五条　货物和服务项目实行招标方式采购的，自招标文件开始发出之日起至投标人提交投标文件截止之日止，不得少于二十日。

第三十六条　在招标采购中，出现下列情形之一的，应予废标：

（一）符合专业条件的供应商或者对招标文件作实质响应的供应商不足三家的；

（二）出现影响采购公正的违法、违规行为的；

（三）投标人的报价均超过了采购预算，采购人不能支付的；

（四）因重大变故，采购任务取消的。

废标后，采购人应当将废标理由通知所有投标人。

第三十七条　废标后，除采购任务取消情形外，应当重新组织招标；需要采取其他方式采购的，应当在采购活动开始前获得设区的市、自治州以上人民政府采购监督管理部门或者政府有关部门批准。

第三十八条　采用竞争性谈判方式采购的，应当遵循下列程序：

（一）成立谈判小组。谈判小组由采购人的代表和有关专家共三人以上的单数组成，其中专家的人数不得少于成员总数的三分之二。

（二）制定谈判文件。谈判文件应当明确谈判程序、谈判内容、合同草案的条款以及评定成交的标准等事项。

（三）确定邀请参加谈判的供应商名单。谈判小组从符合相应资格条件的供应商名单中确定不少于三家的供应商参加谈判，并向其提供谈判文件。

（四）谈判。谈判小组所有成员集中与单一供应商分别进行谈判。在谈判中，谈判的任何一方不得透露与谈判有关的其他供应商的技术资料、价格和其他信息。谈判文件有实质性变动的，谈判小组应当以书面形式通知所有参加谈判的供应商。

（五）确定成交供应商。谈判结束后，谈判小组应当要求所有参加谈判的供应商在规定时间内进行最后报价，采购人从谈判小组提出的成交候选人中根据符合采购需求、质量和服务相等且报价最低的原则确定成交供应商，并将结果通知所有参加谈判的未成交的供应商。

第三十九条　采取单一来源方式采购的，采购人与供应商应当遵循本法规定的原则，在保证采购项目质量和双方商定合理价格的基础上进行采购。

第四十条　采取询价方式采购的，应当遵循下列程序：

（一）成立询价小组。询价小组由采购人的代表和有关专家共三人以上的单数组成，其中专家的人数不得少于成员总数的三分之二。询价小组应当对采购项目的价格构成和评定成交的标准等事项作出规定。

（二）确定被询价的供应商名单。询价小组根据采购需求，从符合相应资格条件的供应商名单中确定不少于三家的供应商，并向其发出询价通知书让其报价。

（三）询价。询价小组要求被询价的供应商一次报出不得更改的价格。

（四）确定成交供应商。采购人根据符合采购需求、质量和服务相等且报价最低的原则确定成交供应商，并将结果通知所有被询价的未成交的供应商。

第四十一条　采购人或者其委托的采购代理机构应当组织对供应商履约的验收。大型或者复杂的政府采购项目，应当邀请国家认可的质量检测机构参加验收工作。验收方成员应当在验收书上签字，并承担相应的法律责任。

第四十二条　采购人、采购代理机构对政府采购项目每项采购活动的采购文件应当妥善保存，不得伪造、变造、隐匿或者销毁。采购文件的保存期限为从采购结束之日起至少保存十五年。

采购文件包括采购活动记录、采购预算、招标文件、投标文件、评标标准、评估报告、定标文件、合同文本、验收证明、质疑答复、投诉处理决定及其他有关文件、资料。

采购活动记录至少应当包括下列内容：

（一）采购项目类别、名称；

（二）采购项目预算、资金构成和合同价格；

（三）采购方式，采用公开招标以外的采购方式的，应当载明原因；

（四）邀请和选择供应商的条件及原因；

（五）评标标准及确定中标人的原因；

（六）废标的原因；

（七）采用招标以外采购方式的相应记载。

第五章　政府采购合同

第四十三条　政府采购合同适用合同法。采购人和供应商之间的权利和义务，应当按照平等、自愿的原则以合同方式约定。

采购人可以委托采购代理机构代表其与供应商签订政府采购合同。由采购代理机构以采购人名义签订合同的，应当提交采购人的授权委托书，作为合同附件。

第四十四条　政府采购合同应当采用书面形式。

第四十五条　国务院政府采购监督管理部门应当会同国务院有关部门，规定政府采购合同必须具备的条款。

第四十六条　采购人与中标、成交供应商应当在中标、成交通知书发出之日起三十日内，按照采购文件确定的事项签订政府采购合同。

中标、成交通知书对采购人和中标、成交供应商均具有法律效力。中标、成交通知书发出后，采购人改变中标、成交结果的，或者中标、成交供应商放弃中标、成交项目的，应当依法承担法律责任。

第四十七条　政府采购项目的采购合同自签订之日起七个工作日内，采购人应当将合同副本报同级政府采购监督管理部门和有关部门备案。

第四十八条　经采购人同意，中标、成交供应商可以依法采取分包方式履行合同。

政府采购合同分包履行的，中标、成交供应商就采购项目和分包项目向采购人负责，分包供应商就分包项目承担责任。

第四十九条　政府采购合同履行中，采购人需追加与合同标的相同的货物、工程或者服务的，在不改变合同其他条款的前提下，可以与供应商协商签订补充合同，但所有补充合同的采购金额不得超过原合同采购金额的百分之十。

第五十条　政府采购合同的双方当事人不得擅自变更、中止或者终止合同。

政府采购合同继续履行将损害国家利益和社会公共利益的，双方当事人应当变更、中止或者终止合同。有过错的一方应当承担赔偿责任，双方都有过错的，各自承担相应的责任。

第六章　质疑与投诉

第五十一条　供应商对政府采购活动事项有疑问的，可以向采购人提出询问，采购人应当及时作出答复，但答复的内容不得涉及商业秘密。

第五十二条　供应商认为采购文件、采购过程和中标、成交结果使自己的权益受到损害的，可以在知道或者应知其权益受到损害之日起七个工作日内，以书面形式向采购人提出质疑。

第五十三条　采购人应当在收到供应商的书面质疑后七个工作日内作出答复，并以书面形式通知质疑供应商和其他有关供应商，但答复的内容不得涉及商业秘密。

第五十四条　采购人委托采购代理机构采购的，供应商可以向采购代理机构提出询问或者质疑，采购代理机构应当依照本法第五十一条、第五十三条的规定就采购人委托授权范围内的事项作出答复。

第五十五条　质疑供应商对采购人、采购代理机构的答复不满意或者采购人、采购代理机构未在规定的时间内作出答复的，可以在答复期满后十五个工作日内向同级政府采购监督管理部门投诉。

第五十六条　政府采购监督管理部门应当在收到投诉后三十个工作日内，对投诉事项作出处理决定，并以书面形式通知投诉人和与投诉事项有关的当事人。

第五十七条　政府采购监督管理部门在处理投诉事项期间，可以视具体情况书面通知采购人暂停采购活动，但暂停时间最长不得超过三十日。

第五十八条　投诉人对政府采购监督管理部门的投诉处理决定不服或者政府采购监督管理部门逾期未作处理的，可以依法申请行政复议或者向人民法院提起行政诉讼。

第七章　监督检查

第五十九条　政府采购监督管理部门应当加强对政府采购活动及集中采购机构的监督检查。

监督检查的主要内容是：

（一）有关政府采购的法律、行政法规和规章的执行情况；

（二）采购范围、采购方式和采购程序的执行情况；

（三）政府采购人员的职业素质和专业技能。

第六十条　政府采购监督管理部门不得设置集中采购机构，不得参与政府采购项目的采购活动。

采购代理机构与行政机关不得存在隶属关系或者其他利益关系。

第六十一条　集中采购机构应当建立健全内部监督管理制度。采购活动的决策和执行程序应当明确，并相互监督、相互制约。经办采购的人员与负责采购合同审核、验收人员的职责权限应当明确，并相互分离。

第六十二条　集中采购机构的采购人员应当具有相关职业素质和专业技能，符合政府采购监督管理部门规定的专业岗位任职要求。

集中采购机构对其工作人员应当加强教育和培训；对采购人员的专业水平、工作实绩和职业道德状况定期进行考核。采购人员经考核不合格的，不得继续任职。

第六十三条　政府采购项目的采购标准应当公开。

采用本法规定的采购方式的，采购人在采购活动完成后，应当将采购结果予以公布。

第六十四条　采购人必须按照本法规定的采购方式和采购程序进行采购。

任何单位和个人不得违反本法规定，要求采购人或者采购工作人员向其指定的供应商进行采购。

第六十五条　政府采购监督管理部门应当对政府采购项目的采购活动进行检查，政府采购当事人应当如实反映情况，提供有关材料。

第六十六条　政府采购监督管理部门应当对集中采购机构的采购价格、节约资金效果、服务质量、信誉状况、有无违法行为等事项进行考核，并定期如实公布考核结果。

第六十七条　依照法律、行政法规的规定对政府采购负有行政监督职责的政府有关部门，应当按照其职责分工，加强对政府采购活动的监督。

第六十八条　审计机关应当对政府采购进行审计监督。政府采购监督管理部门、政府采购各当事人有关政府采购活动，应当接受审计机关的审计监督。

第六十九条　监察机关应当加强对参与政府采购活动的国家机关、国家公务员和国家行政机关任命的其他人员实施监察。

第七十条　任何单位和个人对政府采购活动中的违法行为，有权控告和检举，有关部门、机关应当依照各自职责及时处理。

第八章　法律责任

第七十一条　采购人、采购代理机构有下列情形之一的，责令限期改正，给予警告，可以并处罚款，对直接负责的主管人员和其他直接责任人员，由其行政主管部门或者有关机关给予处分，并予通报：

（一）应当采用公开招标方式而擅自采用其他方式采购的；

（二）擅自提高采购标准的；

（三）委托不具备政府采购业务代理资格的机构办理采购事务的；

（四）以不合理的条件对供应商实行差别待遇或者歧视待遇的；

（五）在招标采购过程中与投标人进行协商谈判的；

（六）中标、成交通知书发出后不与中标、成交供应商签订采购合同的；

（七）拒绝有关部门依法实施监督检查的。

第七十二条　采购人、采购代理机构及其工作人员有下列情形之一，构成犯罪的，依法追究刑事责任；尚不构成犯罪的，处以罚款，有违法所得的，并处没收违法所得，属于国家机关工作人员的，依法给予行政处分：

（一）与供应商或者采购代理机构恶意串通的；

（二）在采购过程中接受贿赂或者获取其他不正当利益的；

（三）在有关部门依法实施的监督检查中提供虚假情况的；

（四）开标前泄露标底的。

第七十三条　有前两条违法行为之一影响中标、成交结果或者可能影响中标、成交结果的，按下列情况分别处理：

（一）未确定中标、成交供应商的，终止采购活动；

（二）中标、成交供应商已经确定但采购合同尚未履行的，撤销合同，从合格的中标、成交候选人中另行确定中标、成交供应商；

（三）采购合同已经履行的，给采购人、供应商造成损失的，由责任人承担赔偿责任。

第七十四条　采购人对应当实行集中采购的政府采购项目，不委托集中采购机构实行集中采购的，由政府采购监督管理部门责令改正；拒不改正的，停止按预算向其支付资金，由其上级行政主管部门或者有关机关依法给予其直接负责的主管人员和其他直接责任人员处分。

第七十五条　采购人未依法公布政府采购项目的采购标准和采购结果的，责令改正，对直接负责的主管人员依法给予处分。

第七十六条　采购人、采购代理机构违反本法规定隐匿、销毁应当保存的采购文件或者伪造、变造采购文件的，由政府采购监督管理部门处以二万元以上十万元以下的罚款，对其直接负责的主管人员和其他直接责任人员依法给予处分；构成犯罪的，依法追究刑事责任。

第七十七条　供应商有下列情形之一的，处以采购金额千分之五以上千分之十以下的罚款，列入不良行为记录名单，在一至三年内禁止参加政府采购活动，有违法所得的，并处没收违法所得，情节严重的，由工商行政管理机关吊销营业执照；构成犯罪的，依法追究刑事责任：

（一）提供虚假材料谋取中标、成交的；

（二）采取不正当手段诋毁、排挤其他供应商的；

（三）与采购人、其他供应商或者采购代理机构恶意串通的；

（四）向采购人、采购代理机构行贿或者提供其他不正当利益的；

（五）在招标采购过程中与采购人进行协商谈判的；

（六）拒绝有关部门监督检查或者提供虚假情况的。

供应商有前款第（一）至（五）项情形之一的，中标、成交无效。

第七十八条　采购代理机构在代理政府采购业务中有违法行为的，按照有关法律规定处以罚款，可以依法取消其进行相关业务的资格，构成犯罪的，依法追究刑事责任。

第七十九条　政府采购当事人有本法第七十一条、第七十二条、第七十七条违法行为之一，给他人造成损失的，并应依照有关民事法律规定承担民事责任。

第八十条　政府采购监督管理部门的工作人员在实施监督检查中违反本法规定滥用职权，玩忽职守，徇私舞弊的，依法给予行政处分；构成犯罪的，依法追究刑事责任。

第八十一条　政府采购监督管理部门对供应商的投诉逾期未作处理的，给予直接负责的主管人员和其他直接责任人员行政处分。

第八十二条　政府采购监督管理部门对集中采购机构业绩的考核，有虚假陈述，隐瞒真实情况的，或者不作定期考核和公布考核结果的，应当及时纠正，由其上级机关或者监察机关对其负责人进行通报，并对直接负责的人员依法给予行政处分。

集中采购机构在政府采购监督管理部门考核中，虚报业绩，隐瞒真实情况的，处以二万元以上二十万元以下的罚款，并予以通报；情节严重的，取消其代理采购的资格。

第八十三条　任何单位或者个人阻挠和限制供应商进入本地区或者本行业政府采购市场的，责令限期改正；拒不改正的，由该单位、个人的上级行政主管部门或者有关机关给予单位责任人或者个人处分。

第九章　附　则

第八十四条　使用国际组织和外国政府贷款进行的政府采购，贷款方、资金提供方与中方达成的协议对采购的具体条件另有规定的，可以适用其规定，但不得损害国家利益和社会公共利益。

第八十五条　对因严重自然灾害和其他不可抗力事件所实施的紧急采购和涉及国家安全和秘密的采购，不适用本法。

第八十六条　军事采购法规由中央军事委员会另行制定。

第八十七条　本法实施的具体步骤和办法由国务院规定。

第八十八条　本法自2003年1月1日起施行。

附录6

政府采购货物和服务招标投标管理办法

中华人民共和国财政部令

第18号

《政府采购货物和服务招标投标管理办法》已经部务会议讨论通过，现予公布，自2004年9月11日起施行。

部　长　金人庆　二〇〇四年八月十一日

政府采购货物和服务招标投标管理办法

第一章　总　则

第一条　为了规范政府采购当事人的采购行为，加强对政府采购货物和服务招标投标活动的监督管理，维护社会公共利益和政府采购招标投标活动当事人的合法权益，依据《中华人民共和国政府采购法》（以下简称政府采购法）和其他有关法律规定，制定本办法。

第二条　采购人及采购代理机构（以下统称“招标采购单位”）进行政府采购货物或者服务（以下简称“货物服务”）招标投标活动，适用本办法。

前款所称采购代理机构，是指集中采购机构和依法经认定资格的其他采购代理机构。

第三条　货物服务招标分为公开招标和邀请招标。

公开招标，是指招标采购单位依法以招标公告的方式邀请不特定的供应商参加投标。

邀请招标，是指招标采购单位依法从符合相应资格条件的供应商中随机邀请3家以上供应商，并以投标邀请书的方式，邀请其参加投标。

第四条　货物服务采购项目达到公开招标数额标准的，必须采用公开招标方式。因特殊情况需要采用公开招标以外方式的，应当在采购活动开始前获得设区的市、自治州以上人民政府财政部门的批准。

第五条　招标采购单位不得将应当以公开招标方式采购的货物服务化整为零或者以其他方式规避公开招标采购。

第六条　任何单位和个人不得阻挠和限制供应商自由参加货物服务招标投标活动，不得指定货物的品牌、服务的供应商和采购代理机构，以及采用其他方式非法干涉货物服务招标投标活动。

第七条　在货物服务招标投标活动中，招标采购单位工作人员、评标委员会成员及其他相关人员与供应商有利害关系的，必须回避。供应商认为上述人员与其他供应商有利害关系的，可以申请其回避。

第八条　参加政府采购货物服务投标活动的供应商（以下简称“投标人”），应当是提供本国货物服务的本国供应商，但法律、行政法规规定外国供应商可以参加货物服务招标投标活动的除外。

外国供应商依法参加货物服务招标投标活动的，应当按照本办法的规定执行。

第九条　货物服务招标投标活动，应当有助于实现国家经济和社会发展政策目标，包括保护环境，扶持不发达地区和少数民族地区，促进中小企业发展等。

第十条　县级以上各级人民政府财政部门应当依法履行对货物服务招标投标活动的监督管理职责。

第二章　招　标

第十一条　招标采购单位应当按照本办法规定组织开展货物服务招标投标活动。

采购人可以依法委托采购代理机构办理货物服务招标事宜，也可以自行组织开展货物服务招标活动，但必须符合本办法第十二条规定的条件。

集中采购机构应当依法独立开展货物服务招标活动。其他采购代理机构应当根据采购人的委托办理货物服务招标事宜。

第十二条　采购人符合下列条件的，可以自行组织招标：

（一）具有独立承担民事责任的能力；

（二）具有编制招标文件和组织招标能力，有与采购招标项目规模和复杂程度相适应的技术、经济等方面的采购和管理人员；

（三）采购人员经过省级以上人民政府财政部门组织的政府采购培训。

采购人不符合前款规定条件的，必须委托采购代理机构代理招标。

第十三条　采购人委托采购代理机构招标的，应当与采购代理机构签订委托协议，确定委托代理的事项，约定双方的权利和义务。

第十四条　采用公开招标方式采购的，招标采购单位必须在财政部门指定的政府采购信息发布媒体上发布招标公告。

第十五条　采用邀请招标方式采购的，招标采购单位应当在省级以上人民政府财政部门指定的政府采购信息媒体发布资格预审公告，公布投标人资格条件，资格预审公告的期限不得少于7个工作日。

投标人应当在资格预审公告期结束之日起3个工作日前，按公告要求提交资格证明文件。招标采购单位从评审合格投标人中通过随机方式选择3家以上的投标人，并向其发出投标邀请书。

第十六条　采用招标方式采购的，自招标文件开始发出之日起至投标人提交投标文件截止之日止，不得少于20日。

第十七条　公开招标公告应当包括以下主要内容：

（一）招标采购单位的名称、地址和联系方法；

（二）招标项目的名称、数量或者招标项目的性质；

（三）投标人的资格要求；

（四）获取招标文件的时间、地点、方式及招标文件售价；

（五）投标截止时间、开标时间及地点。

第十八条　招标采购单位应当根据招标项目的特点和需求编制招标文件。招标文件包括以下内容：

（一）投标邀请；

（二）投标人须知（包括密封、签署、盖章要求等）；

（三）投标人应当提交的资格、资信证明文件；

（四）投标报价要求、投标文件编制要求和投标保证金交纳方式；

（五）招标项目的技术规格、要求和数量，包括附件、图纸等；

（六）合同主要条款及合同签订方式；

（七）交货和提供服务的时间；

（八）评标方法、评标标准和废标条款；

（九）投标截止时间、开标时间及地点；

（十）省级以上财政部门规定的其他事项。

招标人应当在招标文件中规定并标明实质性要求和条件。

第十九条　招标采购单位应当制作纸质招标文件，也可以在财政部门指定的网络媒体上发布电子招标文件，并应当保持两者的一致。电子招标文件与纸质招标文件具有同等法律效力。

第二十条　招标采购单位可以要求投标人提交符合招标文件规定要求的备选投标方案，但应当在招标文件中说明，并明确相应的评审标准和处理办法。

第二十一条　招标文件规定的各项技术标准应当符合国家强制性标准。

招标文件不得要求或者标明特定的投标人或者产品，以及含有倾向性或者排斥潜在投标人的其他内容。

第二十二条　招标采购单位可以根据需要，就招标文件征询有关专家或者供应商的意见。

第二十三条　招标文件售价应当按照弥补招标文件印制成本费用的原则确定，不得以营利为目的，不得以招标采购金额作为确定招标文件售价依据。

第二十四条　招标采购单位在发布招标公告、发出投标邀请书或者发出招标文件后，不得擅自终止招标。

第二十五条　招标采购单位根据招标采购项目的具体情况，可以组织潜在投标人现场考察或者召开开标前答疑会，但不得单独或者分别组织只有1个投标人参加的现场考察。

第二十六条　开标前，招标采购单位和有关工作人员不得向他人透露已获取招标文件的潜在投标人的名称、数量以及可能影响公平竞争的有关招标投标的其他情况。

第二十七条　招标采购单位对已发出的招标文件进行必要澄清或者修改的，应当在招标文件要求提交投标文件截止时间15日前，在财政部门指定的政府采购信息发布媒体上发布更正公告，并以书面形式通知所有招标文件收受人。该澄清或者修改的内容为招标文件的组成部分。

第二十八条　招标采购单位可以视采购具体情况，延长投标截止时间和开标时间，但至少应当在招标文件要求提交投标文件的截止时间3日前，将变更时间书面通知所有招标文件收受人，并在财政部门指定的政府采购信息发布媒体上发布变更公告。

第三章　投　标

第二十九条　投标人是响应招标并且符合招标文件规定资格条件和参加投标竞争的法人、其他组织或者自然人。

第三十条　投标人应当按照招标文件的要求编制投标文件。投标文件应对招标文件提出的要求和条件作出实质性响应。

投标文件由商务部分、技术部分、价格部分和其他部分组成。

第三十一条　投标人应当在招标文件要求提交投标文件的截止时间前，将投标文件密封送达投标地点。招标采购单位收到投标文件后，应当签收保存，任何单位和个人不得在开标前开启投标文件。

在招标文件要求提交投标文件的截止时间之后送达的投标文件，为无效投标文件，招标采购单位应当拒收。

第三十二条　投标人在投标截止时间前，可以对所递交的投标文件进行补充、修改或者撤回，并书面通知招标采购单位。补充、修改的内容应当按招标文件要求签署、盖章，并作为投标文件的组成部分。

第三十三条　投标人根据招标文件载明的标的采购项目实际情况，拟在中标后将中标项目的非主体、非关键性工作交由他人完成的，应当在投标文件中载明。

第三十四条　2个以上供应商可以组成1个投标联合体，以1个投标人的身份投标。

以联合体形式参加投标的，联合体各方均应当符合政府采购法第二十二条第一款规定的条件。采购人根据采购项目的特殊要求规定投标人特定条件的，联合体各方中至少应当有一方符合采购人规定的特定条件。

联合体各方之间应当签订共同投标协议，明确约定联合体各方承担的工作和相应的责任，并将共同投标协议连同投标文件一并提交招标采购单位。联合体各方签订共同投标协议后，不得再以自己名义单独在同一项目中投标，也不得组成新的联合体参加同一项目投标。

招标采购单位不得强制投标人组成联合体共同投标，不得限制投标人之间的竞争。

第三十五条　投标人之间不得相互串通投标报价，不得妨碍其他投标人的公平竞争，不得损害招标采购单位或者其他投标人的合法权益。

投标人不得以向招标采购单位、评标委员会成员行贿或者采取其他不正当手段谋取中标。

第三十六条　招标采购单位应当在招标文件中明确投标保证金的数额及交纳办法。招标采购单位规定的投标保证金数额，不得超过采购项目概算的1%。

投标人投标时，应当按招标文件要求交纳投标保证金。投标保证金可以采用现金支票、银行汇票、银行保函等形式交纳。投标人未按招标文件要求交纳投标保证金的，招标采购单位应当拒绝接收投标人的投标文件。

联合体投标的，可以由联合体中的一方或者共同提交投标保证金，以一方名义提交投标保证金的，对联合体各方均具有约束力。

第三十七条　招标采购单位应当在中标通知书发出后5个工作日内退还未中标供应商的投标保证金，在采购合同签订后5个工作日内退还中标供应商的投标保证金。招标采购单位逾期退还投标保证金的，除应当退还投标保证金本金外，还应当按商业银行同期贷款利率上浮20%后的利率支付资金占用费。

第四章　开标、评标与定标

第三十八条　开标应当在招标文件确定的提交投标文件截止时间的同一时间公开进行；开标地点应当为招标文件中预先确定的地点。

招标采购单位在开标前，应当通知同级人民政府财政部门及有关部门。财政部门及有关部门可以视情况到现场监督开标活动。

第三十九条　开标由招标采购单位主持，采购人、投标人和有关方面代表参加。

第四十条　开标时，应当由投标人或者其推选的代表检查投标文件的密封情况，也可以由招标人委托的公证机构检查并公证；经确认无误后，由招标工作人员当众拆封，宣读投标人名称、投标价格、价格折扣、招标文件允许提供的备选投标方案和投标文件的其他主要内容。

未宣读的投标价格、价格折扣和招标文件允许提供的备选投标方案等实质内容，评标时不予承认。

第四十一条　开标时，投标文件中开标一览表（报价表）内容与投标文件中明细表内容不一致的，以开标一览表（报价表）为准。

投标文件的大写金额和小写金额不一致的，以大写金额为准；总价金额与按单价汇总金额不一致的，以单价金额计算结果为准；单价金额小数点有明显错位的，应以总价为准，并修改单价；对不同文字文本投标文件的解释发生异议的，以中文文本为准。

第四十二条　开标过程应当由招标采购单位指定专人负责记录，并存档备查。

第四十三条　投标截止时间结束后参加投标的供应商不足3家的，除采购任务取消情形外，招标采购单位应当报告设区的市、自治州以上人民政府财政部门，由财政部门按照以下原则处理：

（一）招标文件没有不合理条款、招标公告时间及程序符合规定的，同意采取竞争性谈判、询价或者单一来源方式采购；

（二）招标文件存在不合理条款的，招标公告时间及程序不符合规定的，应予废标，并责成招标采购单位依法重新招标。

在评标期间，出现符合专业条件的供应商或者对招标文件作出实质响应的供应商不足3家情形的，可以比照前款规定执行。

第四十四条　评标工作由招标采购单位负责组织，具体评标事务由招标采购单位依法组建的评标委员会负责，并独立履行下列职责：

（一）审查投标文件是否符合招标文件要求，并作出评价；

（二）要求投标供应商对投标文件有关事项作出解释或者澄清；

（三）推荐中标候选供应商名单，或者受采购人委托按照事先确定的办法直接确定中标供应商；

（四）向招标采购单位或者有关部门报告非法干预评标工作的行为。

第四十五条　评标委员会由采购人代表和有关技术、经济等方面的专家组成，成员人数应当为5人以上单数。其中，技术、经济等方面的专家不得少于成员总数的2/3。采购数额在300万元以上、技术复杂的项目，评标委员会中技术、经济方面的专家人数应当为5人以上单数。

招标采购单位就招标文件征询过意见的专家，不得再作为评标专家参加评标。采购人不得以专家身份参与本部门或者本单位采购项目的评标。采购代理机构工作人员不得参加由本机构代理的政府采购项目的评标。

评标委员会成员名单原则上应在开标前确定，并在招标结果确定前保密。

第四十六条　评标专家应当熟悉政府采购、招标投标的相关政策法规，熟悉市场行情，有良好的职业道德，遵守招标纪律，从事相关领域工作满8年并具有高级职称或者具有同等专业水平。

第四十七条　各级人民政府财政部门应当对专家实行动态管理。

第四十八条　招标采购单位应当从同级或上一级财政部门设立的政府采购评审专家库中，通过随机方式抽取评标专家。

招标采购机构对技术复杂、专业性极强的采购项目，通过随机方式难以确定合适评标专家的，经设区的市、自治州以上人民政府财政部门同意，可以采取选择性方式确定评标专家。

第四十九条　评标委员会成员应当履行下列义务：

（一）遵纪守法，客观、公正、廉洁地履行职责；

（二）按照招标文件规定的评标方法和评标标准进行评标，对评审意见承担个人责任；

（三）对评标过程和结果，以及供应商的商业秘密保密；

（四）参与评标报告的起草；

（五）配合财政部门的投诉处理工作；

（六）配合招标采购单位答复投标供应商提出的质疑。

第五十条　货物服务招标采购的评标方法分为最低评标价法、综合评分法和性价比法。

第五十一条　最低评标价法，是指以价格为主要因素确定中标候选供应商的评标方法，即在全部满足招标文件实质性要求前提下，依据统一的价格要素评定最低报价，以提出最低报价的投标人作为中标候选供应商或者中标供应商的评标方法。

最低评标价法适用于标准定制商品及通用服务项目。

第五十二条　综合评分法，是指在最大限度地满足招标文件实质性要求前提下，按照招标文件中规定的各项因素进行综合评审后，以评标总得分最高的投标人作为中标候选供应商或者中标供应商的评标方法。

综合评分的主要因素是：价格、技术、财务状况、信誉、业绩、服务、对招标文件的响应程度，以及相应的比重或者权值等。上述因素应当在招标文件中事先规定。

评标时，评标委员会各成员应当独立对每个有效投标人的标书进行评价、打分，然后汇总每个投标人每项评分因素的得分。

采用综合评分法的，货物项目的价格分值占总分值的比重（即权值）为30%～60%；服务项目的价格分值占总分值的比重（即权值）为10%～30%。执行统一价格标准的服务项目，其价格不列为评分因素。有特殊情况需要调整的，应当经同级人民政府财政部门批准。

评标总得分$=F_1 \times A_1 + F_2 \times A_2 + \cdots + F_n \times A_n$

F_1、F_2、…、F_n分别为各项评分因素的汇总得分；

A_1、A_2、…、A_n分别为各项评分因素所占的权重（$A_1 + A_2 + \cdots + A_n = 1$）。

第五十三条　性价比法，是指按照要求对投标文件进行评审后，计算出每个有效投标人除价格因素以外的其他各项评分因素（包括技术、财务状况、信誉、业绩、服务、对招标文件的响应程度等）的汇总得分，并除以该投标人的投标报价，以商数（评标总得分）最高的投标人为中标候选供应商或者中标供应商的评标方法。

评标总得分$=B/N$

B为投标人的综合得分，$B = F_1 \times A_1 + F_2 \times A_2 + \cdots + F_n \times A_n$，其中：$F_1$、$F_2$、…、$F_n$分别为除价格因素以外的其他各项评分因素的汇总得分；A_1、A_2、…、A_n分别为除价格因素以外的其他各项评分因素所占的权重（$A_1 + A_2 + \cdots + A_n = 1$）。

N为投标人的投标报价。

第五十四条　评标应当遵循下列工作程序：

（一）投标文件初审。初审分为资格性检查和符合性检查。

1.资格性检查。依据法律法规和招标文件的规定，对投标文件中的资格证明、投标保证金等进行审查，以确定投标供应商是否具备投标资格。

2.符合性检查。依据招标文件的规定，从投标文件的有效性、完整性和对招标文件的响应程度进行审查，以确定是否对招标文件的实质性要求作出响应。

（二）澄清有关问题。对投标文件中含义不明确、同类问题表述不一致或者有明显文字和计算错误的内容，评标委员会可以书面形式（应当由评标委员会专家签字）要求投标人作出必要的澄清、说明或者纠正。投标人的澄清、说明或者补正应当采用书面形式，由其授权的代表签字，并不得超出投标文件的范围或者改变投标文件的实质性内容。

（三）比较与评价。按招标文件中规定的评标方法和标准，对资格性检查和符合性检查合格的投标文件进行商务和技术评估，综合比较与评价。

（四）推荐中标候选供应商名单。中标候选供应商数量应当根据采购需要确定，但必须按顺序排列中标候选供应商。

1.采用最低评标价法的，按投标报价由低到高顺序排列。投标报价相同的，按技术指标优劣顺序排列。评标委员会认为，排在前面的中标候选供应商的最低投标价或者某些分项报价明显不合理或者低于成本，有可能影响商品质量和不能诚信履约的，应当要求其在规定的期限内提供书面文件予以解释说明，并提交相关证明材料；否则，评标委员会可以取消该投标人的中标候选资格，按顺序由排在后面的中标候选供应商递补，以此类推。

2.采用综合评分法的，按评审后得分由高到低顺序排列。得分相同的，按投标报价由低到高顺序排列。得分且投标报价相同的，按技术指标优劣顺序排列。

3.采用性价比法的，按商数得分由高到低顺序排列。商数得分相同的，按投标报价由低到高顺序排列。商数得分且投标报价相同的，按技术指标优劣顺序排列。

（五）编写评标报告。评标报告是评标委员会根据全体评标成员签字的原始评标记录和评标结果编写的报告，其主要内容包括：

1.招标公告刊登的媒体名称、开标日期和地点；

2.购买招标文件的投标人名单和评标委员会成员名单；

3.评标方法和标准；

4.开标记录和评标情况及说明，包括投标无效投标人名单及原因；

5.评标结果和中标候选供应商排序表；

6.评标委员会的授标建议。

第五十五条　在评标中，不得改变招标文件中规定的评标标准、方法和中标条件。

第五十六条　投标文件属下列情况之一的，应当在资格性、符合性检查时按照无效投标处理：

（一）应交未交投标保证金的；

（二）未按照招标文件规定要求密封、签署、盖章的；

（三）不具备招标文件中规定资格要求的；

（四）不符合法律、法规和招标文件中规定的其他实质性要求的。

第五十七条　在招标采购中，有政府采购法第三十六条第一款第（二）至第（四）项规定情形之一的，招标采购单位应当予以废标，并将废标理由通知所有投标供应商。

废标后，除采购任务取消情形外，招标采购单位应当重新组织招标。需要采取其他采购方式的，应当在采购活动开始前获得设区的市、自治州以上人民政府财政部门的批准。

第五十八条　招标采购单位应当采取必要措施，保证评标在严格保密的情况下进行。

任何单位和个人不得非法干预、影响评标办法的确定，以及评标过程和结果。

第五十九条　采购代理机构应当在评标结束后5个工作日内将评标报告送采购人。

采购人应当在收到评标报告后5个工作日内，按照评标报告中推荐的中标候选供应商顺序确定中标供应商；也可以事先授权评标委员会直接确定中标供应商。

采购人自行组织招标的，应当在评标结束后5个工作日内确定中标供应商。

第六十条　中标供应商因不可抗力或者自身原因不能履行政府采购合同的，采购人可以与排位在中标供应商之后第1位的中标候选供应商签订政府采购合同，以此类推。

第六十一条　在确定中标供应商前，招标采购单位不得与投标供应商就投标价格、投标方案等实质性内容进行谈判。

第六十二条　中标供应商确定后，中标结果应当在财政部门指定的政府采购信息发布媒体上公告。公告内容应当包括招标项目名称、中标供应商名单、评标委员会成员名单、招标采购单位的名称和电话。

在发布公告的同时，招标采购单位应当向中标供应商发出中标通知书，中标通知书对采购人和中标供应商具有同等法律效力。

中标通知书发出后，采购人改变中标结果，或者中标供应商放弃中标，应当承担相应的法律责任。

第六十三条　投标供应商对中标公告有异议的，应当在中标公告发布之日起7个工作日内，以书面形式向招标采购单位提出质疑。招标采购单位应当在收到投标供应商书面质疑后7个工作日内，对质疑内容作出答复。

质疑供应商对招标采购单位的答复不满意或者招标采购单位未在规定时间内答复的，可以在答复期满后15个工作日内按有关规定，向同级人民政府财政部门投诉。财政部门应当在收到投诉后30个工作日内，对投诉事项作出处理决定。

处理投诉事项期间，财政部门可以视具体情况书面通知招标采购单位暂停签订合同等活动，但暂停时间最长不得超过30日。

第六十四条　采购人或者采购代理机构应当自中标通知书发出之日起30日内，按照招标文件和中标供应商投标文件的约定，与中标供应商签订书面合同。所签订的合同不得对招标文件和中标供应商投标文件作实质性修改。

招标采购单位不得向中标供应商提出任何不合理的要求，作为签订合同的条件，不得与中标供应商私下订立背离合同实质性内容的协议。

第六十五条　采购人或者采购代理机构应当自采购合同签订之日起7个工作日内，按照有关规定将采购合同副本报同级人民政府财政部门备案。

第六十六条　法律、行政法规规定应当办理批准、登记等手续后生效的合同，依照其规定。

第六十七条　招标采购单位应当建立真实完整的招标采购档案，妥善保管每项采购活动的采购文件，并不得伪造、变造、隐匿或者销毁。采购文件的保存期限为从采购结束之日起至少保存15年。

第五章　法律责任

第六十八条　招标采购单位有下列情形之一的，责令限期改正，给予警告，可以按照有关法律规定并处罚款，对直接负责的主管人员和其他直接责任人员，由其行政主管部门或者有关机关依法给予处分，并予通报：

（一）应当采用公开招标方式而擅自采用其他方式采购的；

（二）应当在财政部门指定的政府采购信息发布媒体上公告信息而未公告的；

（三）将必须进行招标的项目化整为零或者以其他任何方式规避招标的；

（四）以不合理的要求限制或者排斥潜在投标供应商，对潜在投标供应商实行差别待遇或者歧视待遇，或者招标文件指定特定的供应商、含有倾向性或者排斥潜在投标供应商的其他内容的；

（五）评标委员会组成不符合本办法规定的；

（六）无正当理由不按照依法推荐的中标候选供应商顺序确定中标供应商，或者在评标委员会依法推荐的中标候选供应商以外确定中标供应商的；

（七）在招标过程中与投标人进行协商谈判，或者不按照招标文件和中标供应商的投标文件确定的事项签订政府采购合同，或者与中标供应商另行订立背离合同实质性内容的协议的；

（八）中标通知书发出后无正当理由不与中标供应商签订采购合同的；

（九）未按本办法规定将应当备案的委托招标协议、招标文件、评标报告、采购合同等文件资料提交同级人民政府财政部门备案的；

（十）拒绝有关部门依法实施监督检查的。

第六十九条　招标采购单位及其工作人员有下列情形之一，构成犯罪的，依法追究刑事责任；尚不构成犯罪的，按照有关法律规定处以罚款，有违法所得的，并处没收违法所得，由其行政主管部门或者有关机关依法给予处分，并予通报：

（一）与投标人恶意串通的；

（二）在采购过程中接受贿赂或者获取其他不正当利益的；

（三）在有关部门依法实施的监督检查中提供虚假情况的；

（四）开标前泄露已获取招标文件的潜在投标人的名称、数量、标底或者其他可能影响公平竞争的有关招标投标情况的。

第七十条　采购代理机构有本办法第六十八条、第六十九条违法行为之一，情节严重的，可以取消其政府采购代理资格，并予以公告。

第七十一条　有本办法第六十八条、第六十九条违法行为之一，并且影响或者可能影响中标结果的，应当按照下列情况分别处理：

（一）未确定中标候选供应商的，终止招标活动，依法重新招标；

（二）中标候选供应商已经确定但采购合同尚未履行的，撤销合同，从中标候选供应商中按顺序另行确定中标供应商；

（三）采购合同已经履行的，给采购人、投标人造成损失的，由责任人承担赔偿责任。

第七十二条　采购人对应当实行集中采购的政府采购项目不委托集中采购机构进行招标的，或者委托不具备政府采购代理资格的中介机构办理政府采购招标事务的，责令改正；拒不改正的，停止按预算向其支付资金，由其上级行政主管部门或者有关机关依法给予其直接负责的主管人员和其他直接责任人员处分。

第七十三条　招标采购单位违反有关规定隐匿、销毁应当保存的招标、投标过程中的有关文件或者伪造、变造招标、投标过程中的有关文件的，处以2万元以上10万元以下的罚款，对其直接负责的主管人员和其他直接责任人员，由其行政主管部门或者有关机关依法给予处分，并予通报；构成犯罪的，依法追究刑事责任。

第七十四条　投标人有下列情形之一的，处以政府采购项目中标金额5‰以上10‰以下的罚款，列入不良行为记录名单，在1至3年内禁止参加政府采购活动，并予以公告，有违法所得的，并处没收违法所得，情节严重的，由工商行政管理机关吊销营业执照；构成犯罪的，依法追究刑事责任：

（一）提供虚假材料谋取中标的；

（二）采取不正当手段诋毁、排挤其他投标人的；

（三）与招标采购单位、其他投标人恶意串通的；

（四）向招标采购单位行贿或者提供其他不正当利益的；

（五）在招标过程中与招标采购单位进行协商谈判、不按照招标文件和中标供应商的投标文件订立合同，或者与采购人另行订立背离合同实质性内容的协议的；

（六）拒绝有关部门监督检查或者提供虚假情况的。

投标人有前款第（一）至（五）项情形之一的，中标无效。

第七十五条　中标供应商有下列情形之一的，招标采购单位不予退还其交纳的投标保证金；情节严重的，由财政部门将其列入不良行为记录名单，在1至3年内禁止参加政府采购活动，并予以通报：

（一）中标后无正当理由不与采购人或者采购代理机构签订合同的；

（二）将中标项目转让给他人，或者在投标文件中未说明，且未经采购招标机构同意，将中标项目分包给他人的；

（三）拒绝履行合同义务的。

第七十六条　政府采购当事人有本办法第六十八条、第六十九条、第七十四条、第七十五条违法行为之一，给他人造成损失的，应当依照有关民事法律规定承担民事责任。

第七十七条　评标委员会成员有下列行为之一的，责令改正，给予警告，可以并处1千元以下的罚款：

（一）明知应当回避而未主动回避的；

（二）在知道自己为评标委员会成员身份后至评标结束前的时段内私下接触投标供应商的；

（三）在评标过程中擅离职守，影响评标程序正常进行的；

（四）在评标过程中有明显不合理或者不正当倾向性的；

（五）未按招标文件规定的评标方法和标准进行评标的。

上述行为影响中标结果的，中标结果无效。

第七十八条　评标委员会成员或者与评标活动有关的工作人员有下列行为之一的，给予警告，没收违法所得，可以并处3千元以上5万元以下的罚款；对评标委员会成员取消评标委员会成员资格，不得再参加任何政府采购招标项目的评标，并在财政部门指定的政府采购信息发布媒体上予以公告；构成犯罪的，依法追究刑事责任：

（一）收受投标人、其他利害关系人的财物或者其他不正当利益的；

（二）泄露有关投标文件的评审和比较、中标候选人的推荐以及与评标有关的其他情况的。

第七十九条　任何单位或者个人非法干预、影响评标的过程或者结果的，责令改正；由该单位、个人的上级行政主管部门或者有关机关给予单位责任人或者个人处分。

第八十条　财政部门工作人员在实施政府采购监督检查中违反规定滥用职权、玩忽职守、徇私舞弊的，依法给予行政处分；构成犯罪的，依法追究刑事责任。

第八十一条　财政部门对投标人的投诉无故逾期未作处理的，依法给予直接负责的主管人员和其他直接责任人员行政处分。

第八十二条　有本办法规定的中标无效情形的，由同级或其上级财政部门认定中标无效。中标无效的，应当依照本办法规定从其他中标人或者中标候选人中重新确定，或者依照本办法重新进行招标。

第八十三条　本办法所规定的行政处罚，由县级以上人民政府财政部门负责实施。

第八十四条　政府采购当事人对行政处罚不服的，可以依法申请行政复议，或者直接向人民法院提起行政诉讼。逾期未申请复议，也未向人民法院起诉，又不履行行政处罚决定的，由作出行政处罚决定的机关申请人民法院强制执行。

第六章　附　则

第八十五条　政府采购货物服务可以实行协议供货采购和定点采购，但协议供货采购和定点供应商必须通过公开招标方式确定；因特殊情况需要采用公开招标以外方式确定的，应当获得省级以上人民政府财政部门批准。

协议供货采购和定点采购的管理办法，由财政部另行规定。

第八十六条　政府采购货物中的进口机电产品进行招标投标的，按照国家有关办法执行。

第八十七条　使用国际组织和外国政府贷款进行的政府采购货物和服务招标，贷款方或者资金提供方与中方达成的协议对采购的具体条件另有规定的，可以适用其规定，但不得损害国家利益和社会公共利益。

第八十八条　对因严重自然灾害和其他不可抗力事件所实施的紧急采购和涉及国家安全和秘密的采购，不适用本办法。

第八十九条　本办法由财政部负责解释。

各省、自治区、直辖市人民政府财政部门可以根据本办法制定具体实施办法。

第九十条　本办法自2004年9月11日起施行。财政部1999年6月24日颁布实施的《政府采购招标投标管理暂行办法》（财预字〔1999〕363号）同时废止。

附录7

政府采购供应商投诉处理办法

中华人民共和国财政部令

第20号

《政府采购供应商投诉处理办法》已经部务会议讨论通过，现予公布，自2004年9月11日起施行。

部　长　金人庆　　二OO四年八月十一日

政府采购供应商投诉处理办法

第一章　总　则

第一条　为了防止和纠正违法的或者不当的政府采购行为，保护参加政府采购活动供应商的合法权益，维护国家利益和社会公共利益，建立规范高效的政府采购投诉处理机制，根据《中华人民共和国政府采购法》(以下简称政府采购法)，制定本办法。

第二条　供应商依法向财政部门提起投诉，财政部门受理投诉、作出处理决定，适用本办法。

第三条　县级以上各级人民政府财政部门负责依法受理和处理供应商投诉。

财政部负责中央预算项目政府采购活动中的供应商投诉事宜。

县级以上地方各级人民政府财政部门负责本级预算项目政府采购活动中的供应商投诉事宜。

第四条　各级财政部门应当在省级以上财政部门指定的政府采购信息发布媒体上公告受理投诉的电话、传真等方便供应商投诉的事项。

第五条　财政部门处理投诉，应当坚持公平、公正和简便、高效的原则，维护国家利益和社会公共利益。

第六条　供应商投诉实行实名制，其投诉应当有具体的投诉事项及事实根据，不得进行虚假、恶意投诉。

第二章　投诉提起与受理

第七条　供应商认为采购文件、采购过程、中标和成交结果使自己的合法权益受到损害的，应当首先依法向采购人、采购代理机构提出质疑。对采购人、采购代理机构的质疑答复不满意，或者采购人、采购代理机构未在规定期限内作出答复的，供应商可以在答复期满后15个工作日内向同级财政部门提起投诉。

第八条　投诉人投诉时，应当提交投诉书，并按照被投诉采购人、采购代理机构（以下简称被投诉人）和与投诉事项有关的供应商数量提供投诉书的副本。

投诉书应当包括下列主要内容：

（一）投诉人和被投诉人的名称、地址、电话等；

（二）具体的投诉事项及事实依据；

（三）质疑和质疑答复情况及相关证明材料；

（四）提起投诉的日期。

投诉书应当署名。投诉人为自然人的，应当由本人签字；投诉人为法人或者其他组织的，应当由法定代表人或者主要负责人签字盖章并加盖公章。

第九条　投诉人可以委托代理人办理投诉事务。代理人办理投诉事务时，除提交投诉书外，还应当向同级财政部门提交投诉人的授权委托书，授权委托书应当载明委托代理的具体权限和事项。

第十条　投诉人提起投诉应当符合下列条件：

（一）投诉人是参与所投诉政府采购活动的供应商；

（二）提起投诉前已依法进行质疑；

（三）投诉书内容符合本办法的规定；

（四）在投诉有效期限内提起投诉；

（五）属于本财政部门管辖；

（六）同一投诉事项未经财政部门投诉处理；

（七）国务院财政部门规定的其他条件。

第十一条　财政部门收到投诉书后，应当在5个工作日内进行审查，对不符合投诉条件的，分别按下列规定予以处理：

（一）投诉书内容不符合规定的，告知投诉人修改后重新投诉；

（二）投诉不属于本部门管辖的，转送有管辖权的部门，并通知投诉人；

（三）投诉不符合其他条件的，书面告知投诉人不予受理，并应当说明理由。

对符合投诉条件的投诉，自财政部门收到投诉书之日起即为受理。

第十二条　财政部门应当在受理投诉后3个工作日内向被投诉人和与投诉事项有关的供应商发送投诉书副本。

第十三条　被投诉人和与投诉事项有关的供应商应当在收到投诉书副本之日起5个工作日内，以书面形式向财政部门作出说明，并提交相关证据、依据和其他有关材料。

第三章　投诉处理与决定

第十四条　财政部门处理投诉事项原则上采取书面审查的办法。财政部门认为有必要时，可以进行调查取证，也可以组织投诉人和被投诉人当面进行质证。

第十五条　对财政部门依法进行调查的，投诉人、被投诉人以及与投诉事项有关的单位及人员等应当如实反映情况，并提供财政部门所需要的相关材料。

第十六条　投诉人拒绝配合财政部门依法进行调查的，按自动撤回投诉处理；被投诉人不提交相关证据、依据和其他有关材料的，视同放弃说明权利，认可投诉事项。

第十七条　财政部门经审查，对投诉事项分别作出下列处理决定：

（一）投诉人撤回投诉的，终止投诉处理；

（二）投诉缺乏事实依据的，驳回投诉；

（三）投诉事项经查证属实的，分别按照本办法有关规定处理。

第十八条　财政部门经审查，认定采购文件具有明显倾向性或者歧视性等问题，给投诉人或者其他供应商合法权益造成或者可能造成损害的，按下列情况分别处理：

（一）采购活动尚未完成的，责令修改采购文件，并按修改后的采购文件开展采购活动；

（二）采购活动已经完成，但尚未签订政府采购合同的，决定采购活动违法，责令重新开展采购活动；

（三）采购活动已经完成，并且已经签订政府采购合同的，决定采购活动违法，由被投诉人按照有关法律规定承担相应的赔偿责任。

第十九条　财政部门经审查，认定采购文件、采购过程影响或者可能影响中标、成交结果的，或者中标、成交结果的产生过程存在违法行为的，按下列情况分别处理：

（一）政府采购合同尚未签订的，分别根据不同情况决定全部或者部分采购行为违法，责令重新开展采购活动；

（二）政府采购合同已经签订但尚未履行的，决定撤销合同，责令重新开展采购活动；

（三）政府采购合同已经履行的，决定采购活动违法，给采购人、投诉人造成损失的，由相关责任人承担赔偿责任。

第二十条　财政部门应当自受理投诉之日起30个工作日内，对投诉事项作出处理决定，并以书面形式通知投诉人、被投诉人及其他与投诉处理结果有利害关系的政府采购当事人。

第二十一条　财政部门作出处理决定，应当制作投诉处理决定书，并加盖印章。投诉处理决定书应当包括下列主要内容：

（一）投诉人和被投诉人的姓名或者名称、住所等；

（二）委托代理人办理的，代理人的姓名、职业、住址、联系方式等；

（三）处理决定的具体内容及事实根据和法律依据；

（四）告知投诉人行政复议申请权和诉讼权利；

（五）作出处理决定的日期。

投诉处理决定书的送达，依照民事诉讼法关于送达的规定执行。

第二十二条　财政部门在处理投诉事项期间，可以视具体情况书面通知被投诉人暂停采购活动，但暂停时间最长不得超过30日。

被投诉人收到通知后应当立即暂停采购活动，在法定的暂停期限结束前或者财政部门发出恢复采购活动通知前，不得进行该项采购活动。

第二十三条　财政部门应当将投诉处理结果在省级以上财政部门指定的政府采购信息发布媒体上公告。

第二十四条　投诉人对财政部门的投诉处理决定不服或者财政部门逾期未作处理的，可以依法申请行政复议或者向人民法院提起行政诉讼。

第四章　法律责任

第二十五条　财政部门在处理投诉过程中，发现被投诉人及其工作人员、评标委员会成员、供应商有违法行为，本机关有权处理、处罚的，应当依法予以处理、处罚；本机关无权处理的，应当转送有权处理的机关依法处理。

第二十六条　投诉人有下列情形之一的，属于虚假、恶意投诉，财政部门应当驳回投诉，将其列入不良行为记录名单，并依法予以处罚：

（一）1年内3次以上投诉均查无实据的；

（二）捏造事实或者提供虚假投诉材料的。

第二十七条　被投诉人的违法行为给他人造成损失的，应当依照有关民事法律规定承担民事责任。

第二十八条　财政部门工作人员在投诉处理过程中滥用职权、玩忽职守、徇私舞弊的，依法给予行政处分；构成犯罪的，依法追究刑事责任。

第五章　附　则

第二十九条　财政部门处理投诉不得向投诉人和被投诉人收取任何费用。但因处理投诉发生的鉴定费用，应当按照“谁过错谁负担”的原则由过错方负担；双方都有过错的，由双方合理分担。

第三十条　财政部门应当建立投诉处理档案管理制度，并自觉接受有关部门依法进行的监督检查。

第三十一条　对在投诉处理过程中知悉的商业秘密及个人隐私，财政部门及知情人应当负保密责任。

第三十二条　本办法自2004年9月11日起施行。

参考文献

[1] 刘尔烈主编.工程项目招标投标实务[M].北京：人民交通出版社，2004.
[2] 赵曾海主编.招标投标操作实务（第2版）[M].北京：首都经济贸易大学出版社，2012.
[3] 刘钟莹主编.建设工程招标投标[M].南京：东南大学出版社，2007.
[4] 蔡伟庆主编.建设工程招投标与合同管理[M].北京：机械工业出版社，2011.
[5] 刘黎虹主编.工程招标投标与合同管理[M].北京：机械工业出版社，2008.
[6] 刘燕主编.工程招投标与合同管理[M].北京：人民交通出版社，2007.
[7] 梅阳春，邹辉霞主编.建设工程招投标及合同管理[M].武汉：武汉大学出版社，2004.
[8] 编委会编.建设工程招标代理一本通[M].武汉：华中科技大学出版社，2008.
[9]《标准文件》编制组.标准施工招标文件[M].北京：中国计划出版社，2007.
[10] 李永福主编.建设工程法规[M].北京：中国建筑工业出版社，2011.
[11] 姜虹，任君华，张丹编.风景园林建筑管理与法规[M].北京：化学工业出版社，2010.